30吨缆机专项管理技术与应用

技术与应用

帅小根 等 编著

30DUN LANJI ZHUANXIANG GUANLI
JISHU YU YINGYONG

长江出版社
CHANGJIANG PRESS

图书在版编目(CIP)数据

30 吨缆机专项管理技术与应用 / 帅小根等编著.
—武汉：长江出版社，2019.11
ISBN 978-7-5492-6808-5

Ⅰ.①3… Ⅱ.①帅… Ⅲ.①缆机－应用－水力发电站－
混凝土施工－研究 Ⅳ.①TV74

中国版本图书馆 CIP 数据核字(2019)第 259606 号

30 吨缆机专项管理技术与应用　　　　　　　　　　　　　　　　　　帅小根 等编著
责任编辑：郭利娜 李春雷
装帧设计：王聪
出版发行：长江出版社
地　　　址：武汉市解放大道 1863 号　　　　　　　　　　　邮　　编：430010
网　　　址：http://www.cjpress.com.cn
电　　　话：(027)82926557(总编室)
　　　　　　(027)82926806(市场营销部)
经　　　销：各地新华书店
印　　　刷：武汉精一佳印刷有限公司
规　　　格：787mm×1092mm　　　　1/16　　　　22 印张　　　　520 千字
版　　　次：2019 年 11 月第 1 版　　　　　　　　　　　2020 年 9 月第 1 次印刷
ISBN 978-7-5492-6808-5
定　　　价：98.00 元

《30吨缆机专项管理技术与应用》

编 委 会

主　　　编　　帅小根　严君汉

编写人员　　卞小草　雷　畅　陈　晓　肖　俊

　　　　　　王小华　刘盟盟　于真真　丁高俊

　　　　　　肖　彦　李　嘉　刘　培　华正阳

　　　　　　周　剑　郑　强　魏鹏帅　龙昌满

前言

　　缆机在水电工程施工中是一种常用且重要的大型特种施工设备。

　　缆机因为具有机动灵活、起重量大、运行安全(不受汛期洪水干扰)、技术成熟等特点,尤其在布置场地狭窄、两岸陡峭的峡谷水电工程中应用已越来越广,它广泛承担着大坝主体工程的混凝土浇筑,机电设备的安装,大型模板的安、拆及设备材料的吊运工作,许多大型工程选用缆机作为大坝混凝土垂直入仓的唯一设备,缆机使用的好坏将直接影响工程的进度和投资。

　　在国内多个使用缆机施工的工程中,均遇到雾天施工问题、夜间施工问题、提高吊运能力问题、保养与生产问题等专项管理技术。

　　大岗山工程也是使用缆机施工的工程且缆机又处在关键线路上,为使大岗山工程使用的缆机充分高效地为工程服务,通过公司及参建各方的共同研究,借鉴了二滩水电站、小湾水电站、溪洛渡水电站等大型水电工程所采用的额定起重量均为30t施工运行管理经验,对本工程的4台缆机在工程中的应用提出合理化建议,指导施工单位正确施工、克难攻坚。选用新的缆机控制方法——数字限位技术并推广应用;在保障施工安全的前提下,采用提高混凝土单罐吊运量的方案,由每罐吊运9.0m³混凝土提升到每罐9.6m³混凝土,提升了缆机运输混凝土效率,保障了工程施工进度和质量。

由于以上技术的应用,推动了大岗山工程科技创新,解决了雾天施工问题、夜间施工问题、提高吊运能力问题、保养与生产问题等,使缆机在施工过程中起到了应有的作用,提高了施工效率,为工程节约了大量投资且保证了施工工期,获得了多项技术创新成果。

本书以大岗山工程 4 台 30t 缆机安装、运行和拆除过程中的基础资料为依据,站在整个工程的角度,对缆机安装、运行和拆除的质量、安全、进度以文字、图表、图片的方式进行了翔实的描述,对缆机在工程建设过程中的施工管理进行了总结,以供同类工程借鉴和参考。

目录

第 1 章　缆机安装 ……………………………………………………………… 1

1.1　缆机概况 …………………………………………………………………… 1

1.2　缆机安装适用规范、规程及技术标准 ………………………………… 4

1.3　机电金结设备交货验收管理办法 ……………………………………… 4

1.4　缆机安装要求 ……………………………………………………………… 9

1.5　缆机安装施工方法 ……………………………………………………… 13

1.6　缆机安装控制要点 ……………………………………………………… 23

1.7　缆机安装过程控制 ……………………………………………………… 36

1.8　缆机安装过程安全控制 ………………………………………………… 41

1.9　缆机安装进度控制 ……………………………………………………… 47

1.10　缆机安装完工验收 ……………………………………………………… 58

1.11　缆机调试、试验及试运行 ……………………………………………… 59

1.12　缆机安装质量 …………………………………………………………… 68

1.13　大岗山缆机安装运行调研活动 ……………………………………… 118

1.14 缆机使用注意事项 ················· 118

1.15 缆机具备投入运行条件 ·············· 124

第2章 缆机运行 ····················· 125

2.1 缆机运行学习考察 ················· 125

2.2 制定缆机运行管理规定 ·············· 125

2.3 缆机运行人员培训 ················· 127

第3章 缆机运行维护管理 ··············· 131

3.1 缆机运行的技术标准、规程、规范 ········ 131

3.2 缆机主要技术参数 ················· 131

3.3 缆机工作环境 ··················· 132

3.4 缆机运行各方职责 ················· 133

3.5 缆机运行检修、维护、保养 ··········· 135

3.6 缆机钢丝绳更换施工方法 ············· 173

第4章 缆机运行安全管理 ··············· 181

4.1 缆机运行安全 ··················· 181

4.2 缆机安全保障措施 ················· 190

4.3 缆机运行远程监控系统 ·············· 203

4.4 缆机暂停使用 ··················· 204

4.5　缆机故障及事故处理 ……………………………………… 205

第 5 章　缆机运行管理 ……………………………………… 206

5.1　缆机操作标准化规程 …………………………………… 206

5.2　缆机运行调度管理 ……………………………………… 215

5.3　缆机运行吊运工程量 …………………………………… 218

第 6 章　备品备件管理 ……………………………………… 225

6.1　概述 ……………………………………………………… 225

6.2　管理办法 ………………………………………………… 225

6.3　备品备件更换登记台账制度 …………………………… 229

第 7 章　缆机运行过程技术创新 …………………………… 231

7.1　缆机单灌吊运 9.6m³ 混凝土获得 2016 年度工法 …… 231

7.2　缆机单罐吊运由 9.0m³ 改装 9.6m³ 混凝土 ………… 231

第 8 章　大岗山缆机运行管理办法 ………………………… 240

8.1　缆机运行管理办法 ……………………………………… 240

8.2　缆机安全操作维修与保养规程 ………………………… 254

第 9 章　缆机拆除 …………………………………………… 275

9.1　缆机拆除适用规范、规程及技术标准 ………………… 275

9.2　缆机拆除开工许可申请程序 …………………………… 276

9.3 缆机拆除方法 ·· 277

9.4 缆机拆除中坝顶设备保护措施 ···················· 292

9.5 缆机拆除过程监理 ·· 295

9.6 缆机拆除安全控制 ·· 296

9.7 缆机拆除质量控制 ·· 300

9.8 缆机拆除进度控制 ·· 301

9.9 缆机设备拆除完工验收 ·································· 312

9.10 缆机安装、运行维护及拆除获奖情况 ·········· 313

9.11 缆机运行及拆除技术创新 ···························· 318

第 1 章 缆机安装

1.1 缆机概况

大岗山水电站大坝施工由 4 台 QLP30t/677m 平移式缆索起重机进行大坝浇筑和金属结构吊装作业,采用 4 台缆机共轨单层形式布置。缆机左右岸轨道长度均为 216.0m,左右岸的主副塔均为无塔架形式;左岸主索铰点高程为 1271.60m,右岸主索铰点高程为 1255.85m。

缆机设计跨度 677m,主索拉板铰点跨距 675.82m,主索实用长度 662.373m,额定起重量 30t,设计扬程 290m。主车前后垂直轨道轨距 6.5m;副车前后垂直轨道轨距 6.5m。单台缆机钢结构安装工程量约 357t。中间的缆机与相邻的缆机可实现双机联合台吊功能。

电气系统主要安装项目包括:10kV 高压开关柜和干式变压器耐压试验、起升牵引机构调试、电流互感器测试、动力电缆敷设和 PLC 及数字通信系统安装。

1.1.1 施工现场布置

1.1.1.1 左岸缆机平台

(1)场地情况

左岸缆机平台高程为 1270.00m,长 216.00m,基础宽 16.00m,上游侧前部宽约 20m,坡比 1:0.4~1:1.92。

(2)施工布置

根据施工现场条件,充分利用施工现场中布置的工装、地锚环及卷扬机平台进行缆机的安装。左岸缆机主车施工平台布置见图 1.1。

主索过江轴线布置在距上游轨道端头 40m 位置,在此轴线缆机基础前部布置有临时承载索的锚固端及主索安装施工平台。在上游轨道基础前部的卷扬机平台上布置一台 20t 卷扬机和一台 16t 卷扬机,作为缆机缠绕系统安装的主要手段。

1.1.1.2 右岸缆机平台

(1)场地情况

右岸缆机平台高程为 1255.00m,基础宽 12.00m,上游侧前部宽约 35m,坡比 1:0.5~1:2.75。

（2）施工布置

根据现场施工条件，充分利用施工现场中布置的工装、地锚环及卷扬机平台进行缆机的安装。右岸缆机副车施工平台布置见图 1.2。

图 1.1　左岸缆机主车施工平台布置

图 1.2　右岸缆机副车施工平台布置

主索过江轴线布置在距上游轨道端头 40m 位置，在此轴线缆机基础前端布置有临时承载索的锚固架及主索安装施工平台，与主车平台相对应。在上游的缆机基础前部布置一台 20t 和一台 16t 卷扬机，作为缆机缠绕系统安装的主要手段。

1.1.2　缆机主副车布置

主车布置在左岸 ▽1270.00m 高程，副车布置在右岸 ▽1255.00m 高程。缆机主要技术参数见表 1.1。

表 1.1　　　　　　　　　　　　　缆机主要技术参数

序号	项目	单位	参数
1	型　式	—	单平台、平移式、无塔架
2	工作级别	—	(F.E.M).A7
3	额定起重量	t	30
4	跨度	m	约 677
5	满载时承载索最大垂度	%	跨距的 5%
6	吊钩扬程	m	290
7	右岸缆机平台高程	m	1255.00
8	左岸缆机平台高程	m	1270.00
9	缆机浇筑高程范围	m	925.00～1135.00
10	右岸轨道长度	m	约 216.00
11	左岸轨道长度	m	约 216.00
12	两台缆机靠近时承载索间最小距离	m	11.00

序号	项目		单位	参数
13	小车运行速度		m/s	≥7.50
14	满载起升速度		m/s	≥2.15
15	满载下降		m/s	≥3.00
16	空载升降速度		m/s	≥3.00
17	大车运行速度		m/s	≥0.30
18	风压	工作状态计算风压	N/m²	250
		非工作状态计算风压	N/m²	500
19	非正常工作区范围		m	左右两端均为跨度的 10%
20	单台设备总重量		t	约 340

1.1.3　施工进度、质量、安全目标

（1）施工进度目标

抓住缆机安装中的重点和关键线路，加强与其他标段的配合与协作，统筹兼顾，组织好本项目施工；优化缆机安装方案，充分考虑到施工干扰、天气影响等的存在，制定切实可行的工期保证措施，合理安排好施工程序，确保缆机安装按照控制性工期要求的工期目标完成并略有提前。

工期目标：3 台缆机设备安装计划开工日期为 2009 年 4 月 15 日；最后一台缆机投入运行的日期为 2009 年 12 月 31 日；大坝完工时间为 2014 年 9 月。

（2）质量目标

按照《质量管理体系要求》（GB/T 19001）标准建立和健全质量管理体系，并保证质量管理体系持续有效地运行。严格按设计要求和国家有关规范、规程及发包人制定的管理办法进行缆机安装和运行。

确保单台缆机机电安装工程合格率 100%，优良率不低于 96%，工程建设安装质量达到优良水平。大岗山缆机安装工程在大岗山施工辅助过程中划分为一项单位工程，每一台缆机为一项分部工程，每一项分部工程划分为 23 项单元工程，单台缆机单元工程质量合格率为 100%。

（3）安全目标

认真贯彻"安全第一、预防为主"的方针，严格执行安全生产方面的规范、规程、规章制度及管理办法。落实各级安全生产责任制及第一责任人制度，坚持"安全为了生产、生产必须安全"的原则。制定完善的施工安全措施和管理办法，建立专门的组织机构，配备专职的安检人员。组织好职工的安全教育、培训和考核，合格者方可上岗。加强缆机运行的日常安全检查，注重生产人员的劳动防护，确保人员、设备安全。杜绝特大、重大安

全事故,杜绝人身死亡事故和重大机械设备事故,创建安全文明施工工地。

督促施工单位严格执行缆机安装施工安全技术措施。现场监理工程师对缆机安装施工进行经常性检查,重点是施工作业安全和生活垃圾清理,要求施工单位做到"工完场清"。监理参加由安装单位组织的安全文明施工检查二次、参加业主组织的月安全检查一次。要求设备安装单位落实检查问题整改工作,保证设备的安全。

1.2 缆机安装适用规范、规程及技术标准

(1)《起重设备安装工程施工及验收规范》(GB 50278)

(2)《电气装置安装工程起重机电气装置施工及验收规范》(GB 50256)

(3)《钢焊缝手工超声波探伤方法和探伤结果分析》(GB 11345)

(4)《涂装前钢材表面锈蚀等级和除锈等级》(GB 8923)

(5)《钢熔化焊接接头射线照相和质量分级》(GB 3323)

(6)《钢结构高强度螺栓连接的设计、施工及验收规程》(JGJ 82)

(7)《水工金属结构防腐蚀规范》(SL 105)

(8)《水利水电工程启闭机制造、安装及验收规范》(DL/T 5019)

(9)《电气装置安装工程电气设备交接试验标准》(GB 50150)

(10)《电气装置安装工程旋转电机施工及验收规范》(GB 50170)

(11)《电气装置安装工程盘、柜及二次回路结线施工及验收规范》(GB 50171)

(12)《电气装置安装工程电缆线路施工及验收规范》(GB 50168)

(13)《电气装置安装工程接地装置施工及验收规范》(GB 50169)

(14)《水电水利工程施工作业人员安全技术操作规程》(DL/T 5373)

(15)相关合同文件及设备制造厂家技术资料等

1.3 机电金结设备交货验收管理办法

随着水电站工程建设的进展,机电金结项目逐渐展开,机电、金属结构等设备陆续到货。为了划分设备供货厂商(或卖方)和现场接货单位(或买方)对货物的责任和义务界限,明确设备交货验收管理程序,完善设备管理档案,特制定本办法。

1.3.1 机电金结设备交货验收的规定

第一条 工程采购的所有机械、电气、金属结构、仪器仪表等设备和材料(以下简称机电金结设备或货物)在交货时必须按照本办法规定进行交货验收。

第二条 交货验收分为交货检验和开箱检验两个步骤。货物只有在进行了交货检验和开箱检验,形成开箱检验报告及附表并签字后才完成货物的交货验收。

第三条　交货检验是对货物运抵交货地点时的状态进行检验,目的是划分交货人和收货人的保管责任。

第四条　开箱检验是对货物的数量、外观质量进行清点检验,目的是验证交货人的供货数量和货物外观质量。

第五条　收货人是承担货物交接后保管责任的单位,一般是现场施工(或安装)承包单位或设备仓库管理单位。交货人是承担货物在交付买方前的质量和保管责任的单位,一般是供货厂商,交货方也可以是受供货厂商委托承担运输的责任方。

第六条　交货检验由监理单位主持,收货人负责实施。交货检验时收货人和交货人必须在场。

第七条　开箱检验由监理单位负责组织,由收货人负责实施。收货人、交货人、买方代表参加。

1.3.2　机电金结设备交货验收程序

第一条　机电金结设备交货验收包括以下表格,并统称为开箱检验报告及附表。

表 1.2 至表 1.5 分别为:开箱检验报告、现场开箱情况说明、卸货前检验记录表、设备交货清单。

第二条　货物到达交货地点交货时,必须进行交货检验,填写卸货前检验记录表并签字。卸货前无法进行检验的货物应在交货人或运输方在场监督的情况下,将货物卸下,并立即进行检验。

第三条　完成交货检验后,应及时组织开箱检验,按开箱检验的实际情况填写交货现场开箱情况说明,形成开箱检验报告并签字。

1.3.3　开箱检验报告及附表的使用

第一条　开箱检验报告及附表由具体承担货物交接后保管责任的收货人准备,并在监理人员指导下按规定格式填写和打印、复印。交付现场施工单位的货物由现场施工单位准备和填写;交付仓库保管的由仓库管理单位准备和填写。

第二条　开箱检验报告及表格在检验完成后应当场出具,在参加检验的人员签字后将一份原件交买方留存,作为合同支付依据,其他单位留存复印件。

第三条　设备交货清单是供货厂商提供的按合同要求制定的设备供货清单,应包括货物名称、单位、数量、外形尺寸、单重、总重,以及合计总重、净重等信息。

第四条　交货检验和开箱检验时应按设备交货清单(或设备交货装箱清单)清点交货件数,并在卸货前检验记录表和开箱检验报告中写明。

1.3.4　开箱检验报告及表格填写规定和方法

第一条　开箱检验报告的填写规定和方法。

①开箱检验报告是开箱检验的结论性文件,开箱检验报告必须在开箱验收完成后,根据开箱检验的实际情况及时填写并签字。参加检验的各方必须在同意检验记录内容的前提下签字确认。开箱检验报告一经各方签字即发生效力,作为设备买卖合同支付的依据。

②开箱检验报告必须按照表格载明的内容详细填写,填写内容必须反映货物检验时的真实状态,不允许采取揣测、推断的方式记录货物状态。

③开箱检验报告原则上不详细抄写货物清单,只记录货物数量和货物在交货时的状态。

④货物在交货时的状态在检验记录栏中记录,应写明货物数量和设备到货清单是否相符;随货物到达的随机文件和货物标识是否齐全;货物或包装有无缺少、损坏;货物或包装有无雨淋、潮湿、霉变等,其中总重量以货物的净重量记录。

第二条 现场开箱情况说明的填写规定和方法。

①现场开箱情况说明是开箱检验报告的补充资料,是对开箱发现的情况进行的详细说明。

②现场开箱情况说明中"参加开箱单位及人员"栏填写参加开箱检验的单位和人员名称;"开箱情况说明"栏中详细描述通过开箱发现的所有问题。

③所有参加检验的人员应在同意开箱情况说明的描述的前提下,在"参检人员签字"栏中签字确认。

第三条 卸货前检验记录表的填写规定和方法。

①卸货前检验记录表是交货检验时划分送货人(或交货人)和收货人对货物运输、保管责任的重要文件。卸货前检验记录表必须在货物到达现场卸货前的当时进行检查记录。在卸货后或开箱后如发现货物有缺损、变质等事项,将按卸货前检验记录表的记录判断是否为送货人(或交货人)的责任。

②卸货前检验记录表必须按照表格载明的内容详细填写,填写内容必须反映货物检验时的真实状态,对货物状态的任何临时增设或事后补加的保护措施均不予确认。

③卸货前检验记录表中"检验人员"栏应记录参加检验的单位和人员,原则上由参加人员签到。页底的"送货单位"和"收货单位"栏必须由送货人和收货人亲笔签署。

④所有带"[　]"的记录栏采用画"√"的形式记录。对表中规定以外的或需要特别说明的内容在详细检验记录中说明。

第四条 设备到货清单的使用。

①设备到货清单(或设备装箱清单)由卖方(或供货人)提供,监理单位负责核对检查设备到货清单和设备买卖合同交货范围是否相符。

②在交货检验和开箱检验时对照设备到货清单清点到货实物,把发现的问题和事项记录在卸货前检验记录表交货现场开箱情况说明中。

　　③设备到货清单和卸货前检验记录表交货现场开箱情况说明一并作为开箱检验报告的附件,共同构成设备交货验收资料。

1.3.5　附则

　　第一条　本办法(暂行)自　　　年　　月　　日起实施。

　　第二条　本办法由监理和业主相关部门负责解释。

　　开箱检验报告见表1.2。

表 1.2　　　　　　　　　　　　　　　　开箱检验报告

设备名称:		合同编号:	
卖　　方:		制造商:	
发运地点:		发运日期:	
到达地点:		到达日期:	
开箱检验地点:		开箱检验日期:	
设备编号:	安装部位:	箱号单:	
总件数:	其中:箱件:　　　裸件:	总重量:　　　　(kg)	
检验记录:			
联合验收签字:			
买　　方:		卖　　方:	
监理单位:		收货单位:	

　　现场开箱情况说明见表1.3。

表 1.3　　　　　　　　　　　　　　　现场开箱情况说明

设备名称		合同号	
开箱时间		开箱地点	
参加开箱单位及人员			
开箱总件数及箱号:			
开箱情况说明:			
参检人员签字:			

卸货前检验记录表见表1.4。

表 1.4 **卸货前检验记录表**

设备名称：		合同号：		到货批次：
车(船)号：		发票号：		装箱单号：
到货时间：		检验时间：		检验地点：
检验人员	厂方代表(送货单位)： 监理单位：		施工单位： 业 主：	
包装方式	裸装[　　] 箱装[　　] 集装箱[　　] 托架[　　]			
包装材料	木箱[　　] 纸箱[　　] 板条箱[　　]			
批示、 警告、 标志	向上有[　]无[　]、防潮有[　]无[　]、防晒有[　]无[　]、防震有[　]无[　]、易碎有[　]无[　]、重心有[　]无[　]、起吊位置有[　]无[　]、禁用叉车有[　]无[　]			

检验内容	检验结果	备 注
货物在运输车上是否有防雨遮盖	是[　] 否[　]	
到货件数是否与合同、发票、装箱单相符	是[　] 否[　]	
裸装件规格是否与合同相符	是[　] 否[　]	
包装箱外表是否破损、受潮、发霉、变形、重钉	是[　] 否[　]	
裸件外观是否生锈、脱漆、变形、划痕、碰瘪	是[　] 否[　]	
裸件或外包装箱是否有标牌脱落或标记不清	是[　] 否[　]	

详细检验记录

送货单位：　　　　　　　　　　　　　　收货单位：

设备交货清单见表1.5。

表 1.5 **设备交货清单**

大岗山水电站　#缆机××××××发货清单　　　　　　　　合同号：(DGS-SB-2007-00x)

箱件号	名称	型号规格(图号)	单位	数量	重量(kg)	备 注

发货单位：

装箱员：　　　　　　　　　　　　　　　日期：

收货单位：

收货人(签字)：　　　　　　　　　　　　日期：

收货地址：

收货联系人：

收货联系电话：

1.4　缆机安装要求

1.4.1　缆机交验与仓储保管

1)设备的到货交验按《关于印发〈国电大渡河大岗山水电开发有限公司机电金结设备交货验收管理办法(暂行)〉的通知(国电大岗山机〔2007〕27 号)文规定的程序执行。

2)桃坝 B 区设备堆放场应进一步完善,做好排水、照明、消防设施,做好仓储管理,防止设备零部件丢失。

3)对电器设备、传动部件应做好仓储保管,不得露天堆放,做好防潮、防腐、防雨等措施。

4)设备检验需填写的记录表 1.6 至表 1.13 如下。交验设备清单见表 1.6。

表 1.6　　　　　　　　　　　　　　交验设备清单

设备名称:　　　　　　　　　　　　　　　　箱　　号:

制造厂:　　　　　　　　　　　　　　　　　设备来源:

到货日期:　　　　　　　　　　　　　　　　承包人:

序号	零部件名称	规格及型号	件号	单位	数量	备注

业主(或授权代表)签字:　　　　　　　　　　　　日期:

设备交接清单见表 1.7。

表 1.7　　　　　　　　　　　　　　设备交接清单

设备名称:　　　　　　　　　　　　　　　　箱　　号:

制造厂:　　　　　　　　　　　　　　　　　设备来源:

承包人:　　　　　　　　　　　　　　　　　交验日期:

序号	零部件名称	规格及型号	件号	单位	数量	备注

业主代表:　　　　　　厂家代表:　　　　　　承包人代表:　　　　　　监理代表:

交验设备缺件清单见表1.8。

表 1.8　　　　　　　　　　　　交验设备缺件清单

设备名称：　　　　　　　　　　　　　　　　　箱　　　号：

制造厂：　　　　　　　　　　　　　　　　　　设备来源：

承包人：　　　　　　　　　　　　　　　　　　交验日期：

序号	零部件名称	规格及型号	件号	单位	数量	处理结果	备注

业主代表：　　　　　厂家代表：　　　　　承包人代表：　　　　　监理代表：

交验设备质量缺陷清单见表1.9。

表 1.9　　　　　　　　　　　　交验设备质量缺陷清单

设备名称：　　　　　　　　　　　　　　　　　箱　　　号：

制造厂：　　　　　　　　　　　　　　　　　　设备来源：

承包人：　　　　　　　　　　　　　　　　　　交验日期：

序号	零部件名称	规格型号	件号	单位	数量	质量缺陷	处理结果	备注

业主代表：　　　　　厂家代表：　　　　　承包人代表：　　　　　监理代表：

交验设备工具清单见表1.10。

表 1.10　　　　　　　　　　　　交验设备工具清单

设备名称：　　　　　　　　　　　　　　　　　箱　　　号：

制造厂：　　　　　　　　　　　　　　　　　　设备来源：

承包人：　　　　　　　　　　　　　　　　　　交验日期：

序号	工具名称	规格及型号	件号	单位	数量	备注

业主代表：　　　　　厂家代表：　　　　　承包人代表：　　　　　监理代表：

交验设备备品备件清单见表 1.11。

表 1.11　　　　　　　　　　**交验设备备品备件清单**

设备名称：　　　　　　　　　　　　　　　箱　　号：

制造厂：　　　　　　　　　　　　　　　　设备来源：

承包人：　　　　　　　　　　　　　　　　交验日期：

序号	备品备件名称	规格及型号	件号	单位	数量	备注

业主代表：　　　　　厂家代表：　　　　　承包人代表：　　　　　监理代表：

交验设备附属设备清单见表 1.12。

表 1.12　　　　　　　　　　**交验设备附属设备清单**

设备名称：　　　　　　　　　　　　　　　箱　　号：

制造厂：　　　　　　　　　　　　　　　　设备来源：

承包人：　　　　　　　　　　　　　　　　交验日期：

序号	附属设备名称	规格及型号	件号	单位	数量	备注

业主代表：　　　　　厂家代表：　　　　　承包人代表：　　　　　监理代表：

缆机资料领用清单见表 1.13。

表 1.13　　　　　　　　　　**缆机资料领用清单**

设备名称：　　　　　　　　　　　　　　　领用单位：

序号	资料名称	份数	语种	领用日期	备注

业主代表：　　　　　　承包人代表：　　　　　监理代表：

1.4.2　施工场地布置及施工准备

1）主、副塔缆机安装场地狭窄，左、右岸缆机安装现场高程 1270.0m、1255.0m；左、右岸缆机安装施工平台长度约 216.0m；左、右岸缆机平台宽度分别为 16m、12m。利用施工现场中布置的工装、地锚环及卷扬机平台进行缆机的安装。同时兼有边坡施工的干扰，必须做好设备安装期间二次转运、起吊设备布置、施工通道等的统一规划，以方便安装顺利进行。

2）临时承载索要在缆机安装前进行垂度调整和复测，必须满足主索过江技术要求。应对卷扬机进行检查、检修和保养，确保卷扬机安全运行。

3）工器具准备的数量及规格应充分，测量仪器要经过率定，方案中拟使用的起吊设备要落实到位，起重设备要有技术监督部门的检验合格与使用证明。

1.4.3　质量控制

1）施工单位应建立健全缆机安装质量控制体系，编制设备安装技术要求和质量控制目录，已批准施工技术方案应向施工人员交底并严格按要求实施，对主索浇锌、过江等重要的施工项目要编制现场施工作业指导书。对施工人员、各级质检员进行上岗前培训，特殊工种人员要持证上岗，切实实行"三级"质检制度，确保缆机安装质量。

2）施工单位应提前一周报送主索浇锌工艺的实施方案、实施场地和实施时段，以便于业主、监理工程师及时协调相关工作和旁站监理。

3）设备在安装过程中应做好安装过程质量记录（包括设备缺陷处理），并定期向监理报送。

4）设备安装中间验收按规定的检验程序进行，"三检"合格后，再会同监理进行检查验收。上道工序不合格严禁下道工序开工。

1.4.4　施工措施方案

1）塔架安装时的预留偏移量应满足设备技术要求。

2）制定偏移量的检测方法。各驱动单元联轴器同轴度应满足设备技术要求，以保证设备平稳运行和使用寿命，在安装时应制定同轴度检查调整作业指导书。

3）临时承载索调整时两根绳长度的控制精度要求较高，在施工时要做好测量工作，保证两根承载索的长度一致，保证主索过江、临时承马安装等工作的顺利进行。同时，主索的临时承马间距测量要保证精度。调整临时承载索施工时，应做好与其他项目施工的协调工作。

4）主索过江至安装在塔架上的安装程序及有关技术要求，应严格执行厂家设备安装技术要求。主索的垂度应符合设计标准。

5）缆机其他绳索过江需提前启用已安装好的提升、牵引机构。要求使用前应对提升、牵引机构的制动器等进行检查调试，达到要求后方能进行。过江时要做好绳索的保护，不得使绳索被污染和损伤，在绳索过江时地面段绳索下部布置槽钢，这样既有利于绳索保护，也便于绳索长度的测量。

6）结构焊接时应注意焊接接地，严禁焊接电流通过钢丝绳、传感器、轴承等部件，避免因焊接而造成的设备损坏。

1.4.5　进度控制

1)计划 2009 年 5 月 30 日开始安装,2009 年 8 月 31 日完成 2# 缆机安装。

2)计划 2009 年 6 月 15 日开始安装,2009 年 10 月 31 日完成 3# 缆机安装。

3)计划 2009 年 8 月 15 日开始安装,2009 年 12 月 31 日完成 4# 缆机安装。

由于右岸边坡发生裂缝,8 月 14 日至 21 日全工地进行停工安全大检查。9 月 1 日因大坝右岸边坡裂缝支护施工的要求,缆机安装工作接连停工,至 10 月 15 日,恢复缆机正常安装工作。实际影响工期达一个半月之多,根据实际情况调整了完工的节点时间。缆机安装完成时间见表 1.14。

表 1.14　　　　　　　　　　　　　缆机安装完成时间

缆机编号	开始安装时间	完成安装时间	调试及实验时间	取证时间
2#	2009 年 7 月 7 日	2009 年 11 月 4 日	2009 年 12 月 10 日	2010 年 1 月 13 日
3#	2009 年 9 月 13 日	2009 年 12 月 10 日	2009 年 12 月 20 日	2010 年 1 月 13 日
4#	2009 年 12 月 11 日	2010 年 1 月 19 日	2010 年 1 月 22 日	2010 年 2 月 8 日

1.4.6　安全控制

1)安装现场应安排专职安全员对现场进行检查、监督与管理,关键及危险程度大的施工作业工序要经安全员检查确认后方能进行。

2)建立安全控制点,重要部位的安装应编制安全作业指导书。设备在吊装前应检查起吊工具、设备的安全性能,必要时对设备的吊点要进行防护,避免吊装时损坏设备。

3)绳索安装时的绳头安装要确保接头连接牢固可靠后方能进行下道工序的安装。

4)缆机安装难度大、危险性高,要求安装单位一定要做好每日的安全施工交底,责任到人。

1.4.7　缆机调试、试验与验收

1)缆机调试应在厂家技术人员的指导下按技术要求进行。

2)按厂家缆机试验大纲要求,准备好缆机试验用载荷等所有准备工作。

3)设备试验检验按设备试验大纲要求进行,记录内容应真实、准确、全面。

4)根据缆机采购合同要求,缆机试运行 200h 或 30d 合格后,应向监理单位提交竣工验收报告,由监理机构上报业主组织验收。

1.4.8　其他

统计缆机安装组织机构及人员名单及联系方式,并适时申请开工报告。

1.5　缆机安装施工方法

大岗山水电站坝体混凝土浇筑规模大,大坝计划浇筑工期 34 个月,最高月浇筑强度为

13.7 万 m³,最大仓面面积为 1200m²,单仓浇筑方量接近 1800m³,共计约 1600 个浇筑仓位。

1.5.1　缆机安装工艺流程

缆机安装工艺流程见图 1.3。

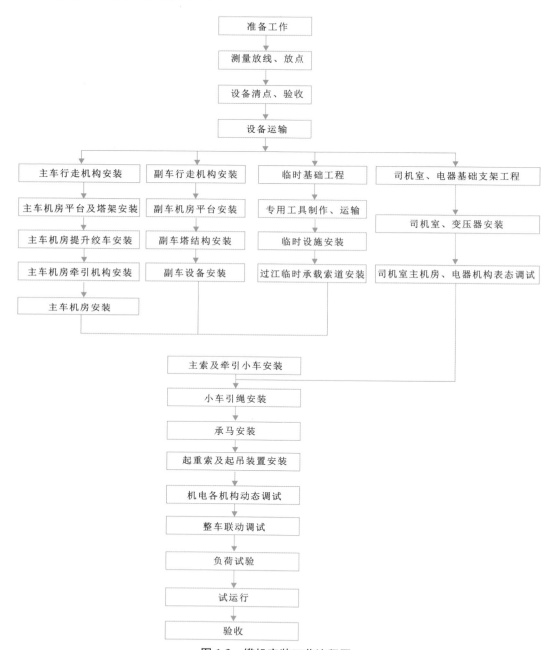

图 1.3　缆机安装工艺流程图

1.5.2 主、副车安装

（1）主车安装

主车主要包括行走台车、大车机架、牵引机构、起升机构、电气设备、机房等，其中最大安装单元有钩梁重约 12t（含行走台车）、提升机构 16t、提升卷筒 13t，结构最大安装高度 18m，最远安装幅度 21m，采用 70t 汽车吊进行安装，主车安装部位在左岸基础上游侧，其安装顺序为：

两根钩梁（含行走台车）→前后板梁及连接撑→机架平台→电缆绞盘→牵引机构→主车塔架→天轮平台（含天轮）→辅助吊→提升机构→电气设备→变压器→检修行车→机房。

（2）副车安装

副车主要包括行走台车、钩梁（分前后两节）、副车塔架、牵引绳张紧装置等其中钩梁后段为最重件约 20t，最大安装高度约 18m，最远安装幅度 25m，采用 70t 汽车吊进行安装，副车安装部位在右岸基础上游侧，与主车在同一轴线上，其安装顺序为：

钩梁后段（含水平行走台车）→钩梁前段（含垂直行走台车）→牵引绳张紧装置→副车塔架→天轮平台（含天轮）→辅助吊→电缆绞盘。

（3）主、副车安装注意事项

①独立构件就位时需采用临时支撑，或拉缆风绳。

②安装前应清理各种杂物，如运输时的包装物或捆扎的钢丝等。

③安装前对各车轮轴承及铰接部位进行润滑，保证运转灵活。

④安装时可对个别零件（如调整垫等）进行必要的调整，安装完毕后对运行机构进行整体调整，使其满足设计和运行要求。

（4）螺栓连接拧紧力矩见表 1.15

表 1.15　　　　　　　　　　　　　　螺栓连接拧紧力矩表

螺栓规格	标准号	强度等级	拧紧力矩（N·m）
M20	GB/T 1228	10.9	520
M22	GB/T 1228	10.9	700
M24	GB/T 1228	10.9	900

1.5.3 缠绕系统安装

缆机缠绕系统包括主索、牵引索、起重索、移动承马、小车、维护平台、起重大钩等。

（1）辅助承载索安装

在左右岸卷扬机平台上分别放置 4 台 16t 卷扬机，利用 $\Phi15mm$ 过江绳将 $\Phi22mm$ 临时工作绳牵引过江形成过江临时通道；在左右岸承载索索道上下游搭设工作平台（工作平台:左岸平台长度15m,右岸平台长度20m),在右岸穿绕30t滑轮组调整承载索垂度,使两根承载索垂度一致。

(2)缆机主索安装控制要点

大岗山缆机跨距和主副车高差的设计数据如下:左岸主车端主索铰点高程1271.60m,左岸副车端主索铰点高程1255.85m,主车河侧前轨中心线与副车河侧前轨轨道中心线间的水平距离为687.07m。大岗山缆机跨度(左右岸主索铰点垂直中心线间的水平距离)为687.82m,主副车主索铰点高程差为15.75m。主索跨度示意见图1.4。

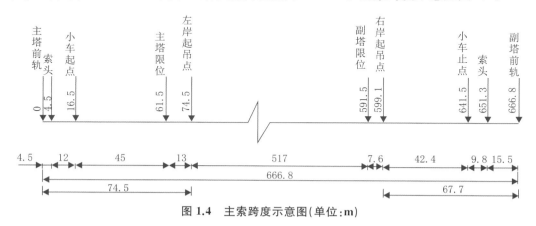

图1.4　主索跨度示意图(单位:m)

主索设计跨度677.0m,主索实用长度662.373m,主索为5层"Z"字型钢丝捻制的密闭型钢索,直径93mm,主索通过锥套浇锌后组装于主副车拉板装置上,并分别连接于主车和副车上,主索重38t。主索过江时的安全控制是其中的重点。

缆机系统安装控制要点主要是索道系统的安装。其中测量主索放出的长度精度是其中的关键。

检验方法:

①主索直径Φ95mm,缆机跨度677m,主索运输毛重约38t,运输用40t半挂车,装卸车用一台70t汽车吊。

②在主、副车基础前面安装轴线上搭设主索安装承载平台,通过临时工作绳从左岸牵引一根Φ28mm的绳索到达右岸作为牵引主索的工作绳。

③主索卷筒搁置在主索支承架上(主索支承架上设有杠杆制动装置控制主索溜放速度),布置于副车基础后部上游端,主索出索方向朝向下游,在其支承架后部布置一台卷扬机作为主索溜放时的安全制动,拉出主索索头在主索浇筑工作平台上浇筑左岸主车索头。完毕后将主索拖至主索导向装置,穿过基础预留的孔洞至承载索道,由临时承马托载,用Φ28mm钢丝绳缓慢牵引至主车。

④索头浇筑完毕经厂家代表及设备监理检查确认后开始过江,主索通过导向装置穿过副车基础进入临时承载索道,用Φ28mm绳索牵引由临时承马搭载过江,两临时承马

间用 Φ15mm 保距绳相连间距 25m,并注意主索释放的速度,边放索边测量边标识,以保证相邻两临时承马间距不变。

⑤主索向左岸放绳过程中要认真测量主索长度并做好记录,到一定长度后固定好主索,在卷筒上放出主索端头,拉直后测量其余主索长度,当与设计长度一致时停止测量,有关各方共同确认正确无误后做好标记,将切割处两边进行绑扎,然后用砂轮切割机切割索头,在主索浇筑工作平台上浇筑副车索头。(主索长度应精确测量,全长范围测量误差不超过 50mm)

⑥副车主索索头浇筑成形后,在主索长度经测量确认无误后切断浇筑索头,向主车方向牵引主索至副车索头与主索张紧机构相连接后继续向主车牵引直至主车主索索头装置安装在主车主索悬挂架上。完毕后继续牵引主索至副车索头与主索张紧装置连接。

⑦主车索头安装就位后,启动主索张紧机构张紧主索至设计垂度。

主索安装时,应在厂家代表的指导下工作,每项工作特别是技术数据,应征得厂家代表及设备监理的认可。释放张紧装置直至主车索头安装就位到主车拉板装置上。

⑧启动主索张紧机构,将主索张紧到拉板Ⅰ与拉板Ⅱ最外侧轴间距为 4650mm 的位置。

⑨主索张紧时对主索在光索状态下的中间垂度进行测量,其跨中垂度测量值应为 22.91m±0.3m 以验证主索长度截长的正确性。

(3)安装小车

缆机小车是由行走轮、平衡梁、三角架及安全平台等组成,由 70t 汽车吊吊至主索下方用两个 5t 手拉葫芦将小车组装件悬挂在主索上,然后组装行走轮,安装时应设防溜绳拉住小车。

①因主车拉板距离短,在主车端进行小车的安装。

②小车的安装顺序:台车→平衡梁→三角梁→小车架→梯栏平台等。

③用卷扬机拉住小车并向跨中移动一段距离,让出承马安装位置后,用临时绳索将小车与主车架进行固定。

(4)承马安装

左右岸承马分别用 70t 汽车吊进行安装,承马安装要严格按照厂家提供的安装顺序及技术参数进行安装。

(5)牵引索安装

①将牵引绳从储绳卷筒上放出,缠绕到起升卷筒上。绕入时应注意排绳,使牵引绳在卷筒上多层缠绕而不乱绳。

②在主车架的中间梁上布置临时导向轮,将牵引绳从起升卷筒上引出,经临时导向轮引到牵引机构上,经驱动机构的导向轮及摩擦轮等再引出到主车天轮上,从主车天轮

向下引绳,多放出60m后,将牵引绳固定在小车上。

③通过左右岸的拖拉绳将小车与牵引绳引至副车端,并将小车与副车临时固定,此过程中应使牵引绳保持一定的张力,使其悬于空中。

④将60m的牵引绳通过副车天轮、副车拉板、导向滑轮、副车侧承马等到达小车,并按牵引绳与小车的固定要求进行固定连接,之后解除牵引绳与小车的临时固定。牵引绳上支安装完成。

⑤解除小车与副车的固定,通过左右岸的拖拉绳将小车牵引到主车端。

⑥将小车与主车架进行临时固定,同时将牵引机构上的牵引绳进行固定后,放出在起升卷筒上的牵引绳尾端。

⑦将牵引绳尾端通过主车架下的导向滑轮,从主车架的前端梁下部引到承马上,通过主车端的各承马到小车的主车端,并与小车按要求进行固定连接。

⑧解除牵引绳的临时固定。

⑨解除所有与小车的临时绑定,牵引绳安装完毕。

⑩测量牵引绳上支垂度,若大于 $4.0\%L=27.03$m(初张力约为90kN),则调整该值。

(6)提升索安装

①将起重绳卷入主车起重卷筒,绳头从起重卷筒引出通过导向滑轮,然后进入小车定滑轮。

②将大钩滑轮组置于地面,起重绳穿绕小车架定滑轮和大钩动滑轮,然后再与小车结构临时相连。

③启动起升机构及小车牵引机构,使小车向右岸副塔移动,同时放出起重绳。小车到达副塔后,将起重绳绳头固定在副塔固定端上。起重绳端头按厂家或图纸要求配制。至此,缆机结构部分和绳索系统安装完成。

(7)起升绳及吊钩安装

①将起升绳全部整齐地卷入起升卷筒,绕入时应注意排绳,不得产生反弯。

②将吊钩组放置在主车侧适当位置。

③将起升绳从卷筒上引至主车架下部导向滑轮,经主车侧4只承马底层托辊至小车,穿绕小车及吊钩的起重滑轮,多放出30m后固定在小车上。

④开动牵引机构将小车、起升绳及吊钩牵引至副车端,在牵引小车时起升绳要同时释放,并保持吊钩与小车的间距在15~20m。

⑤到达副车后将起升绳绳头穿过副车端4只承马的下托辊与起升负荷限制装置可靠连接。

⑥解除起升钢丝绳与小车以及吊钩本身的临时固定。

⑦小车运行至跨中位置,将吊钩提至上极限位置。此时,起升卷筒上钢丝绳不应超过一层,否则应割除多余钢丝绳。

（8）主副车检修平台安装

按主副车检修平台 GDL 168—3100、GDL 68—3400 所示进行安装,安装时要特别注意:

①人员进、出检修平台的梯子的高度与位置要安装合适。

②检修平台与小车平台的高度调配匹配。

③供检修、保养承马用的平台位置应合适,连接要可靠。

④主车端的挡绳用的尼龙托辊应调整适当,避免绳索长期与托辊接触。

1.5.4　缆机电气设备安装

缆机电气设备的安装工程,包括主车和副车行走机构减速电机、起升绞车和牵引绞车的直流电机、干式变压器、全部高低压开关设备、控制系统设备、电缆以及缆机供货合同所提供的其他电气设备。

安装工作与主、副车结构安装交叉同步进行。

缆机电气设备安装施工程序流程见图 1.5。

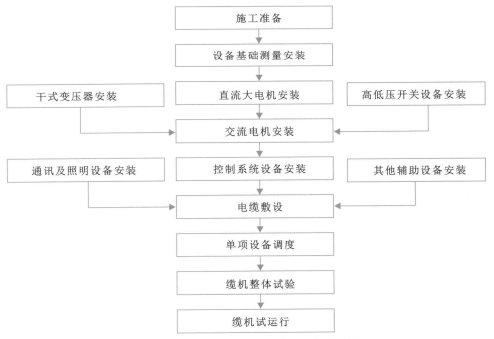

图 1.5　缆机电气设备安装施工程序流程图

1.5.5　缆机综合调试及试验

缆机安装调试是根据该缆机的功能及性能参数,按照交接试验规程规范,采用现场试验方法对设备、元器件和二次回路进行初步检查,对各单元进行分步调试和试运转,使其达到设计制造和业主要求,为缆机整体投入正式运行创造条件。

根据招标文件的要求,承包方将严格按照施工图纸、缆机制造厂的技术说明书和相关标准、规范,配合厂家代表进行缆机设备安装前的检查、部件和各单元的通电调试,完成缆机在工作区内的无负荷和带负荷下的整体联动以及负荷试验。

在设备安装施工完毕、经全面检查验收后方可进行通电试验。通电试验前检查各传动机构、油箱均已加注润滑油脂;确定轴承间隙满足要求;保证主、副塔及轨道上杂物已清除;各带电设备、盘柜应挂警示牌,设明显标志,试验过程中设专人监护,测量关键机械、电气部位数据,并做好施工记录。主要试验内容有:10kV 高压电力电缆、干式变压器、高低压开关设备等变配电装置试验;测量、自动化元器件、控制电缆、通信光(电)缆的检查;大车行走、小车牵引、主索提升系统调试;安全保护、PLC 监控系统整组调试;全扬程和全工作区的运行工况测试;负荷试验等。

1.5.6　缆机载荷试验

(1)试验前的检查

缆机载荷试验前应进行整车分部检查,检查项目如下:

1)检查主、副车轨道螺栓、缓冲器装置,并对轨道面进行清理;确定对主、副车机房的清理打扫已完毕;检查各部位结构件、机件紧固螺栓、连接销轴等;检查各传动部分配合间隙,按照厂家图纸和技术要求调整好各部位间隙;检查各索道运载系统连接紧固情况、终点销栓情况,各定、动、转向滑轮转动情况,驱动、制动机械部分运转情况。

2)按照图纸规定及规程规范要求,检查电气设备、电线、电缆敷设和接线是否符合要求;保护接地或接零良好;电气设备和线路的绝缘电阻值应满足规范要求;测量接地电阻值是否符合规范要求。

3)检查各保护装置、声光信号装置、闭锁回路、限位装置,经模拟试验动作正确无误。

4)按厂家规定,加注各传动减速箱润滑油,并使油位达到要求,对各传动部位加注润滑油脂,其中包括各式滑轮、行走轮、传动轴承等部位。

5)检查缆机全工作范围内有无影响主、副车行走,小车运行的障碍物。

6)在厂家代表的指导下,进行分部机构的空运转试验,检查各部分机械、电气运转可靠,动作正确;电动机运行平稳,三相电流平衡;确保齿轮啮合良好,各限位动作可靠,制动装置动作迅速、准确、可靠,闸带、闸瓦与闸轮的间隙应均匀无摩擦;主、副车行走机构运行平稳,电缆卷筒工作正常;供电系统运行良好。

(2)缆机的载荷试验

1)缆机的载荷试验分静载荷试验和动载荷试验,静载荷试验的目的是为了检测缆机各部件和金属结构的承载能力,动载荷试验的目的是为了检测缆机机构及其制动器的工作性能。试验项目如下:

①按 50%、85%、100%静负荷逐级增加,分别做静负荷起吊试验,检查电气装置是否

正常,机构部分不得有破裂、永久变形、连接松动或损坏等。

②按额定起重量和额定速度进行两次全扬程和全工作区的运行测试(大车行走时起升和牵引机构不动作,但吊钩须在缆机跨中)。按照缆机操作规程进行控制,检查加速度、减速度应符合产品标准和技术文件的规定,测取各电动机的运行电流,缆机各机构应动作灵敏,工作平稳可靠,各限位开关、安全连锁装置应动作可靠,各零部件应无裂纹等损坏情况,各连接处不得松动。

③按 50%、100%、110%额定起重量和 100%额定速度对起升和牵引分别进行两次运行测试,每次升降扬程为 100m;每次牵引距离不少于往返各 500m,其中一端为正常工作区的起始点,大车行走可不进行超载试验,在整个试验过程中,电气装置均应工作正常,并测取各电动机的运行电流,缆机各机构应动作灵敏,工作平稳可靠,各限位开关、安全连锁装置应动作可靠,各零部件应无裂纹等损坏情况,各连接处不得松动。

④按 125%额定起重量将载荷慢速提离地面 100~200m,持续时间不少于 10min。电气装置应无异常现象,机构部分不得有破裂、永久变形、连接松动或损坏等影响性能和安全的质量问题出现。

2)负荷试验前应编写出具体的试验方案,报监理工程师批准后实施,负荷试验应在厂家代表的指导下和监理工程师到场时进行,试验区域设警戒标志,非工作人员禁止入内,试验前所有测量设备、检测仪表应准备就绪,试验过程中应统一指挥,分工明确,信号指挥清晰,操作准确,试验过程中如有异常情况应立即报告,中断试验,待处理正常后方可再进行试验。

测试结束后,由厂家代表负责提交测试报告。

3)负荷试验的试件为螺纹钢筋,由业主提供。

1.5.7　施工人员配置

缆机安装施工人员配置见表 1.16。

表 1.16　　　　　　　　　　　　　缆机安装施工人员配置

序号	工种	人数	备注
1	管理人员	2	
2	技术人员	4	结构、机械、电器
3	专职安全员	2	
4	汽车司机	6	
5	吊车司机	4	
6	安装电工	6	
7	安装钳工	4	
8	起重安装工	20	
9	电焊工	2	
10	合计	50	

1.5.8 施工机械配置

缆机安装主要机械设备见表1.17。

表1.17 缆机安装主要机械设备表

序号	名称	规格	数量	备注
1	汽车吊	QY-70	1台	湖南浦沅
2	汽车吊	QY-16	1台	湖南浦沅
3	半挂平板拖车	40t	1台	
4	载重汽车	18t	1台	
5	平板汽车	8t	1台	
6	平板汽车	5t	1台	
7	卷扬机	16t 卷绳 1500m/Φ30.0mm	2台	
8	卷扬机	16t 卷绳 1000m/Φ26.0mm	2台	
9	移动空压机	0.6m³/min	1台	
10	全站仪		1台	
11	水准仪	DS3	1台	
12	直流焊机	30kV·A	5台	

1.5.9 缆机安装专用工具及工装配置

承包方补充的专用工具及工装见表1.18。

表1.18 承包方补充的专用工具及工装

序号	项目	规格	制造厂	单位	数量
1	主索导向曲轨		自制	套	1
2	主索浇锌平台		自制	个	1
3	32t级滑车组		外购	台	4
4	16t开口滑车		外购	门	8
5	10t开口滑车		外购	门	10
6	手拉葫芦	20t	外购	台	4
7	手拉葫芦	10t	外购	台	8
8	液压千斤顶	32t	外购	台	4
9	螺旋千斤顶	16t	外购	台	6
10	各类钢丝绳夹头	Φ14～58	外购	套	1

1.6　缆机安装控制要点

1.6.1　结构件出厂前拼装验收

缆机设备结构件出厂前,缆机制造厂家要对缆机大型结构件进行拼装并验收,验收合格准予出厂。

1.6.2　设备到货验收移交

设备到货验收是指业主为履行《大渡河大岗山水电站大坝土建及金属结构设备安装施工》(合同编号:DGS-SG-2009-001)合同约定,在四川大渡河大岗山水电站工地业主指定地点将采购的设备移交给承包人时合同各方所应履行的设备清点、检查、检验、移交的活动。

(1)交验工作依据

1)《大渡河大岗山水电站大坝土建及金属结构设备安装施工》合同(合同编号:DGS-SG-2009-001)。

2)《国电大渡河大岗山水电站大坝施工缆索起重机买卖》设备采购合同(合同编号:DGS-SB-2007-002)。

3)其他有效的合同组成文件。

(2)交验的设备与交验时间

交验的设备是指业主向承包人提供的设备整机、辅助配套设备、随机资料、随机附件、随机工具、技术资料以及其他应进行交验的项目。交验的设备与交验的时间统计见表 1.19 至表 1.23。

表 1.19　　　　　　　　　交验的设备与交验时间统计表

序号	货物名称	规格型号	原产地	单位	数量	编号	计划交验日期
1	缆索起重机	30t	中国	台	3	2#缆机	2009 年 4 月 15 日(含 3#、4# 缆机主索和钢丝绳)
						3#缆机	2009 年 6 月 15 日
						4#缆机	2009 年 8 月 15 日
2	吊罐	9m³	中国	个	8	1#～8#	2009 年 8 月 15 日
3	司机室			个	4	3#～4#	承包人工地仓库或堆放场

表 1.20　　　　　　　　　　单台缆机设备构成统计表

序号	设备名称	规格型号	原产国	单位	数量
1	主车			套	1
1.1	起升机构		中国		1
1.2	牵引机构		中国		1
1.3	主车架		中国		1
1.4	主车运行机构		中国		1
1.5	主车其余部分		中国		1
2	副车			套	1
2.1	副车架		中国		1
2.2	副车运行机构		中国		1
2.3	副车其余部分		中国		1
3	主索支承装置		中国	套	1
4	主索张紧装置		中国	套	1
5	司机室		中国	套	1
6	承马		中国	套	8
7	小车		中国	套	1
8	吊钩	30t	中国	套	1
9	钢索系统			套	1
9.1	承载索	Φ93(5Z密闭型)	奥地利		1
9.2	起升绳	Φ36(面接触型)	德国		1
9.3	牵引绳	Φ30(面接触型)	德国		1
10	电气系统			套	1
10.1	调速系统		德国		1
10.2	控制系统		德国		1
10.3	电源		德国		1
10.4	电缆		中国		1
10.5	电缆卷筒		中国		1
10.6	通信设备		德国		1
10.7	无线遥控系统		德国		1
10.8	照明系统		中国		1
10.9	有线遥控系统		德国		1
11	承载索头浇锌		中国	套	1

表 1.21   随机备品、备件统计表

序号	备品备件名称	规格型号	原产国	单位	数量
1	链条	$P=50.8$	中国	根	3
2	SKF 轴承	22228CC/W33	德国	个	3
3	SKF 轴承	23044CC/W33	德国	个	3
4	SKF 轴承	22316E	德国	个	6
5	SKF 轴承	1226m	德国	个	3
6	SKF 轴承	53420m	德国	个	2
7	SKF 轴承	U420	德国	个	3
8	SKF 轴承	NJ230ECMA	德国	个	3
9	SKF 轴承	NJ236 ECMA	德国	个	6
10	SKF 轴承	7310BECBP	德国	个	3
11	SKF 轴承	24052CC/W33	德国	个	2
12	SKF 轴承	24136CC/W33	德国	个	3
13	SKF 轴承	51326m	德国	个	3
14	SKF 轴承	22209E	德国	个	24
15	SKF 轴承	22211E	德国	个	24
16	SKF 轴承	6013-Z	德国	个	24
17	SKF 轴承	6213-Z	德国	个	24
18	SKF 轴承	NJ213ECP	德国	个	24
19	SKF 轴承	6206-Z	德国	个	24
20	SKF 轴承	6209-Z	德国	个	24
21	SKF 轴承	6004-2Z	德国	个	24
22	SKF 轴承	FRC45TF	德国	个	24
23	滑轮	1250(起升)	中国	个	2
24	滑轮	1250(牵引)	中国	个	2
25	滑轮	1400(吊钩)	中国	个	2
26	摩擦滑轮衬垫	GM3	中国	套	3
27	承马行走轮总成		中国	套	8
28	承马牵引绳摩擦轮	特制铝合金	中国	个	24
29	承马起升绳托辊	250	中国	个	24
30	承马传动链条	$P=20$	中国	个	8
31	交流接触器	3TF,75A	德国	只	3
32	交流接触器	3TF,170A	德国	只	3
33	交流接触器	3TF,12A	德国	只	6
34	交流接触器	3TF,22A	德国	只	3

续表

序号	设备名称	规格型号	原产国	单位	数量
35	热继电器	3UA,20-25A	德国	只	9
36	低压断路器	3VU,18-63A	德国	只	6
37	低压断路器	3VU,10A	德国	只	3
38	低压断路器	3VL,160A	德国	只	3
39	低压断路器	5SX	德国	只	12
40	熔断器	NGT,63A	德国	只	6
41	熔断器	6RY1702-0BA03	德国	只	12
42	PLC 模块	SM321	德国	块	6
43	PLC 模块	SM322	德国	块	6
44	PLC 模块	FM350	德国	块	3
45	PLC 模块	SM331	德国	块	3
46	PLC 模块	PS307-1K	德国	块	3
47	PLC 模块	CP343	德国	只	3
48	PLC 模块	CP341	德国	只	3
49	数传电台	MDS900	美国	对	1
50	旋转编码器	P+F	德国	只	3
51	行程开关	XCR	法国	只	2
52	中间继电器	RXL	法国	只	48
53	控制变压器	JBK-3000	中国	台	1
54	控制变压器	JBK-4000	中国	台	1
55	直流电源	4NIC	中国	台	2
56	按钮、信号灯	XB2	法国	只	10
57	起升索	Φ36(面接触型)	德国	根	2
58	牵引索	Φ30(面接触型)	德国	根	2
59	抬吊梁及索具	载荷 56t	中国	套	1

表 1.22　　　　　　　　免费增加的随机备品、备件统计表

序号	备品备件名称	规格型号	原产国	单位	数量
1	承马行走轮总成		中国	套	4
2	变频器	6SE7026	德国	块	1
3	制动单元	6SE7023	德国	块	1
4	直流装置内部板	C98043-A7001	德国	块	1
5	直流内部板	C98043-A7003	德国	块	1
6	直流装置内部板	C98043-A7010	德国	块	1

表 1.23　　　　　　　　　　　拆装和维修专用工具统计表

序号	名称	规格型号	原产国	单位	数量
1	临时承载索锚固装置	800kN	中国	套	4
2	临时承马		中国	个	40
3	主索支承托辊		中国	个	10
4	悬挂装置		中国	个	1
5	主索牵引夹具		中国	个	2
6	主索固定夹具		中国	个	6
7	主索卷筒支架		中国	个	1
8	工作绳卷筒支架		中国	个	2
9	临时承载索	$\Phi46$	中国	根	2
10	往复绳	$\Phi22$	中国	根	1
11	拖拉绳	$\Phi22$	中国	根	1
12	临时承马固定绳	$\Phi14$	中国	根	2
13	组合电工工具	48 件	中国	套	3
14	组合机修工具	56 件	中国	套	3
15	力矩扳手	1600N·m	中国	套	3

（3）设备交验的组织

设备交验由业主委托监理单位组织,供货厂家、承包商共同进行设备的验收,包括到货的清点、验收、交接等。

（4）设备交验过程控制

1）根据设备到货计划,在设备交接前 14d,监理单位组织承包人准备"设备交验清单"和有关设备交接计划。

2）承包人根据设备交接计划,做好设备交验组织工作。组织工作至少包括组织机构、资源配置、安全措施、设备堆放场地规划及管理措施等。

3）单位审批承包人报送设备交验组织计划后,及时检查承包人设备接收的准备工作。承包人应严格按设备交验控制流程图(图 1.6)及批准的设备交验组织计划进行设备交验和交接。

4）设备交验前,承包人应按要求做好设备交验准备工作检查,内容包括(但不限于):

①起重及运输设备检查。

②吊具、索具、卡具完好性检查。

③材料、工器具检查。

④超长、超重的设备或构件吊装前编写的作业指导书检查。

⑤设备交验时,监理单位、承包人、设备制造厂家、商检部门(指进口设备,如果有)在现场对设备进行开箱检验,承包人按设备发货清单对设备名称、型号、规格、数量、质量等逐一检验,并填写"设备交验清单"。并在相关各方(业主单位、供货厂家、承包人、监理单位)签字认可后完成交接。

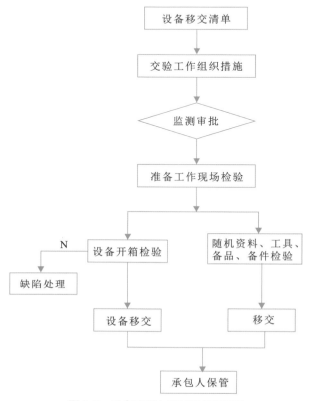

图 1.6　设备交验过程控制流程图

⑥承包人应加强设备的倒运管理,严防在设备倒运过程中出现设备损坏、零配件丢失。

⑦承包人应准备好交接设备的堆场地及库房,制定设备仓储保管规章制度,加强设备的仓储保管工作。避免设备配件、备件的遗失及遭受污染、锈蚀等造成控制系统元器件的失灵。承包商在接受业主设备和备品备件后,应承担设备管理和储存过程中造成的任何损失、损坏、短缺的责任。

⑧在整个施工期间承包人应按照合同规定,做好原始资料的记录整理。对交验时发现的设备制造缺陷或运输、倒运等原因致使的设备损坏应做好记录,并及时上报监理和业主。

⑨监理参加设备交验工作,承包人应为监理人员进行的监督检查提供一切方便,监理人员参加设备交验工作不免除承包人在检验和交货验收中应负的合同责任。

（5）设备交验质量控制

1）设备交验前应按设备（或系统）名称、规格、型号或安装顺序（安装手册要求的）进行交验单元（或项）的划分，以避免设备交验出现混乱、错交。设备检验按每台缆机为一个单位工程划分进行，每一台缆机又划分为结构、机械设备、电气设备、辅助设备四个分部，同时进行设备到货检验，见表 1.24。

表 1.24　　　　　　　　　　　交验设备分部分项工程划分统计表

单位工程	分部工程	分项工程
30t 缆机	1.结构部分	主塔钢结构及支撑架、副塔钢结构及支撑架、主塔配重钢结构及支撑架、副塔配重钢结构及支撑架
	2.机械设备	主塔行走机构、副塔行走机构、取物装置、起升驱动装置、载重小车、变幅驱动装置、导绕系统、电缆卷取装置、主塔头部设备、副塔头部设备
	3.电气设备	变压器、电气室、电器柜、操作室、电缆、电缆桥架、照明灯具、通信工具、其他电气设备
	4.辅助设备	辅助吊、检修小车、其他辅助设备

2）设备交验时应逐一核对设备或包装上的标识是否符合下列要求：

①有产品质量检验合格证明。

②国产设备应有中文标明的产品名称、生产厂名和厂址。

③产品包装和商标式样符合国家有关规定和标准要求。

④设备应有详细的使用说明书，电气设备还应附有线路图。

⑤国家要求具备生产许可证或使用产品质量认证标志的产品，应有许可证或质量认证的编号、批准日期和有效日期。

3）设备交验时，要按设备的名称、型号、规格、数量的清单逐一检查验收，对无包装的设备，则可直接进行外观检查及附件、备品的清点，对有包装的设备应先检查包装是否受损后再进行开箱全面检查，若发现设备有较大损伤，应做好详细记录，必要时拍照，并尽快与有关部门交涉处理。交验设备检查要点统计见表 1.25。

表 1.25　　　　　　　　　　　交验设备检查要点统计表

序号	名称		检查要点
1	结构部分	钢结构件	①包装标记；②名称、规格、型号与实物是否相符；③数量清点；④有无弯曲、变形、锈蚀；⑤销孔保护是否良好，有无变形、锈蚀；⑥有无焊接缺陷
		保温材料	①包装标记；②名称、规格、型号与实物是否相符；③数量清点；④有无明显缺陷
		维护结构（彩板）	①包装标记；②名称、规格、型号与实物是否相符；③数量清点；④有无明显缺陷

序号	名称		检查要点
2	机械设备	减速箱	①包装标记;②名称、规格、型号与实物是否相符;③数量清点;④有无锈蚀、损伤;⑤转动是否灵活
		制动器	①包装标记;②名称、规格、型号与实物是否相符;③数量清点;④有无锈蚀、损伤
		卷扬装置	①包装标记;②名称、规格、型号与实物相符;③数量清点;④有无锈蚀、损伤;⑤绳槽有无损伤;⑥转动是否灵活
		排绳装置	①包装标记;②名称、规格、型号与实物是否相符;③数量清点;④丝杠有无弯曲、变形、锈蚀
3	钢丝绳		①包装标记;②名称、规格、型号与实物是否相符;③数量清点;④外观有无损坏;⑤是否有老化现象
4	联结件	螺栓、螺母、垫片、绳卡、压板、连接销	①包装标记;②名称、规格、型号与实物是否相符;③数量清点;④有无明显缺陷;⑤高强螺栓应有产品合格证及产品质量证明、生产批次、生产时间
5	液压设备	液压站	①包装标记;②名称、规格、型号与实物是否相符;③数量清点;④接口是否完整、清洁;⑤有无锈蚀、损伤
		液压管路	①包装标记;②名称、规格、型号与实物是否相符;③数量清点;④接口是否完整、清洁;⑤有无损伤
		液压阀	①包装标记;②名称、规格、型号与实物是否相符;③数量清点;④接口是否完整、清洁;⑤有无损伤
6	电气设备	电动机	①包装标记;②名称、规格、型号与实物是否相符;③数量清点;④是否转动灵活、自如;⑤接线口是否完好;⑥有无锈蚀、损伤
		电器柜电气室操作室接线箱	①包装标记;②名称、规格、型号与实物是否相符;③数量清点;④外观有无损坏;⑤门锁是否有效;⑥室内是否清洁;⑦移动件有无损坏;⑧密封是否良好;⑨电器元件是否锈蚀;⑩接口是否完好
		电缆(控制电缆、动力电缆)	①包装标记;②名称、规格、型号与实物是否相符;③数量清点;④外观有无损坏
		传感器件	①包装标记;②名称、规格、型号与实物是否相符;③数量清点;④外观有无损坏;⑤编码器转动是否灵活
		照明灯具	①包装标记;②名称、规格、型号与实物是否相符;③数量清点;④外观有无损坏
7	备品备件		①包装标记;②名称、规格、型号与实物是否相符;③数量清点;④外观有无损坏
8	附属设备		①包装标记;②名称、规格、型号与实物是否相符;③数量清点;④外观有无损坏
9	工具		①包装标记;②名称、规格、型号与实物是否相符;③数量清点;④电器仪表试验、检查
10	其他		①包装标记;②名称、规格、型号与实物是否相符;③数量清点;④按不同设备特点进行相应检查

4)设备开箱检验质量控制要求：

设备的开箱检查,主要是检查外表,初步了解设备的完整程度,零部件、备品是否齐全及是否有明显的损坏。

①开箱前,应查明设备的名称、型号和规格,查对箱号、箱数和包装情况,避免开错箱。

②开箱时,应严防损坏设备和丢失附件、备件,并尽可能减少箱板的损坏。

③应将箱顶面的尘土、垃圾清扫干净后再开箱,以避免设备遭受污染。开箱应从顶板开始,拆开顶板查明装箱情况后,再依次拆除其他箱板。

④开箱时应用起钉器或撬杠,如有铁皮箍时应先行拆除,切忌用锤或斧敲、砍。同时还应注意周围环境,以防箱板倒下碰伤邻近的设备和人员。

⑤应加强转运管理,避免设备在二次搬运中产生丢失、损坏现象。

⑥设备的防护及包装,应随安装顺序拆除,不得过早拆除,以保护设备免遭锈蚀损坏。

⑦开箱后,设备的附件、备件不可直接放在地面上,应放在专用箱中或专用架上。

5)设备随机资料、专业工具、随机备品备件应进行单独交验移交,这种交验一般在设备主机交验完毕后进行。承包人应设专门责任人负责设备资料、工具、备品备件的交验。

(6)设备交验报告

设备交验结束后,承包人应向监理提交交验报告,监理向业主提交交验监理工作报告。承包人提交交验报告主要内容：

1)接收设备(包括零部件)详细清单。

2)设备交验记录。包括交验的设备整机、辅助配套设备、随机附件、随机工具的原始交验记录清单(复印件)。

3)交验设备缺陷清单,包括缺损件、损坏件及处理结果等。

4)交验设备事故情况及处理结果(如果有)。

5)领用的技术资料、随机资料、手册清单。

6)其他应报告或说明的情况。

(7)缆机备品备件到货验收

清点货物→卸货前检验记录表→验收→开箱情况说明→出具开箱检验报告→到货情况说明。

1)缆机设备到货检验需要填写表格如下：

表1.26至表1.29分别为开箱检验报告、现场开箱情况说明、卸货前检验记录表、设备交货清单。

表 1.26　　　　　　　　　　　　开箱检验报告

设备名称：　　　　　　　　　　　　　　合同编号：

卖　　方：　　　　　　　　　　　　　　制造商：

发运地点：　　　　　　　　　　　　　　发运日期：

到达地点：　　　　　　　　　　　　　　到达日期：

开箱检验地点：　　　　　　　　　　　　开箱检验日期：

设备编号：　　　　安装部位：　　　　　　　箱号单：

总件数：　　　　　其中：箱件：　　　　裸件：　　　总重量：　　　　（kg）

检验记录：

联合验收签字：

买　　方：　　　　　　　　　　卖　　方：

监理单位：　　　　　　　　　　收货单位：

表 1.27　　　　　　　　　　　　现场开箱情况说明

设备名称		合同号	
开箱时间		开箱地点	
参加开箱单位及人员			

开箱总件数及箱号：

开箱情况说明：

参检人员签字：

表 1.28　　　　　　　　　　　　　　**卸货前检验记录表**

设备名称：		合同号：		到货批次：
车(船)号：		发票号：		装箱单号：
到货时间：		检验时间：		检验地点：

检验人员	厂方代表(送货单位)：　　　　　　施工单位： 监理单位：　　　　　　　　　　　业　主：
包装方式	裸装[　]　　　箱装[　]　　　集装箱[　]　　　托架[　]
包装材料	木箱[　]　　　纸箱[　]　　　板条箱[　]
批示、 警告 标志	向上有[　]无[　]、防潮有[　]无[　]、防晒有[　]无[　]、防震有[　]无[　]、易碎有 [　]无[　]、重心有[　]无[　]、起吊位置有[　]无[　]、禁用叉车有[　]无[　]

检　验　内　容	检　验　结　果	备　　注
货物在运输车上是否有防雨遮盖	是[　]　否[　]	
到货件数是否与合同、发票、装箱单相符	是[　]　否[　]	
裸装件规格是否与合同相符	是[　]　否[　]	
包装箱外表是否破损、受潮、发霉、变形、重钉	是[　]　否[　]	
裸件外观是否生锈、脱漆、变形、划痕、碰瘪	是[　]　否[　]	
裸件或外包装箱是否有标牌脱落或标记不清	是[　]　否[　]	

详细检验记录

送货单位：　　　　　　　　　　　　　　　　　　收货单位：

表 1.29　　　　　　　　　　　　　　　　**设备交货清单**

大岗山水电站　[#]缆机××××发货清单　　　　　　　　合同号：(DGS-SB-2007-00x)

箱件号	名称	型号规格(图号)	单位	数量	重量(kg)	备注

发货单位：

装箱员：　　　　　　　　　　　　　　　　　　日期：

收货单位：

收货人(签字)：　　　　　　　　　　　　　　　日期：

收货地址：

收货联系人：　　　　　　　　　　　　　　收货联系电话：

2)缆机设备到货检验填写表格样表见表 1.30 至表 1.34。

表 1.30　　　　　　　　　大岗山水电站机电、金结设备开箱检验报告

设备名称：	合同编号：
卖方：	制造商：

发运地点：	发运日期：
到达地点：	到达日期：
开箱检验地点：	开箱检验日期：

设备编号：　　　　　　　　安装部位：　　　　　　　　箱号单：

总件数：　　　其中：箱件：　　　裸件：　　　总重量：　　　（kg）

检验记录：

联合验收签字：

买方：　　　　　　　　　　　　　　　　　卖方：

监理单位：　　　　　　　　　　　　　　　收货单位

表 1.31　　　　　　　　　大岗山水电站机电、金结设备现场开箱情况说明

设备名称		合同号	
开箱时间		开箱地点	
参加开箱 单位及人员			

开箱总件数及箱号：

开箱情况说明：

参检人员签字：

表 1.32　　　　　**大岗山水电站机电、金结设备卸货前检验记录表**

设备名称：	合同号		到货批次：
车(船)号：	发票号：		装箱单号：
到货时间：	检验时间：		检验地点：

检验人员	厂方代表(送货单位)： 监理单位：	施工单位： 业主：

包装方式　裸装[　]　　箱装[　]　　集装箱[　]　　托架[　]

包装材料　木箱[　]　　纸箱[　]　　板条箱[　]

批示、警告标志　向上 有[　] 无[　]、防潮 有[　] 无[　]、防晒 有[　] 无[　]、防震 有[　] 无[　]、易碎 有[　] 无[　]、重心 有[　] 无[　]、起吊位置 有[　] 无[　]、禁用叉车 有[　] 无[　]

检验内容	检验结果	备 注
货物在运输车上是否有防雨遮盖	是[　] 否[　]	
到货件数是否与合同、发票、装箱单相符	是[　] 否[　]	
裸装件规格是否与合同相符	是[　] 否[　]	
包装箱外表是否破损、受潮、发霉、变形、重钉	是[　] 否[　]	
裸件外观是否生锈、脱漆、变形、划痕、碰瘪	是[　] 否[　]	
裸件或外包装箱是否有标牌脱落或标记不清	是[　] 否[　]	
详细检验记录		

送货单位：　　　　　　　　　　　　收货单位：

表 1.33　　　　　**大岗山水电站 2# 缆机电气发货清单**

箱件号	名称	型号规格	单位	数量	重量(kg)	备注
1	主塔电气房	6000×2800×2400	套	8000	1	雨布包装、详见主塔电气房清单
2	副塔电气房	2200×1900×2600	套	1000	1	雨布包装、详见主塔电气房清单
3	司机室上半部	3200×3000×2500	套	1000	1	雨布包装、详见司机室上半部清单
4	司机室下半部	3200×3400×2500	套	1000	1	雨布包装、详见司机室下半部清单
5	安装桥架		批	1		详见桥架清单,共42件
6	ABB 高压柜工具	800×850×900	箱	1	100	木箱,详见 ABB 高压柜工具清单
7	电缆一	1100×600×700	箱	1	400	木箱,详见电缆一清单
8	电缆二	1000×600	盘	1	150	电缆盘 1DP+3×1.5,共756 米
9	电缆三	1000×600	盘	1	150	电缆盘 1DP+3×1.5,共756 米
10	电缆四	800×600	盘	1	100	电缆盘 YCW-2×1.5
11	机械随机备品备件	1520×930×1020	箱	1	500	木箱,详见轴承清单
12	水管	Φ25	根	22		散件
13	水管	Φ40	根	26		散件
14	平波电抗器	1300×880×800	台	1	400	木箱
15	灭磁及过压保护装置	1270×580×980	台	1	50	木箱
16	卷线器	2400×130	件	1	150	散件
17	电缆卷筒	970×870×550	箱	1	100	木箱,详见电缆卷筒清单

续表

箱件号	名称	型号规格	单位	数量	重量（kg）	备注
18	司机室上下连接底座		件	1	100	散件
19	副塔电气房支架		件	1	50	散件
20	司机室支架		件	1	20	散件

发货单位：　　　　　　　　装箱员：　　　　　　　　日期：

收货单位：　　　　　　　　收货人（签字）：　　　　日期：

收货地址：　　　　　　　　收货联系人：　　　　　　收货联系电话：

表 1.34　　　　　　　　　　　4# 缆机构件到货情况说明

4# 缆机构件已于 11 月 27 日到货完毕，总共 15 车构件，其中大部分汽车所装货物都与发货清单相符，不符的构件如下表：

序号	产品名称	图号	数量	总重量	车号	备注
1	绳夹 36KTH	GB 5976—86	1	50	川 R22724	少发
2	油槽	GDL 168—2680	1	16	川 B24606	少发
3	板		2		川 B24606	少发
4	水平轨缓冲装置 I	GDL 168—2498	1		川 B24606	多发
5	层架底座		2		川 B24606	多发
6	主车检修平台斜梯		2	50	川 R22724	多发
7	承马挡块		2		川 R22724	多发

说明："多发"是指在随货车的"大岗山缆索起重机装车清单"之外的构件；"少发"是指在随货车的"大岗山缆索起重机装车清单"中少装的构件。

到货单位：　　　　　　　　　　　　　日期：

1.7　缆机安装过程控制

1.7.1　缆机安装开工许可申请程序

（1）施工组织设计程序审批

缆机安装施工承包人应在缆机安装前 28d，将缆机安装与调试施工组织设计和施工技术方案报送监理部审批。施工组织设计至少应包括以下内容：

1）工程概况。

2）施工组织机构。

3）设备的总装图、基础图、技术说明。

4）设备安装的施工程序、结构安装顺序图、吊装设备布置图、安装技术要求。

5）设备的运输和大件吊装方案。

6)设备安装施工布置、进度计划与质量保证措施。

7)主索过江方案布置及辅助设施布置图。

8)劳动力、材料和施工设备的配备与计划。

9)焊接工、起重工等特殊工种资质证明、起重设备年检资料。

10)焊接工艺及焊接变形的控制和矫正措施。

11)安全技术措施及各种应急预案。

12)设备调试与试验验收程序。

13)安装设备及工具清单。

(2)缆机安装使用设备、材料技术要求

缆机安装使用的机械设备、主要材料必须符合设计规定和产品标准,并要求具有出厂合格证。没有出厂合格证或对质量有疑虑时,承包人应进行检验,符合要求的方可使用,必要时应在设备安装前 4d,将出厂合格证或检验报告报监理工程师审核。若承包人将旧施工设备用于本细则项目下的施工,应向监理报送利用旧施工设备进场许可证,承包人在安装过程中不得使用不合格的设备和材料,否则应承担由此造成的损失。

(3)缆机安装施工技术要求

在缆机安装前 7d,承包人应将缆机基础建筑物坐标、轴线、边缘线、标高和水平度复测结果,以及基础混凝土施工验收合格证报送设备监理审查。

(4)监理审签意见

报送文件连同审签意见文件一式四份,经承包人项目经理签署并递交监理工程师审阅后返回签审意见单一份,原文不退回,审签意见包括"同意""修改后再报""不同意"三种。

(5)申请安装许可证

承包人收到签审单的签审意见为"同意"时,承包人即可向监理工程师申请设备安装许可证。监理工程师将在接到申请后 48h 内签发设备安装许可证,即"开工令"。

(6)责任划分

如果承包人未能按期向监理工程师申请报送上述文件,由此而造成施工工期延误和其他损失,均由承包人承担全部责任。若承包人在限期内未收到监理工程师应退回的签审意见单,可视为"同意"。

1.7.2　缆机安装过程监理

(1)机安装技术要求

设备安装过程中,承包人应严格按照设计图纸、厂家技术说明书、安装手册、安全操作手册及有关规程、规范的要求精心操作、精心施工,防止设备损坏,并经常检查设备状况,妥善保管和维护。承包人在施工现场必须有施工技术人员、质检人员及安全专职人员。

（2）安装、调试、交验的质量

承包人应按设计制造厂的技术文件或厂家服务人员的指导，对业主提供的缆机设备进行现场组装、安装、检测调试、试运行和交验。除设备本身缺陷外，承包人应对安装、调试、交验的质量负责。

（3）质量缺陷处理

承包人在设备安装过程中，应与制造厂家协调合作，提供安装与调试手段和方便。必要时，应在厂家的要求与指导下，对设备的质量缺陷进行处理，并形成备忘录。

（4）安装过程检查结果要求

在设备安装过程中，承包人应进行自检，并在"三检"合格后将检查结果报送监理工程师审阅，上一道工序不合格不得进行下一道工序施工，监理工程师认为有必要时可随时进行现场抽检。

（5）监理工作方法

缆机监理工程师应采用旁站、巡视、平行检验等多种方式做好缆机安装过程的监理。对重点工序、缆机安装管理点应实行旁站监理，监督承包人按审批的技术文件和安装措施、计划进行施工。

（6）工序验收要求

在设备安装过程中，单元工程完成后，应进行单元工程质量检验和签证，对需要测试或调试的项目应按要求进行测试和调试。为保证设备安装质量，上一道工序未完成或未经质量检验合格，不得进行下一道工序作业。

（7）缆机制造缺陷处理程序

在缆机安装过程中，由于设备制造缺陷需进行处理时，承包人应以书面形式提交设备监理，设备监理应立即与业主或厂家现场服务人员联系，并要求厂家提出处理方案，对有缺陷的部件进行更换或返厂维修或现场修理。对处理后的零部件，经厂家认可后，才能进行安装。

（8）缆机安装、调试中质量问题处理

对设备在安装、调试过程中出现的质量问题，应详细记录、写明质量缺陷内容及解决办法。由业主现场代表和卖方代表共同签字确认。

（9）缆机安装调试过程中出现质量问题要取得卖方的确认

在缆机安装调试过程中如出现质量问题，应及时取得卖方的确认。未取得确认前，承包人不能单方面继续安装调试，更不能擅自处理、改造。

（10）整机安装质量检查

在缆机整机（或分阶段）安装完毕后，监理工程师应监督承包人对整机（或分阶段）的安装质量进行检查，并将检查结果书面报送监理。

（11）承包人报送设备安装施工记录

承包人应按照报经批准的施工组织设计，实施设备安装。施工期间，承包人必须按

周、月向监理工程师报送详细的设备安装施工记录,其内容包括:

1)设备安装实际施工进度。

2)劳动力、施工设备实际配置表和材料消耗表。

3)设备安装的原始质检记录(复印件)。

4)施工过程中发生的质量、安全事故及处理措施。

(12)验收报告

缆机安装、调试、试验验收后,承包人应提交验收报告,其内容包括:

1)缆机安装实际施工进度。

2)劳动力、施工设备实际配置表和材料消耗表。

3)缆机安装的原始质检记录(复印件)。

4)施工过程中发生的质量、安全事故及处理措施。

5)设备调试记录。

6)设备试验及验收记录。

7)安装综合评价。

1.7.3　缆机安装质量控制

(1)主索索头浇锌质量控制

主索索头浇锌由于在施工现场操作实施,其质量由于外部环境的不确定性对其质量恐有影响,直接关系到整个缆机施工过程的安全,要求主索索头浇锌时严格按设计和合同文件、标准执行,其操作过程要求施工单位实施严格质量检测"三检"制和监理的最终认证制、实行旁站监理,保证工程质量,切实履行监理合同义务,实现监理合同质量目标。

(2)测量误差要求

设备安装定位基础面、线及对应的安装基础面、线允许偏差应符合规定。

(3)缆机一般安装程序

基础及轨道复测→主、副塔台车组及台车架安装→主、副塔结构及机构安装→机房、电气柜安装→配电系统及走线→提升、牵引、张紧机构调试及配重安装→操作室安装、走线及调试→主索头浇锌、过江辅助承载索调整→主索牵引过江、预张紧→小车及承马组装、安装→牵引索安装→大钩组装及提升索安装→设备调试、索道系统调整→空载试验→静载试验→动载试验→设备安装验收、试运行。

(4)熟悉设备一般要求

安装和试运行人员应充分了解设备的特点、构件形式、设备配置和机械原理,熟悉高空作业、起重、电气等一般要求。

(5)在厂家指导下进行

设备安装应按设备厂家提供的《安装使用手册》及在厂家现场服务人员指导下进行。

（6）临建设施安全要求

安装需要临时搭建的支架、梯子、走道等必须充分考虑周围环境，做到牢固可靠，施工完成后及时拆除，禁止用机械设备作辅助爬梯，高空作业应采取防坠落措施。

（7）电焊应有接地保护措施

机械设备安装若需使用电焊，应注意接地保护，禁止电流通过设备的传感器、设备轴承等。

（8）液压系统的安装

1）液压阀、液压管路安装前，必须将其中杂质、尘垢用压缩空气吹净。

2）所有液压设备安装完成后都必须进行系统排气，以防止运行时出现因空穴和气蚀现象所造成的设备损坏。

3）所有液压设备安装完成后都必须检查是否有漏油现象。

4）液压设备安装完成后的设备调试应按厂家技术说明书进行，严格检查、记录压力表值是否符合厂家产品说明书要求。

（9）电气及控制设备的安装

电气及控制设备安装应按具体的设备生产厂家提供的安装使用手册（电气控制部分）要求执行。

（10）钢结构安装

钢结构件安装时所有构件在安装前均需检查是否有受损或变形，如有缺陷需经校正、修复、消缺后方可进行安装。

（11）高强螺栓连接

1）高强螺栓连接的检查：连接面应平整，两面贴合紧密，连接面上应擦干净。

2）高强螺栓施工要求：高强螺栓应使用厂家提供的专用工具，按安装顺序交叉拧紧至要求的扭矩值。

3）安装工人工作时需戴无油手套，拼装前用无油压缩空气除去积尘，用铜丝刷刷去残存的污垢，如接触面被油脂等赃物污染，应使用溶剂（四氯化碳、三氧乙烯等）擦洗干净，不得用火焰喷射方法。

4）高强螺栓应自由穿入孔内，不得进行敲打，不得气割扩孔，穿入方向要一致。

（12）钢丝绳上滚筒

滚筒卷绕钢丝绳时，钢丝绳需预张紧，并整齐排列在滚筒上。

（13）大钩上钢丝绳

大钩钢丝绳穿绕时，大钩滑轮组在地面应按安装方向固牢后，方能进行钢丝绳的穿绕。

（14）电机安装

电机安装前，不得将减速箱上端部保护盖打开，且在润滑油加注时应特别注意防止油内混入杂质。

(15)端子排接线安装

电气柜内端子排接线应用厂家提供的专用工具进行。

1.8　缆机安装过程安全控制

1.8.1 安全管理目标

缆机安装阶段施工安全管理目标是"四无一杜绝一创建"。"四无"即无工伤死亡事故,负伤率 3‰以下,无重大机械设备事故,无交通死亡事故,无火灾事故;"一杜绝"即杜绝重伤事故;"一创建"即创建安全文明工程。

贯彻"安全第一、预防为主"的宗旨,坚持"安全为了生产,生产必须安全"的原则,做到思想保证、组织保证、技术保证、措施保证,确保人员、设备及工程安全。

1.8.2　安全管理目标的实施方案

建立严格的经济责任制是实施安全管理目标的中心环节;运用安全系统工程的思想,坚持以人为本、教育为先、预防为主、管理从严是做好安全事故的超前防范工作,是实现安全管理目标的基础;机构健全、措施具体、落实到位、奖罚分明,是实现安全管理目标的关键。

项目部成立项目经理挂帅的安全生产领导小组,施工队成立以队长为组长的安全生产小组,全面落实安全生产的保证措施,实现安全生产目标。

建立健全安全组织保证体系,落实安全责任考核制,实行安全责任金"归零"制度,把安全生产情况与每个员工的经济利益挂钩,使安全生产处于良好状态。

开展安全标准化工地建设,全线按安全标准工地进行管理,采用安全易发事故点控制法,确保施工安全。

1.8.3　安全控制要点

1)贯彻"安全第一、预防为主、综合治理"的安全生产方针,严格执行《安全法》《建筑工程安全生产管理条例》,贯彻执行国家现行的安全生产的法律、法规,建设行政主管部门的安全生产的规章制度和建设工程强制性标准;加强现场安全文明施工管理,避免和减少各类人身伤害事故,营造良好的安全文明施工环境。

2)对缆机安全以及承包人的安全工作进行现场监督管理。督促施工承包商应把反违章作业作为安全管理工作的重点,通过不断加强安全教育,规范员工安全文明施工行为,提高员工的安全文明施工意识和"三不伤害"能力,促使员工自觉遵章守纪。

3)督促坚持承包人建立、健全安全管理工作体系、安全管理制度和安全管理人员落实情况;督促检查承包人认真执行国家及有关部门和发包人颁发的安全生产法规和规定,督促施工单位落实安全生产的组织保证体系,建立健全安全生产责任制,监督承包人按合同履行其安全职责。

4)督促施工单位对工人进行安全生产教育及分部分项工程的安全技术交底。

5)审核施工方案及安全技术措施;审核新工艺、新技术、新材料、新结构的使用安全技术方案及安全技术措施及新工艺、新技术、新材料、新结构的使用安全技术方案及安全措施。

6)检查并督促施工单位,按照建筑施工安全技术标准和规范要求,落实分部、分项工程安全检查报告。

7)对生产及其安全设施进行经常性的检查监督。当发现有危及违章冒险作业的要责令其停止作业,发现安全隐患的应要求施工单位整改,情况严重的,应责令停工整改并及时报告建设单位。

8)审核并签署现场有关安全技术文件。

9)执行持证上岗制。

10)督促检查工程的防汛、度汛措施。

11)组织或推动承包人开展安全生产教育,有计划地提高劳动者安全生产素质。

12)定期组织监理工程项目内的安全生产大检查活动。并做好各合同项目间及其与外部环境间的安全生产协调工作。

13)参加对安全事故的调查分析、审查承包人的安全事故及安全报表、监督承包人对安全事故的处理,并协助国家职能部门查处违章失职行为。

14)定期向发包人报告安全生产情况,并按规定编制监理工程项目的安全统计报表,及时向发包人反馈安全生产信息。

15)主索过江安全控制。

①检查督促各项技术措施及安全措施制定。

②主索规格:$\Phi 93mm$、$L = 677m$,自重 38t,左、右岸主索绞点高程 1271.60m、1255.85m,主、副车前轨水平间距为 678.07m,跨度大交叉作业设计跨距为 677m(实际约 675.82m)。

③督促施工单位对左右岸地锚、往复绳、卷扬机、导向地锚、导向滑轮等准备工作进行全面检查,提高主索系统安装、过江的安全性和可靠性。

④主索过江及时检查、布置防范措施到左、右缆岸机上下游的土建施工范围,防山坡滚石并请施工人员进行安全检查。

⑤在主索释放时监理全程旁站注意检查观察主索释放速度、主索弯曲半径和牵引过程中要注意各倒向滑轮、卷扬机、牵引固定端可靠固定。

⑥检查各操作人员是否坚守岗位、保证各施工部位通信畅通;确认施工区是否设置

警戒线,安排专人值守防止无关人员进入施工现场。

⑦主索过江线路上下 50m 距离的范围内人员及设备必须撤离,无法移动的设备应断掉电源。

1.8.4 安全监理程序

(1)审查施工单位的有关安全生产的文件

1)营业执照。

2)施工许可证。

3)安全资质证书。

4)建筑施工安全监督书。

5)安全生产管理机构的设置及安全专业人员的配备等。

6)安全生产责任制及管理体系。

7)安全生产规章制度。

8)特种作业人员的上岗证及管理情况。

9)各工种的安全生产操作规程。

10)主要施工机械、设备的技术性能及安全条件。

(2)审核施工单位的安全资质

审核施工单位的安全资质和证明文件(总包单位要统一管理分包单位的安全生产工作)。

(3)审查安全技术措施或者专项施工方案

审查施工单位的施工组织设计中的安全技术措施或者专项施工方案。

1)审核施工组织设计中安全技术措施的编写、审批:

①安全技术措施应由施工企业工程技术人员编写。

②安全技术措施应由施工企业技术、质量、安全、工会、设备等有关部门进行联合会审。

③安全技术措施应由具有法人资格的施工企业技术负责人批准。

④安全技术措施应由施工企业报建设单位审批认可。

⑤安全技术措施变更或修改时,应按原程序由原编制审批人员批准。

2)审核施工组织设计中安全技术措施或专项施工方案是否符合强制性标准:

①设备的地基与基础工程施工是否能满足使用安全和设计要求。

②设备拆装的安全措施是否齐全完整。

③设备使用过程中的检查维修方案是否齐全完整。

④设备操作人员的安全教育计划和班前检查制度是否齐全。

⑤设备的安全使用制度是否健全。

(4)督促作业性违章

以下作业性行为应避免和注意:

1）进入施工现场不戴安全帽或不系帽带，坐、踢安全帽。

2）进入施工现场穿高跟鞋、露脚趾的凉鞋、拖鞋及裙子、短裤、背心或裸背、长发披肩者进入施工现场。

3）酒后进入施工现场。

4）随意移动、损坏、拆除安全设施或移作他用。

5）非电工私拉乱接电源。

6）将电源线钩挂在闸刀上或直接插入插座内使用。

7）使用的手持电动工具（电钻、扳手、电锤、磨光机、砂轮机等）未经漏电保护。

8）将点燃的焊、割炬挂在工件上或设备上，作照明使用。

9）高处作业未按规定要求系挂安全带，或使用破损不符合要求的安全带。

10）高处作业随手抛掷工器具、消耗性材料等物件。

11）高处作业的工器具不系保险绳、无防坠落措施。

12）高处作业时，施工材料、工器具等放在临空面附近。

13）在高处进行追跑、打闹、打架等。

14）沿绳梯、钢爬梯、脚手架立杆等攀爬或任意攀爬钢结构立柱、斜撑或在横梁上行走，无可靠的防坠落措施。

15）在高处平台、安全网内休息或倚坐栏杆。

16）擅自穿越安全警戒线。

17）无视安全环境，在高空作业区内休息、睡觉。

18）在不合格的脚手架或不牢固的构件上工作。

19）不按规程、规范规定擅自拆除上下爬梯、盖板、栏杆，或经批准拆除上述设施但未设明显警告标志以及未及时恢复。

20）使用不规范的梯子或损坏严重的梯子，或梯脚无防滑措施。

21）凭借栏杆起吊物件。

22）非操作工操作起重机。

23）起重工作无统一信号，盲目指挥。

24）操作人员在操作室内看报纸杂志等从事与工作无关的活动或擅自脱岗。

25）非起重人员指挥起吊及非特种作业人员从事特种作业。

26）吊物捆扎、吊装方法不当，在吊物上堆放、悬挂零星物件。

27）吊重物直接进行加工作业。

28）乙炔、氧气不正确摆放。

29）高处电、火焊作业，对下方的设备不采取防火隔离措施。

30）随意损坏消防器材或挪作他用。

31）焊接、切割工作前未清理周围的易燃物，工作结束后未清理遗留物，以至于留下火种。

32)电气作业应保证不低于两人时方能进行作业,一人作业,另一人监护,电工有权拒绝在仅有一人的情况下进行作业。

(5)督促装置性违章

以下装置性行为应避免和注意:

1)随意拆除设备上使用的漏电保护装置、防雷装置或上述装置失灵,随意拆除配电箱柜门锁或上述装置失灵等。

2)电焊机外壳无接零保护。

3)低压配电开关护盖不全,导电部分裸露。

4)电气安装工器具、绝缘工具未按规定定期检验。

5)现场使用不符合规范的流动电源盘、刀闸、电源板。

6)设备上配置的栏杆、走道不完全安装。

7)脚手板未按照标准敷设或有探头板未绑扎牢。

8)脚手板有虫蚀,断裂现象或强度不足,质量不能满足高空作业要求。

9)高处危险作业下方未搭设牢靠的安全网等防护隔离措施。

10)防护隔离层、安全网搭设不牢固、不可靠。

11)设备安装、拆除、重大构件吊装、爆破作业无安全警戒线。

12)安全设施损坏或有缺陷未及时组织维修,或更换工作完毕后不回收,或不及时回收。

13)消防器材配备不齐,不符合消防规程的要求。

14)消防器材不定期检验。

15)使用不合格的吊装器材。

16)起重机的制动、信号装置、显示装置、保护装置失灵或带病作业。

17)给排水系统淤塞。

18)车间、电气柜防护不符合等级要求,有渗水、漏水或通风不良等现象。

(6)督促指挥性违章

以下指挥性错误行为应避免和注意:

1)发布违反有关安全法令、法规和规章制度的命令,违章指挥施工。

2)无视安全管理部门、安全管理人员的警告,未及时消除事故隐患。

3)对工人发现的装置性违章和技术人员拟定的反装置性违章不闻不问。

4)不认真吸取教训,未及时采取有效措施,致使同类事故重复发生。

5)招用未经资质审查或审查不合格的安装使用分包单位。

6)安排未经安全教育或安全教育不合格的人员进场施工作业。

7)安排不具备特种作业资格的人员进行特种作业。

8)违反职业禁忌症的有关规定,安排不符合身体健康要求的人员上岗。

9)违章指挥,默认工人违章作业、冒险作业,以及在没有可靠的技术措施和安全保障措施的状态下施工。

10)承包人未定期进行安全检查,消除安全隐患的活动。

11)未按隐患整改通知单要求整改或未整改或未及时反馈。

12)班组长(施工负责人)班前不进行安全交底。

13)重大的起重作业未由技术部门制定安全作业制导书或未上报批准或未指定监护人。

14)施工项目无安全措施或未交底,施工负责人就组织施工。

15)施工负责人擅自更改经批准的技术措施、安全措施或安全施工作业指导书。

16)安排或默认工作地点风力达到设备许用风力要求及其以上时进行吊装作业,或遇有大风、大雾、雷雨等恶劣天气,或照明不足,指挥人员看不清工作地点,操作人员看不清指挥信号时进行起吊作业。

17)安排工作方法、工作程序不当,以至于施工中伤害工人的生命和身体健康。

18)在易燃物品或主要设备上方进行焊接作业,下方无监护人,未采取防火措施。

19)施工负责人未及时组织对设备杂物的清理。

20)安排或默认设备未按计划检修、带病运行、超负荷运行。

21)发生事故(包括未遂事故)后不及时组织并主持对事故进行调查、分析。

22)对装置性违章、作业性违章不制止、不纠正或不进行处罚教育。

23)安排一名驾驶员进行起重机驾驶操作,未安排监护人员进行驾驶监护。

24)安排一名电工进行电气作业,未安排监护人员进行监护。

25)设备停产期间,必须派专人值班,不得以锁代人。

1.8.5 文明施工违章

以下施工违章行为应避免和注意。

1)施工场地、通道和设备上的通道平台不准堆放杂物。

2)设备的防护和隔离设施必须完善。

3)现场施工用电缆均要有明显标志。

4)施工厂区严禁搭设临时建筑。

5)设备检修用工器具应统一装箱摆放。

6)技术说明书用后要放在规定的位置。

7)不得在施工厂区和设备上随意大小便。

8)不得在设备安装时排出污垢油水对其他物件造成污染。

1.8.6 大件运输

1)各类车辆必须处于完好状态,制动有效,严禁人货混载。

2)所有运载车辆均不准超载、超宽、超高运输。

3)运输大件时必须保持对象重心平稳,如发现捆绑松动或发生异样、怪声,应立即停车进行检查。

4)运输车辆文明行驶,不抢道、不违章,施工区内行驶速度不能超过 20km/h。

5)不得酒后开车,严禁上班时间饮酒。

6)配齐操作、保养人员,确保不打疲劳战,杜绝因疲劳连续工作造成安全事故。

1.9　缆机安装进度控制

1)2009 年 6 月 25 日 2# 缆机开始供货到工地至 2009 年 11 月 28 日 4# 缆机最后一车供货到工地,缆机结构件共计 6 批次、45 车到货全部完成检验移交工作。

2)2009 年 7 月 7 日,2# 缆机开始安装至 2010 年 1 月 19 日 4# 缆机安装完成,缆机安装历时 197d。

3)2009 年 12 月 10 日 2# 缆机完成调试及实验;2009 年 12 月 20 日 3# 缆机完成调试及实验;2010 年 1 月 22 日 4# 缆机完成调试及实验。

4)2010 年 1 月 13 日 2# 缆机完成取证工作并投入试运行;2010 年 1 月 13 日完成取证工作并投入试运行;2010 年 2 月 8 日完成取证工作并投入试运行。

5)2010 年 1 月 24 日完成缆机双机联动调试。满足设计要求。

6)于 2010 年 4 月 15 日缆机安装完工验收取得缆机安装合格验收证书。大岗山缆机安装完工正式投入运行阶段。

7)大岗山缆机安装计划进度与实际进度偏差分析见表 1.35。

表 1.35　　　　　　大岗山缆机安装进度计划与实际进度偏差分析表

缆机编号	缆机到货时间			开始安装时间			完成安装时间		
	计划(年-月-日)	实际(年-月-日)	偏差(天)	计划(年-月-日)	实际(年-月-日)	偏差(天)	计划(年-月-日)	实际(年-月-日)	偏差(天)
2# 缆机	2009-05-30	2009-07-14	45	2009-05-30	2009-07-07	38	2009-08-31	2009-11-04	66
3# 缆机	2009-06-15	2009-09-13	90	2009-06-15	2009-09-13	90	2009-10-31	2009-12-10	41
4# 缆机	2009-08-15	2009-11-30	107	2009-08-15	2009-12-11	118	2009-12-31	2010-01-19	20

分析:

大岗山缆机实际安装完成时间与合同计划安装完成时间滞后 20d,主要是由于以下原因造成:

①大岗山大坝征地伐林费用影响造成工地停工。

②缆机右岸边坡裂缝影响造成停工 42d。

③缆机构件不能及时到货造成缆机安装不能及时开工。

大岗山缆机安装在缆机部件到货延迟 107d 的情况下,经过多方协调,在参与工程建设各方的配合下,3#、4# 缆机采取平行作业方式进行安装,使缆机安装完成工期仅仅延期 20d,按调整后的计划于 2010 年 1 月 20 日前完成全部安装计划,安装进度满足调整后的计划进度要求。

1.9.1   1# 缆机安装进度

1# 缆机安装在其他标段完成,于 2009 年 5 月 25 日通过大岗山公司、专家组、设计等单位验收,并于 2009 年 5 月 26 日完成移交并正常运行。

1.9.2   2# 缆机安装进度

1)初期交验工作:

2009 年 6 月 25 日,第一批次到货 7 车;

2009 年 7 月 8 日,第二批次到货 8 车;

2009 年 7 月 14 日,第二批次到货 2 车。

2)缆机安装:

2009 年 7 月 7 日,2# 缆机开始安装,厂家技术人员 10 月 25 日进场进行整机调试,至 11 月 4 日安装完成。

3)缆机安装调试及验收时间如下:

2009 年 7 月 7 日开始安装;

2009 年 11 月 4 日安装完成;

2009 年 12 月 10 日完成调试及实验。

4)2010 年 1 月 13 日完成取证工作并投入试运行。

1.9.3   3# 缆机安装进度

1)初期交验工作:

2009 年 8 月 25 日,第一批次到货 8 车;

2009 年 9 月 13 日,第二批次到货 8 车。

2)2009 年 9 月 13 日,3# 缆机开始安装,按调整后的计划 12 月 10 日前完成全部安装工作。

3)缆机安装调试及验收时间如下:

2009 年 9 月 13 日开始安装;

2009 年 12 月 10 日安装完成;

2009 年 12 月 20 日完成调试及实验;

2010 年 1 月 13 日完成取证工作并投入试运行。

1.9.4   4# 缆机安装进度

1)初期交验工作:

2009 年 10 月 14 日,第一批次到货 4 车;

2009 年 11 月 28 日,第二批次到货 8 车。

2)缆机安装:

2009 年 12 月 11 日,4[#]缆机开始安装,按调整后的计划 2010 年 1 月 19 日前完成全部安装工作。

3)缆机安装调试及验收时间如下:

2009 年 12 月 11 日开始安装;

2010 年 1 月 19 日安装完成;

2010 年 1 月 22 日完成调试及实验;

2010 年 2 月 8 日完成取证工作并投入试运行。

1.9.5 4[#]缆机安装进度见证资料

1)2009 年 10 月 14 日至 12 月 4 日 4[#]缆机设备到货验收总计 12 车。

大岗山缆机结构件到库验收见图 1.7、大岗山缆机主索滚筒运往右岸施工现场见图 1.8、缆机操作室安装在左岸缆机平台见图 1.9。

图 1.7　大岗山缆机结构件到库验收

图 1.8　大岗山缆机主索滚筒运往右岸施工现场

图 1.9　缆机操作室安装在左岸缆机平台

2)2009 年 12 月 3 日至 19 日 4#缆机主车安装,见图 1.10 至图 1.16。

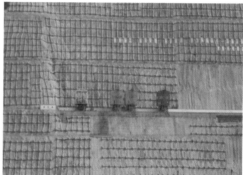

图 1.10　4#缆机安装主索准备

图 1.11　4#缆机屋架钢结构安装

图 1.12　缆机结构件安装

图 1.13　电机安装

图 1.14　缆机联轴器安装

图 1.15　缆机电器柜安装

图 1.16　缆机主机房彩钢瓦安装

3)2009 年 12 月 22 日至 26 日副车安装,见图 1.17 至图 1.19。

图 1.17　缆机右岸副车基座安装

图 1.18　缆机副车联轴器、结构件安装

图 1.19　紧固缆机高强螺栓

4)2009 年 12 月 30 日、2010 年 1 月 2 日副塔缆机平台将主塔主索索头穿绕完毕,等待厂家浇锌。2009 年 12 月 31 日 7:00—9:25、2010 年 1 月 3 日 9:15—10:40 主塔、副塔主索浇锌完成,见图 1.20 至图 1.25。

图 1.20　缠绕成型索头　　　　　　图 1.21　熔化浇铸索头锌块

图 1.22　索头煅烧　　　　　图 1.23　熔化锌水浇入煅烧好的索头

图 1.24　浇铸成型主索索头

图 1.25　索头缺陷处理

5)2010 年 1 月 1 日 10:00 至 2 日 16:00 完成主索过江。主索释放长度 662.373m,见图 1.26 至图 1.31。

图 1.26　右岸施放主索

图 1.27　右岸索头穿预留孔

图 1.28　主索过江前检查

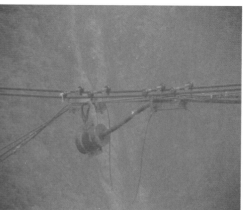

图 1.29　主索由右岸往左岸过江

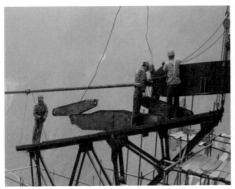

图 1.30　左岸缆机安装索头　　　　　　图 1.31　索头端固定检查标识

6)2010 年 1 月 5 日至 12 日安装行走小车、承马,见图 1.32、图 1.33。

图 1.32　缆机小车安装

图 1.33　缆机承马安装

7)2010 年 1 月 13 日吊装司机室。2010 年 1 月 16 日至 19 日安装牵引机构、夹轨器，见图 1.34。

图 1.34　安装调试主车夹轨器

8)2010 年 1 月 19 日大钩组装及牵引、提升索安装，见图 1.35、图 1.36。

图 1.35　缆机吊钩组装

图 1.36　安装调试、牵引钢丝绳

9)2010 年 1 月 10 日至 19 日电缆卷盘安装,见图 1.37 至图 1.40。

图 1.37　施放安装电缆线

图 1.38　主车电缆线上卷盘

图 1.39　高压线进主机房

图 1.40　左岸高压线箱平台

10)2010 年 1 月 19 日,完成 4# 缆机安装。1 月 22 日完成 4# 缆机荷载试验。1 月 24 日按"使用说明书"第六节完成由雅安市特种设备监督检验所参与的荷载负荷试验并完成缆机双机联动调试,见图 1.41 至图 1.43。

图 1.41　左岸缆机平台缆机安装完成

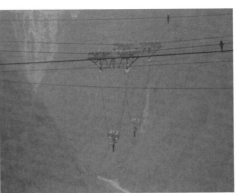

图 1.42　2#、3# 缆机吊钩

图1.43　缆机双机台吊试验

1.10　缆机安装完工验收

1.10.1　缆机安装完工验收项目内容

1）设计变更和修改等有关资料。

2）主要材料和外购件的产品质量证明书、使用说明书或试验报告，电气设备安装检查验收记录。

3）安装焊缝的工艺评定和检验记录。

4）缆机安装单元工程质量检验记录。

5）重大缺陷和质量事故处理验收记录。

6）承包人的安装验收报告。

7）重要部位焊接、高强螺栓连接的检验记录。

8）传感器件、限位开关等电器元件调试结果记录。

9）静载及动载试验原始记录结果复印件。

10）整机性能测试及试车记录。

11）缆机的安装、调试、试运转记录。

12）其他应提交的报告。

1.10.2　缆机使用前应获取的文件

缆索起重机设备投产前除取得上述合格的设备验收文件外，还必须有国家技术监督局检验合格证明文件及其签发的允许缆机投入使用的签证文件，设备检验合格后方能投入使用。

1.10.3　缆机验收合格方能投入试运行

缆机验收合格，监理工程师签发设备验收证书后缆机方能投入试运行。

1.11　缆机调试、试验及试运行

1.11.1　缆机调试、试验及试运行前应具备条件

1）钢结构安装、设备及其附属装置、管路、电气设备等均应全部施工完毕,施工记录及资料齐全,设备经检验合格,润滑、液压、水、电、控制设备、电控系统连线完成并经检验合格。

2）需要的材料、机具、检测仪器、安全防护设施及用具等,均应符合试验、试运行要求。

3）承包人应根据设备厂家调试要求编制调试、试验大纲。

4）参加设备调试、试验及试运行的人员应经厂家培训合格,应熟悉设备的构造、性能、设备技术文件,并应掌握操作规程及试运行操作。在厂方技术人员指导下由机械和电气等有关人员,共同完成调试及实验。

5）设备应清扫干净,消防设备齐全。

1.11.2　缆机调试项目

1）变压器进出端口电压调试。

2）大车行走:行走限位调试、制动器、制动延时、夹轨器调试。

3）起升机构:上下限位(含硬限位及软限位)、测速、起升模块、制动器、制动延时、重量测定、起重量硬限位调试。

4）牵引机构:小车运行前后限位(含硬限位及软限位)、钢丝绳张紧、制动器、制动延时调试。

5）电气柜:相序保护、温度设定等。

6）排绳机构:限位挡块间距。

7）其他应调试的项目。

1.11.3　缆机试验

(1)缆机实验项目

各保护装置试验,主要内容包括:起升机构的上下限位(含硬限位及软限位)、测速、起升模块、制动器、制动延时、重量测定、起重量硬限位试验;小车运行前后限位(含硬限位及软限位)、钢丝绳张紧、制动器、制动延时试验;大车行走机构的行走限位调试、制动器、制动延时、夹轨器试验;其他应进行的试验项目。静载荷试验(125%或厂家提供的不低于此标准的荷载要求)。动载荷试验(110%或厂家提供的不低于此标准的荷载要求)。

(2)缆机试验前签字表

1)缆机空载试验前要对缆机整体结构、备件进行检查,检查记录见表1.36。

表 1.36　　　　　　　大岗山水电站　　#缆机空载试验前检查记录表

年　　月　　日

序号	检查项目	质量标准	检查方法	检查结果	备注
1	机械部件、螺栓、各保护装置、润滑系统及液压系统等的安装、注册情况	满足图纸及设计要求	目测,用力矩扳手抽查		
2	承载索、牵引钢丝绳、起重钢丝绳绳端的固定及安装情况	固定应牢固,在卷筒、滑轮中的缠绕方向应正确	目测,用扳手和手锤敲打		
3	电缆卷筒、中心导电装置、滑线、变压器及各电机的接线是否正确,接头是否有松动现象,接地是否良好	各接线位置接触良好,接线正确,接头无松动,接地良好	目测、仪器测试		
4	起升机构电机转向是否正确	转向正确	微动目测		
5	运行机构电机转向是否正确	转向正确	微动目测		
6	用手转动各传动机构的制动轮,使最后一级传动轴旋转一周,应无卡阻及异常噪音	无卡阻及异常噪音	目测、钢板尺		
7	大车轮对轨道的间隙,试验区域无障碍物	间隙均匀,无障碍物	目测与听声音		
8	润滑系统的油泵和指针动作是否灵敏,油道是否通畅	动作灵敏,油道通畅	目测		
		打开有间隙,无摩擦	目测		
9	制动轮安装情况	抱上时,制动瓦与制动轮接触面积≥75%	目测		
10	夹轨器	动作准确可靠	目测,塞尺		

测量人员：　　　　施工负责人：　　　　厂家代表：　　　　　监理工程师：

2)缆机荷载试验前要对施工准备、实验部位及永久设备情况进行检查签证,签字见表 1.37。

表 1.37　　　　　　　大岗山水电站　　#缆机荷载试验前签字表

年　　月　　日

项目工程		合同编号		施工单位	
设备名称	平移式无塔架缆机	设备型号		安装部位	
开工日期			计划工期		
施工准备情况	试验用仪器				
	材料及工具				
	施工组织及劳动力安排				
	机械设备				
	试验技术规程				
	施工安排措施				
	试验部位与永久设备状况				

结论：
施工(技术)负责人：　　　　　　　　安全负责人：
缆机司机(负责人)：　　　　　　　　监理工程师：
厂家代表：　　　　　　　　　　　　业主代表：

（3）缆机空载工况试验

完成缆机安装验收试验检查工作后，要对缆机进行空载试验，需要填写表格见表1.38。

表 1.38　　　　　　　　　　　试验记录——空载工况

	检查项目	设计要求	实际值	备注
起升机构	起升速度	3.0m/±5%		
	下降速度	3.0m/±5%		
	电气系统	动作准确,无异常发热、控制器出头烧损等现象		
	限位装置	动作准确、可靠		
	保护装置	动作准确、可靠		
	连锁装置	动作准确、可靠		
	轴承温度	≤65℃		
	制动器	松闸抱闸正常、无异常		
	钢丝绳	不允许与其他部件碰、挂		
	排绳机构	运转可靠、无异常		
	构件连接	无松动		
牵引机构	牵引定额速度	7.5m/±5%		
	电气系统	动作准确,无异常发热、控制器出头烧损等现象		
	限位装置	动作准确可靠		
	保护装置	动作准确可靠		
	连锁装置	动作准确可靠		
	轴承温度	≤65℃		
	制动器	松闸、抱闸正常、无异议		
	钢丝绳	不允许与其他部件碰、刮		
	构件连接	无松动		
大车行走机构	大车行走速度	0.3m/±5%		
	电气系统	动作准确,无异常发热、控制器烧损等现象		
	限位装置	动作准确、可靠		
	保护装置	动作准确、可靠		
	连锁装置	动作准确、可靠		
	轴承温度	≤65℃		
	构件连接	无松动		
承马行走机构				
主车铰点相对后轨中心偏移量（河测为负）				
副车铰点相对后轨中心偏移量（河测为负）				

测量人员：　　　　　　　　　　施工负责人：
厂家代表：　　　　　　　　　　监理工程师：

（4）缆机静载试验

缆机荷载在 24t、30t、37.5t 进行静载试验，试验填写记录表见表 1.39。

表 1.39　　　　　　　　　　　　　静载试验记录

荷载	检测项目	设计（规范）要求	实测	备注
24t （80%）	荷载重量	24t−1%		
	电气系统	动作准确、无异常发热、控制器触头烧损等现象		
	轴承温度	≤65℃		
	制动器	无异常		
	钢丝绳	无异常		
	钢结构	正常、无异常变形、连接松动、焊接开裂等不正常现象		
	主索跨中垂度	距左岸 375m		
30t （100%）	荷载重量	30t−1%		
	电气系统	动作准确、无异常发热、控制器触头烧损等现象		
	轴承温度	≤65℃		
	制动器	无异常		
	钢丝绳	无异常		
	钢结构	正常、无异常变形、连接松动、焊接开裂等不正常现象		
	主索跨中垂度	距左岸 375m		
37.5t （125%）	荷载重量	37.5t−1%		
	制动器	无异常		
	钢丝绳	无异常		
	钢结构	正常、无异常变形、连接松动、焊接开裂等不正常现象		
	整体	整体稳定、无异常变形等不正常现象		
	主索跨中垂度	距左岸 316.4m		

测量人员：　　　　　　　　　　　　　　　施工负责人：

厂家代表：　　　　　　　　　　　　　　　监理工程师：

（5）缆机动载试验

缆机空载试验完毕要进行 25% 载荷、50% 载荷、100% 载荷、110% 载荷试验。试验需填写表格见表 1.40 至表 1.43。

表 1.40　　　　　　　　　　　　动载试验记录（25% 载荷）

工况	检测项目	设计（规范）要求	实测（实际）	备注
25% 载荷， 7.5t	载荷重量	7.5t−1%		
	正常工作区	540m±0.5%		
	起升速度	2.2m±5%		
	下降速度	3.0m±5%		
	牵引速度	7.5m±5%		

续表

工况	检测项目	设计(规范)要求	实测(实际)	备注
25%载荷，7.5t	大车运行速度	0.3m±5%		
	机构运行	无异常		
	机构单动、联动	准确、可靠		
	电气系统	动作准确、无异常发热、控制器触头烧损现象		
	限位装置	动作正确、可靠		
	保护装置	动作正确、可靠		
	连锁装置	动作正确、可靠		
	承马装置	间距正常		
	构件连接	无松动		
	索道系统	无干涉现象		

测量人员：　　　　　　　　　　　施工负责人：
厂家代表：　　　　　　　　　　　监理工程师：

表 1.41　　　　　　　　　　　动载试验记录(50%载荷)

工况	检测项目	设计(规范)要求	实测(实际)	备注
50%载荷，15t，25%载荷，7.5t	载荷重量	15t−1%		
	正常工作区	540m±0.5%		
	起升速度	2.2m±5%		
	下降速度	3.0m±5%		
	牵引速度	7.5m±5%		
	大车运行速度	0.3m±5%		
	机构运行	无异常		
	机构单动、联动	准确、可靠		
	电气系统	动作准确、无异常发热、控制器触头烧损现象		
	限位装置	动作正确、可靠		
	保护装置	动作正确、可靠		
	连锁装置	动作正确、可靠		
	承马装置	间距正常		
	构件连接	无松动		
	索道系统	无干涉现象		

测量人员：　　　　　　　　　　　施工负责人：
厂家代表：　　　　　　　　　　　监理工程师：

表 1.42 　　　　　　　　　　　　动载试验记录(100%载荷)

工况	检测项目	设计(规范)要求	实测(实际)	备注
100%载荷,30t	载荷重量	30t-1%		
	正常工作区	540m±0.5%		
	起升速度	2.2m±5%		
	下降速度	3.0m±5%		
	牵引速度	7.5m±5%		
	大车运行速度	0.3m±5%		
	机构运行	无异常		
	机构单动、联动	准确、可靠		
	电气系统	动作准确、无异常发热、控制器触头烧损现象		
	限位装置	动作正确、可靠		
	保护装置	动作正确、可靠		
	连锁装置	动作正确、可靠		
	承马装置	间距正常		
	构件连接	无松动		
	索道系统	无干涉现象		

测量人员:　　　　　　　　　　　　施工负责人:
厂家代表:　　　　　　　　　　　　监理工程师:

表 1.43 　　　　　　　　　　　　动载试验记录(110%载荷)

工况	检测项目	设计(规范)要求	实测(实际)	备注
110%载荷,33t	载荷重量	33t-1%		
	正常工作区	540m±0.5%		
	起升速度	2.2m±5%		
	下降速度	3.0m±5%		
	牵引速度	7.5m±5%		
	大车运行速度	0.3m±5%		
	机构运行	无异常		
	机构单动、联动	准确、可靠		
	电气系统	动作准确、无异常发热、控制器触头烧损现象		
	限位装置	动作正确、可靠		
	保护装置	动作正确、可靠		
	连锁装置	动作正确、可靠		
	承马装置	间距正常		
	构件连接	无松动		
	索道系统	无干涉现象		

测量人员:　　　　　　　　　　　　施工负责人:
厂家代表:　　　　　　　　　　　　监理工程师:

（6）缆机紧急制动实验

缆机紧急制动实验记录见表 1.44。

表 1.44　　　　　　　　　缆机紧急制动实验记录（100%载荷）

工况	检测项目	设计（规范）要求	实测（实际）	备注
100%载荷，30t	起升载荷重量	33t−1%		
	起升速度	2.2m±5%		
	下降速度	3.0m±5%		
	满载下降速度	能制动停止		
	起升机构	无异常		
	主车拉板装置	无异常		
	副车拉板装置	无异常		
	主车结构	无异常		
	副车结构	无异常		
	小车	无异常		
	吊钩	无异常		
	电气系统	无异常		

测量人员：　　　　　　　　　　　　施工负责人：

厂家代表：　　　　　　　　　　　　监理工程师：

1.11.4　缆机试运行

缆机性能测试完成并确认合格后，承包人将在厂家代表指导下对缆机进行累计 200h 或 30d（先到为止）正常工况下无故障试运行，其间若运行中断时间超过 2h，允许进行第二次试运行，但试运行时间应重新计算。试运行合格后，业主、监理、安装单位、供货商四方签字出具缆机验收检验报告，由承包人提出申请、监理批准后办理运行移交事宜。

1）缆机安装验收设备性能测试见表 1.45、表 1.46。

表 1.45　　　　　　　　　缆机安装验收设备性能测试表

测试时间：　　　　测试记录：　　　　设备编号：　　　　风速测量：

测试内容 测试形式	载荷标准		实际荷载 （t）	小车速度 （m/s）	提升速度 （m/s）
	起升绳倍率	荷载要求（t）			
动态 1	2				
动态 2	2				
动态 3	2				
动态 4	2				

续表

测试内容／测试形式	载荷标准		实际荷载（t）	小车速度（m/s）	提升速度（m/s）
	起升绳倍率	荷载要求(t)			
动态 5(110%)	2				
动态 6	4				
动态 7	4				
动态 8	4				
动态 9(125%)	4				
静态	4			开始时配重地距离：	1h 后配重离地距离：
业主代表：			厂家代表：		
承包人代表：			监理代表：		

表 1.46　　　　　　　　　缆机安装验收设备性能测试表

测试时间：　　测试记录：　　设备编号：　　载荷、力矩保护(任何情况)：

项目	标准	PLC 状态		非 PLC 状态	
		测量结果	验证次数	测量结果	验证次数
最大载荷保护	30t 起升向上保护停止				
最大力矩保护	力矩 100%～110%变幅向前保护停止				
	力矩 100%～110%起升向上保护停止				

2)限位保护见表 1.47。

表 1.47　　　　　　　　　　　限位保护

项目	标准	PLC 状态		非 PLC 状态	
		测量结果	验证次数	测量结果	验证次数
起升上限位	小车下 1m 位置起升保护停止				
牵引左岸限位	2 倍率牵引左、右岸 80m 保护停止				
牵引右岸限位	2 倍率牵引左、右岸 8m 保护停止				
起升限速	2 倍率限速≤5m/min	限速位置：		限速位置：	
牵引限速	限速≤5m/min	限速位置：		限速位置：	
业主代表：	承包人代表：	厂家代表：		监理代表：	

3）缆机验收检验报告见表 1.48、表 1.49。

表 1.48　　　　　　　　**大岗山水电站　＃缆机验收检验报告**

申请单位				
制造单位				
设计单位				
设备型号		规格型号		
设备编号		工作级别		
设备状态		产品出厂编号		
安装单位		安装地点		
验收检验地点		验收检验日期		
验收依据：				
主要验收仪器设备				
检验结论 （签字）				
备注				

表 1.49　　　　　　　　　　　**验收记录表**

试验验收情况记录：

若有验收会可另附加会议记录

结论：

业主：
监理：
安装单位：
供货商：
　　　　　　　　　　　　　　　　　　　　　　　　　年　　　月　　　日

1.11.5　缆机验收检验报告

2009 年 12 月 10 日、2009 年 12 月 20 日、2010 年 1 月 22 日监理组织业主、缆机厂家、安装单位，根据：

①缆机试验大纲。

②《起重机试验规范程序》(GB 5905)。

③《水利水电建设用起重机》(DL/T 946—2005)。

④《水利水电建设用起重机检验规程》(DL/T 454—2005)。

分别对 $2^\#$、$3^\#$、$4^\#$ 缆机进行了空载、静载、动载、紧急制动等项目试验,试验结论满足设计要求,满足缆机安全可靠要求。

1.12 缆机安装质量

缆机安装工程作为一个单位工程放在大岗山大坝辅助工程中,每一台缆机为一个分部工程,由主塔、副塔、索道系统、电气与控制及通信系统等分项工程组成,每一台缆机安装划分为 23 个单元工程,单元工程质量等级合格率为 100%。其中 $2^\#$ 缆机优良单元工程 23 个、$3^\#$ 缆机优良单元工程 23 个、$4^\#$ 缆机优良单元工程 22 个,综合优良率98.55%,满足合同单元工程优良率 96% 的要求,分项工程质量等级评定为优良;经验收小组复审,同意本分部工程质量等级为优良。

缆机安装工程单元划分与质量控制验收见表 1.50。

表 1.50　　　　　　　　　缆机安装工程单元划分与质量控制验收表

序号	安装验收单元		要求	检查结果	备注
1	轨道基础	埋件浇筑	符合土建施工要求,符合设计要求		由土建监理签证
2	台车组及台车架	拼装检查	外观无变形、缺件等缺陷,结构焊缝外观良好,件号核对清楚,销孔、连接端面清理合格,连接销选用正确,连接可靠,拼装符合设备图纸要求,爬梯、平台、护栏安装正确,各滑轮外观及转动符合要求		
		吊装	按照规定的程序安装,A 型架在工作臂安装完成前前倾 30°,并做好保险措施		
		辅助卷扬机安装	卷扬机地脚螺栓固定可靠;钢丝绳绳头固定牢固,卷绕整齐,润滑良好;减速箱油位正常,无渗漏;卷扬机运转平稳		
3	起升机构	检查与调整	卷扬机、排绳器、起升绳、大钩外观检查无变形、器件均完好;测量电机绝缘,检查电动机防水密封应良好;检查调整制动器摩擦片间隙在允许范围内,制动液压站无渗漏,制动器外观良好;检查减速箱油位、油色正常;各滑轮检查,钢丝绳防纽器安装符合要求		
		卷扬机安装	机架地脚螺栓按要求紧固;机架连接销、安全销连接可靠;电机、卷扬机及整个机构运行平稳		

续表

序号	安装验收单元		要求	检查结果	备注
3	起升机构	排绳器安装	连接销选用正确,安装方向正确;润滑油箱加油,各油嘴加油;排绳器调整排绳效果良好		
		起升绳、大钩安装	起升绳安装时绳面不得污染、在卷筒上排列整齐、绳头固定可靠;大钩组件安装正确,连接销、安全销连接可靠,润滑符合要求		
4	电气系统	检查	安装前应对系统各个部件进行认真检查,淘汰不合格器件,缺损件进行修复,核对各种编号,必要时进行测试		
		接地系统安装	接地网设置应符合设计要求,接地电阻测试合格,接地引线连接可靠		
		高压电气系统安装(高压电缆、箱变)	电缆敷设按国家电缆敷设施工验收规范验收,填报高压电缆预防性试验报告,电缆防护应可靠;箱变安装按设备图纸施工		
		电气室、操作室、盘柜安装	按设备图纸施工,电气室、盘柜固定应可靠,柜门开启灵活,防护良好,各项操作均能达到设计要求		
		保护器件安装	按设备图纸施工,固定应可靠,防护措施安装正确,经调试能有效实现保护作用		
		电缆敷设、接线	按设备图纸施工,电缆通道内敷设,电缆固定(绑扎)可靠,按设备厂家要求方式接线并保证接触良好,电缆编号、端子号全面、清晰、牢固,进出线口防水措施有效		
		信号灯、照明灯	安装正确、全面,符合设备配置		
5	其他设施		按设计要求施工,安装牢固,运行有效,对设备运行应无影响,安装中不准随意采用焊接方式固定在结构上		

1.12.1　缆机安装质量评定表样

缆机安装工程在大岗山施工辅助工程中划分为一个单位工程,编号:8-12-1,每一台缆机为一个分部工程,其分部工程下划分为 23 个单元工程,其单元工程安装质量检查评定资料需填写表格见表 1.51。

表 1.51　　　　　　缆机安装质量检查评定资料(分部工程汇总表)

序号	编号	单元工程名称、部位	日期	页码
1	8-12-1	主车运行机构		
2	8-12-1	主车架		
3	8-12-1	主车平台		
4	8-12-1	提升机构		
5	8-12-1	牵引机构		
6	8-12-1	主车电气设备		
7	8-12-1	机房		
8	8-12-1	副车运行机构、结构		
9	8-12-1	副车架		
10	8-12-1	副车塔架		
11	8-12-1	副车天轮		
12	8-12-1	牵引绳张紧装置		
13	8-12-1	副车电气设备		
14	8-12-1	主索调整机构		
15	8-12-1	主、副车拉板装置		
16	8-12-1	主索		
17	8-12-1	主、副车承马安装		
18	8-12-1	起升绳安装		
19	8-12-1	牵引绳安装		
20	8-12-1	小车		
21	8-12-1	缆机电动机绝缘电阻		
22	8-12-1	司机室及电气设备安装		
23	8-12-1	司机室电气设备		

（1）主车运行机构（单元工程）（表 1.52、表 1.53。）

表 1.52　　　大岗山水电站工程　　　＃缆机安装主车运行机构质量检验评定记录表

施工单位：　　　　　　　　　　　　　　合同编号：

监理单位：　　　　　　　　　　　　　编　　号：

单位工程名称				施工依据	
分部工程名称				施工单位	
单元工程名称、部位			主车运行机构	检验日期	年　　月　　日

项类	序号	检查项目		设计值	允许差值	检验记录及评定
主控项目	1	水平车轮踏面至前垂直车轮中心水平距离		7150mm	±2.0mm	
	2	前垂直车轮至后垂直车轮水平中心距		6500mm	±2.0mm	
	3	前后垂直车轮跨距对角线相对差			≤3mm	
	4	后垂直车轮同位差			≤1.0mm	
	5	前垂直车轮同位差	同一台车架		≤1.0mm	
			同一梁下		≤2.0mm	
	6	水平车轮同位差	同一台车架		≤1.0mm	
			同一平衡梁		≤1.5mm	
			同一梁下		≤2.0mm	
一般项目	1	车轮			较动灵活无卡阻现象	
	2	车轮销轴			定位准确，挡块焊接牢固	
	3	各台车连接螺栓扭矩			符合设计标准	

施工依据：

1.图纸及安装手册：

2.设计文件：

3.设计变更通知：

检验结果：

施工单位意见	初检：　　　　　　复检：　　　　　　终检： 　　　　　　　　　　　　　　　　　　　　　　年　　月　　日

本单元工程共有　　　　项，主控项目　　　　％符合标准，一般项目　　　　％符合标准。

评定意见：

单元工程质量等级：

监理单位意见	监理工程师： 　　　　　　　　　　　　　　　　　　　　　年　　月　　日

表 1.53　　　　　大岗山水电站工程　　　#缆机安装主车运行机构质量检查记录表

施工单位：　　　　　　　　　　　　　　　　　合同编号：
监理单位：　　　　　　　　　　　　　　编　　　号：

单位工程名称			施工依据		
分部工程名称			施工单位		
单元工程名称、部位		主车运行机构	检验日期		年　　月　　日
项类	检查项目		检验标准	允许差值	检验记录
主控项目	1.水平车轮踏面至前垂直车轮中心水平距离		7150mm	±2.0mm	
	2.前垂直车轮至后垂直车轮水平中心距		6500mm	±2.0mm	
	3.前后垂直车轮跨距对角线相对差			≤3mm	
	4.后垂直车轮同位差			≤1.0mm	
	5.前垂直车轮同位差	同一台车架		≤1.0mm	
		同一梁下		≤2.0mm	
	6.水平车轮同位差	同一台车架		≤1.0mm	
		同一平衡梁		≤1.5mm	
		同一梁下		≤1.5mm	
一般项目	1.车轮			较动灵活无卡阻现象	
	2.车轮销轴			定位准确，挡块焊接牢固	
	3.各台车连接螺栓扭矩			符合设计标准	
施工单位意见	初检：　　　　　复检：　　　　　终检：　　　　　　　　　　　　　　　　　　　　　　　　年　　月　　日				
监理单位意见	监理工程师：　　　　　　　　　　　　　　　　　　　　　　　　　　　　　　　　　　年　　月　　日				

（2）主车架（单元工程）（表 1.54 至表 1.57）

表 1.54　　　　**大岗山水电站工程**　　#**缆机安装主车架质量检验评定记录表**

施工单位：　　　　　　　　　　　　　　　合同编号：
监理单位：　　　　　　　　　　　　　　　编　　号：

单位工程名称			施工依据		
分部工程名称			施工单位		
单元工程名称、部位		主车架	检验日期		年　月　日
项类	检查项目		检验标准	允许误差	检验记录及评定
主控项目	1.水平车轮踏面至前垂直车轮中心水平距离		7150mm	±2.0mm	
	2.前垂直车轮至后垂直车轮水平中心距		6500mm	±2.0mm	
	3.前后垂直车轮跨距对角线相对差			≤3mm	
	4.后垂直车轮同位差			≤1.0mm	
	5.前垂直车轮同位差	同一台车架		≤1.0mm	
		同一梁下		≤2.0mm	
	6.水平车轮同位差	同一台车架		≤1.0mm	
		同一平衡梁		≤1.5mm	
		同一梁下		≤2.0mm	
一般项目	1.连接板处母材两端高低错位			≤2.0mm	
	2.连接处间隙			≤5.0mm	
	3.涂装	喷砂 sa　$1\frac{1}{2}$ 底膜 $110\mu m$ 面膜 $70\mu m$			

施工依据：
1.图纸及安装手册：
2.设计文件：
3.设计变更通知：
检验结果：

施工单位意见	初检：　　　　复检：　　　　终检： 　　　　　　　　　　　　　　　　　　　　年　　月　　日

本单元工程共有　　　项,主控项目　　　%符合标准,一般项目　　　%符合标准。
评定意见：

单元工程质量等级：

监理单位意见	监理工程师： 　　　　　　　　　　　　　　　　　　　　年　　月　　日

表 1.55　　　　　　　**大岗山水电站工程　　♯缆机安装主车架质量检查记录表**

施工单位：　　　　　　　　　　　　　　　　合同编号：

监理单位：　　　　　　　　　　　　　　　　编　　号：

单位工程名称			施工依据		
分部工程名称			施工单位		
单元工程名称、部位	主车架		检验日期	年　月　日	
项类	检查项目		检验标准	允许误差	检查记录
主控项目	1.水平车轮踏面至前垂直车轮中心水平距离		7150mm	±2.0mm	
	2.前垂直车轮至后垂直车轮水平中心距		6500mm	±2.0mm	
	3.前后垂直车轮跨距对角线相对差			≤3mm	
	4.后垂直车轮同位差			≤1.0mm	
	5.前垂直车轮同位差	同一台车架		≤1.0mm	
		同一梁下		≤2.0mm	
	6.水平车轮同位差	同一台车架		≤1.0mm	
		同一平衡梁		≤1.5mm	
		同一梁下		≤2.0mm	
一般项目	1.连接板处母材两端高低错位			≤2.0mm	
	2.连接处间隙			≤5.0mm	
	3.涂装		喷砂 sa $1\frac{1}{2}$ 底膜 110μm 面膜 70μm		
施工单位意见	初检：　　　　　复检：　　　　　终检： 　　　　　　　　　　　　　　　　　　　　　　　　年　　月　　日				
监理单位意见	监理工程师： 　　　　　　　　　　　　　　　　　　　　　　　　年　　月　　日				

表 1.56　　大岗山水电站工程　　＃缆机主车架高强螺栓连接质量检验评定记录表

施工单位：　　　　　　　　　　　　合同编号：
监理单位：　　　　　　　　　　　　编　　号：

单位工程名称	缆机安装工程		施工依据		
分部工程名称			施工单位		
单元工程名称、部位	主车架		检验日期	年　月　日	

项类	检查项目	等级	数量	设计扭矩 （N·m）	检验方法	检验标准 与要求	检验记录 及评定
螺栓规格							
主控 项目	连接摩擦面情况					平整光洁	
	结合面间隙情况					无间隙	
一般 项目	螺栓外观					无锈蚀	
	螺栓副螺纹					无损伤	
	螺纹连接					无卡阻、乱丝	

施工依据：
1.图纸及安装手册
2.设计文件
3.设计变更
4.检验结果：

施工 单位 意见	初检：　　复检：　　　　终检： 　　　　　　　　　　　　　　　　年　月　日

本单元工程共有　　项,主控项目　　%符合标准,一般项目　　%符合标准。
评定意见：

单元工程质量等级

监理 单位 意见	监理工程师： 　　　　　　　　　　　　　　　　年　月　日

表 1.57　　　　大岗山水电站工程　　　#缆机主车架高强螺栓连接质量检查记录表

施工单位：　　　　　　　　　　　　　　　　合同编号：

监理单位：　　　　　　　　　　　　　　　　编　　　号：

螺栓规格	等级	数目	设计扭矩 （N·m）	抽检数目	抽检比例 （10％）

抽检示意图：

抽检编号	实测扭矩	是否满足要求
1		
2		
3		
4		
5		
6		
施工 单位 意见	初检：　　　　复检：　　　　终检： 年　　　月　　　日	
监理 单位 意见	监理工程师： 年　　　月　　　日	

（3）主车平台（表 1.58 至表 1.61）

表 1.58　　　　大岗山水电站工程　　#缆机安装主车平台质量检验评定记录表

施工单位：　　　　　　　　　　　　　　合同编号：

监理单位：　　　　　　　　　　　　　　编　　号：

单位工程名称		施工依据	
分部工程名称		施工单位	
单元工程名称、部位	主车平台	检验日期	年　　月　　日

项类	检查项目	设计允许差值	检验记录及评定
主控项目	1.平台平面度	≤4.0mm	
	2.平台对角线	≤3.0mm	
	3.平台连接处高低错位	≤1.0mm	
	4.平台其余位置高低错位	≤2.0mm	
一般项目	1.平台连接处间隙	≤5.0mm	
	2.平台长边	±3.0mm	
	3.平台宽边	±3.0mm	

施工依据：

1.图纸及安装手册：

2.设计文件：

3.设计变更通知：

检验结果：

施工单位意见	初检：　　　　　复检：　　　　　终检： 　　　　　　　　　　　　　　　　年　　月　　日

本单元工程共有　　　　项,主控项目　　　　%符合标准,一般项目　　　　%符合标准。

评定意见：

单元工程质量等级：

监理单位意见	监理工程师： 　　　　　　　　　　　　　　　　年　　月　　日

表 1.59　　　　大岗山水电站工程　　　#缆机安装主车平台质量检查记录表

施工单位：　　　　　　　　　　　　　　　合同编号：

监理单位：　　　　　　　　　　　　　　编　　号：

单位工程名称		施工依据	
分部工程名称		施工单位	
单元工程名称、部位	主车平台	检验日期	年　　月　　日
项类	检查项目	设计允许差值	检查记录
主控项目	1.平台平面度	≤4.0mm	
	2.平台对角线	≤3.0mm	
	3.平台连接处高低错位	≤1.0mm	
	4.平台其余位置高低错位	≤2.0mm	
一般项目	1.平台连接处间隙	≤5.0mm	
	2.平台长边	±3.0mm	
	3.平台宽边	±3.0mm	
施工单位意见	初检：　　　　　　复检：　　　　终检： 年　　月　　日		
监理单位意见	监理工程师： 年　　月　　日		

表 1.60　　大岗山水电站工程　　#缆机主车平台高强螺栓连接质量检验评定记录表

施工单位：　　　　　　　　　　　　　　　　合同编号：

监理单位：　　　　　　　　　　　　　　　编　　号：

单位工程名称					施工依据			
分部工程名称					施工单位			
单元工程名称、部位		主车架			检验日期		年　　月　　日	

项类	检查项目	等级	数量	设计扭矩（N·m）	检验方法	检验标准与要求	检验记录及评定（实测扭矩 N·m）
螺栓规格							
主控项目	连接摩擦面情况					平整光洁	
	结合面间隙情况					无间隙	
一般项目	螺栓外观					无锈蚀	
	螺栓副螺纹					无损伤	
	螺纹连接					无卡阻、乱丝	

施工依据：

1.图纸及安装手册；

2.设计文件；

3.设计变更；

检验结果：

施工单位意见	初检：　　　复检：　　　　终检：　　　　　　　　　　　　　　　　　　　年　　月　　日

本单元工程共有　　项，主控项目　　％符合标准，一般项目　　％符合标准。

评定意见：

单元工程质量等级

监理单位意见	监理工程师：　　　　　　　　　　　　　　　　　　　　　　　　　　　　年　　月　　日

表 1.61 　　　　大岗山水电站工程　　　　[#]缆机主车平台高强螺栓连接质量抽检表

施工单位：　　　　　　　　　　　　　　　　合同编号：

监理单位：　　　　　　　　　　　　　　　　编　　号：

螺栓规格	等级	数目	设计扭矩（N·m）	抽检数目	抽检比例（10％）

抽检示意图：

抽检编号	实测扭矩（N·m）	是否满足要求
1		
2		
3		
4		
5		
6		

施工单位意见	初检：　　　　复检：　　　　终检： 　　　　　　　　　　　　　　　　　　　　　　年　　月　　日
监理单位意见	监理工程师： 　　　　　　　　　　　　　　　　　　　　　　年　　月　　日

（4）提升机构（表 1.62、表 1.63）

表 1.62　　　　　大岗山水电站工程　　　＃缆机安装提升机构质量检验评定记录表

施工单位：　　　　　　　　　　　　　　　　合同编号：
监理单位：　　　　　　　　　　　　　　　编　　号：

单位工程名称		施工依据			
分部工程名称		施工单位			
单元工程名称、部位	提升机构	检验日期	年　　月　　日		
序号	检查项目	设计值	允许差值	检验记录及评定	
1	卷筒安全制动盘端面跳动		≤0.5mm		
2	卷筒支座轴孔中心与减速器输出轴中心的位置度		2mm		
3	排绳机构 4 个轴承座中心的高差		≤1mm		
4	滚珠丝杠中心间距	930mm	±0.5mm		
5	排绳机构滑轮垂直纵向对称面与卷筒的垂直纵向对称的间距	1118mm	±1mm		
6	卷筒的垂直纵向对称面与主铰的垂直纵向对称面的间距	1063mm	±1mm		
7	卷筒水平度		≤0.5/1000L		
8	电动机三相电流不平衡度		≤10%		
9	减速机		无异响及漏油		
10	排绳机构导向滑轮与起升绳导向滑轮偏差				
11	减速器输出轴与卷筒装置联轴器径向偏差				

施工依据：
1.图纸及安装手册：
2.设计文件：
3.设计变更通知：
检验结果：

| 施工单位意见 | 初检：　　　　　复检：　　　　　终检：
　　　　　　　　　　　　　　　　　　　年　　月　　日 |

本单元工程共有　　　　　项，主控项目　　　　%符合标准，一般项目　　　　%符合标准。
评定意见：

单元工程质量等级：

| 监理单位意见 | 监理工程师：
　　　　　　　　　　　　　　　　　　　年　　月　　日 |

表 1.63　　　　　　　大岗山水电站工程　　　 #缆机安装提升机构质量检查表

施工单位：　　　　　　　　　　　　　　　合同编号：

监理单位：　　　　　　　　　　　　　　　编　　号：

单位工程名称		施工依据			
分部工程名称		施工单位			
单元工程名称、部位	提升机构	检验日期	年	月	日
序号	检查项目	设计值	允许差值	检查记录	
1	卷筒安全制动盘端面跳动		≤0.5mm		
2	卷筒支座轴孔中心与减速器输出轴中心的位置度		2mm		
3	排绳机构4个轴承座中心的高差		≤1mm		
4	滚珠丝杠中心间距	930mm	±0.5mm		
5	排绳机构滑轮垂直纵向对称面与卷筒的垂直纵向对称的间距	1118mm	±1mm		
6	卷筒的垂直纵向对称面与主铰的垂直纵向对称面的间距	1063mm	±1mm		
7	卷筒水平度		≤0.5/1000L		
8	电动机三相电流不平衡度		≤10%		
9	减速机		无异响及漏油		
10	排绳机构导向滑轮与起升绳导向滑轮偏差				
11	减速器输出轴与卷筒装置联轴器径向偏差				
施工单位意见	初检：　　　　　　复检：　　　　　　终检：　　　　　　年　　月　　日				
监理单位意见	监理工程师：　　　　　　年　　月　　日				

（5）牵引机构（表 1.64、表 1.65）

表 1.64　　　　　大岗山水电站工程　　　#缆机安装牵引机构质量检验评定记录表

施工单位：　　　　　　　　　　　　　合同编号：

监理单位：　　　　　　　　　　　　　编　　号：

单位工程名称			施工依据	
分部工程名称			施工单位	
单元工程名称、部位		牵引机构	检验日期	年　　月　　日
序号	检查项目		设计允许差值	检验记录及评定
1	联轴节	径向偏差（△X）	1mm	
2		轴向偏差（△Y）	2mm	
3		角向偏差（△α）	18′	
4	驱动摩擦轮绳槽中心与牵引导向滑轮中心的对应关系		对位正确≤1mm	
5	电动机轴与减速器输入轴的径向偏差		0.5mm	
6	电动机轴与减速器输入轴的角向偏差		≤10′	
7	电动机轴与减速器输入轴的轴向偏差（轴肩距离）		704±1.0mm	
8	联轴器制动盘端面跳动		≤0.2mm	
9	工作制动器对中位置偏差（参照制动器说明书）		≤0.5mm	
10	工作制动器松闸间隙（参照制动器说明书）		≥1.0mm	
11	工作制动器的抱闸、松闸动作		动作顺利	
12	工作制动器手动松闸动作		能动作，对制动器无损伤	
13	驱动滑轮与转向滑轮绳槽对应关系		与图纸要求符合	
14	减速器输出轴与驱动摩擦轮轴的径向偏差		≤0.5mm	
15	减速器输出轴与驱动摩擦轮轴的角向偏差		≤5′	

施工依据：

1.图纸及安装手册：

2.设计文件：

3.设计变更通知：

检验结果：

施工单位意见	初检：　　　　　复检：　　　　　终检：　　　　　　　　　　　年　　月　　日

本单元工程共有　　　　项，主控项目　　　　%符合标准，一般项目　　　　%符合标准。

评定意见：

单元工程质量等级：

监理单位意见	监理工程师：　　　　　　　　　　　　　　　　　年　　月　　日

表 1.65　　　　　　大岗山水电站工程　　　#缆机安装牵引机构质量检查记录表

施工单位：　　　　　　　　　　　　　　　　合同编号：

监理单位：　　　　　　　　　　　　　　　　编　　号：

单位工程名称			施工依据	
分部工程名称			施工单位	
单元工程名称、部位	牵引机构		检验日期	年　　月　　日

序号	检查项目		设计允许差值	检查记录
1	联轴节	径向偏差（$\triangle X$）	1mm	
2		轴向偏差（$\triangle Y$）	2mm	
3		角向偏差（$\triangle\alpha$）	18'	
4	驱动摩擦轮绳槽中心与牵引导向滑轮中心的对应关系		对位正确≤1mm	
5	电动机轴与减速器输入轴的径向偏差		0.5mm	
6	电动机轴与减速器输入轴的角向偏差		≤10'	
7	电动机轴与减速器输入轴的轴向偏差（轴肩距离）		704±1.0mm	
8	联轴器制动盘端面跳动		≤0.2mm	
9	工作制动器对中位置偏差（参照制动器说明书）		≤0.5mm	
10	工作制动器松闸间隙（参照制动器说明书）		≥1.0mm	
11	工作制动器的抱闸、松闸动作		动作顺利	
12	工作制动器手动松闸动作		能动作，对制动器无损伤	
13	驱动滑轮与转向滑轮绳槽对应关系		与图纸要求符合	
14	减速器输出轴与驱动摩擦轮轴的径向偏差		≤0.5mm	
15	减速器输出轴与驱动摩擦轮轴的角向偏差		≤5'	

施工单位意见	初检：　　　　复检：　　　　终检： 　　　　　　　　　　　　　　　　　　　　年　　月　　日
监理单位意见	监理工程师： 　　　　　　　　　　　　　　　　　　　　年　　月　　日

（6）主车电气设备（表 1.66）

表 1.66　　大岗山水电站工程　　#缆机安装主车电气设备质量检验评定记录表

施工单位：　　　　　　　　　　　　　合同编号：

监理单位：　　　　　　　　　　　　　编　　　号：

单位工程名称			施工依据	
分部工程名称			施工单位	
单元工程名称、部位		主车电气设备	检验日期	年　　月　　日

序号	检查项目		检验标准或要求	检验记录及评定
1	低压配电柜 主车中控柜 主车行走柜 起升直流柜一 起升直流柜二 牵引直流柜 高压开关柜 主变压器 现地操作柜 电抗器 照明	外部配线	配线应排列整齐,导线两端应牢固地压接相应的接线端子,并应标有明显的接线编号,每根电缆长度应根据经验和实际需要截取,图纸所标电缆长度作为参考。灯具悬挂牢固,运行时应无剧烈摆动	
2	位置编码器	副车行走位置	接线准确,布线整齐,调整 DP 地址	
3	保护装置	重量传感器	安装变送器,布线	
		小车前限位	接线准确,布线整齐	
		大车限位		
4	桥架敷设		电缆桥架层次安装排列应是弱电流控制电缆在最上层,接着一般控制电缆,低压动力电缆,高压动力电缆依次往下排列,尽可能做到强弱电分开,电缆桥架装置应有可靠接地	
5	线管敷设		固定牢固,管口应加装户口套,管口向下或有其他防水措施	
6	外部布线		美观、连接牢固、接触良好、准确无误	
7	电缆卷筒	主电缆卷筒	电缆必须符合全轨道运行长度,电缆缠绕整齐	
		通信电缆卷筒		
8	夹轨器	外观、接线	油泵、限位接线准确	
9	大车行走电机	外观、接线	调整每个电机运行方向一致	
10	直流电机接线	起升机构	接线准确,排列整齐	
		牵引机构		

续表

序号	检查项目	检验标准或要求	检验记录及评定	
11	制动器接线	起升工作	接线准确,布线整齐	
		起升安全		
		牵引工作		
12	保护装置	高度限制器	接线准确,布线整齐	
		小车限位		
		大车限位		
		超速开关		
		排绳上限位	接线准确,布线整齐,调准感应位置	
		断链检测		
13	编码器	起升测速	接线准确,布线整齐,调整DP地址	
		起升位置		
		牵引测速		
		牵引位置		
		行走位置		
14	安全制动器泵站	外观接线	接线准确,布线整齐	
15	各电动机三相电不平衡		≤10%	

施工依据:
1.图纸及安装手册:
2.设计文件:
3.设计变更通知:
检验结果:

施工单位意见	初检: 复检: 终检:
	年　　月　　日

本单元工程共有　　　　项,主控项目　　　%符合标准,一般项目　　　%符合标准。
评定意见:
单元工程质量等级:

监理单位意见	监理工程师:
	年　　月　　日

（7）机房（表 1.67、表 1.68）

表 1.67　　　　　　　大岗山水电站工程　　　　#缆机安装机房质量检验评定记录表

施工单位：　　　　　　　　　　　　　　　　合同编号：

监理单位：　　　　　　　　　　　　　　　　编　　　号：

单位工程名称			施工依据		
分部工程名称			施工单位		
单元工程名称、部位		机房	检验日期		年　　月　　日

项类	序号	检查项目		设计允许差值	检验记录及评定
主控项目	1	各螺栓连接	扭矩	侧板、后板与底架 M16,135N·m	
				电动葫芦轨道 M16,120N·m	
				侧板与顶架间 M20,250N·m	
	2	机房前板上部与立柱的两组吊耳垂直中心线与主铰中心线偏差		≤1.0mm	
	3	各立柱垂直度		≤3.0mm	
一般项目	1	侧墙板与端面板		用侧封连接	
	2	屋顶		用脊尾及海绵连接	
	3	瓦楞板与墙体连接		贴合处宽 150mm	

施工依据：

1.图纸及安装手册：

2.设计文件：

3.设计变更通知

检验结果：

施工单位意见	初检：　　　　　　复检：　　　　　　终检：	
		年　　月　　日

本单元工程共有　　　　　项，主控项目　　　％符合标准,一般项目　　　％符合标准。

评定意见：

单元工程质量等级：

监理单位意见	监理工程师：	
		年　　月　　日

表 1.68　　　　　大岗山水电站工程　　 #缆机安装机房质量检查记录表

施工单位：　　　　　　　　　　　　　　　　合同编号：
监理单位：　　　　　　　　　　　　　　　　编　　号：

单位工程名称				施工依据			
分部工程名称				施工单位			
单元工程名称、部位		机房		检验日期		年　月　日	

项类	序号	检查项目	设计允许差值		检查记录
主控项目	1	各螺栓连接	扭矩	侧板、后板与底架 M16,135N·m	
				电动葫芦轨道 M16,120N·m	
				侧板与顶架间 M20,250N·m	
	2	机房前板上部与立柱的两组吊耳垂直中心线与主铰中心线偏差	≤1.0mm		
	3	各立柱垂直度	≤3.0mm		
一般项目	1	侧墙板与端面板	用侧封连接		
	2	屋顶	用脊尾及海绵连接		
	3	瓦楞板与墙体连接	贴合处宽 150mm		

施工单位意见

初检：　　　　　复检：　　　　　终检：

年　　月　　日

监理单位意见

监理工程师：

年　　月　　日

(8)副车运行机构、结构(表1.69、表1.70)

表1.69　大岗山水电站工程　　#缆机安装副车运行机构、结构质量检验评定记录表

施工单位：　　　　　　　　　　　　合同编号：

监理单位：　　　　　　　　　　　　编　　号：

单位工程名称				施工依据	
分部工程名称				施工单位	
单元工程名称、部位		副车运行机构、结构		检验日期	年　月　日

项类	序号	检查项目		设计值	允许差值	检验记录及评定
主控项目	1	水平车轮踏面至前垂直车轮中心水平距离		4000mm	±2.0mm	
	2	前垂直车轮至后垂直车轮水平中心距		3500mm	±2.0mm	
	3	前后垂直车轮跨距对角线相对差			≤3mm	
	4	后垂直车轮同位差			≤1.0mm	
	5	前垂直车轮同位差	同一台车架		≤1.0mm	
			同一梁下		≤2.0mm	
	6	水平车轮同位差	同一台车架		≤1.0mm	
			同一平衡梁		≤1.5mm	
			同一梁下		≤2.0mm	
一般项目	1	车轮		较动灵活无卡阻现象		
	2	车轮销轴		定位准确，挡块焊接牢固		
	3	各台车连接螺栓扭矩		符合设计标准		

施工依据：

1.图纸及安装手册：

2.设计文件：

3.设计变更通知：

检验结果：

施工单位意见	初检：　　　　复检：　　　　终检：　　　　　　　　年　月　日

本单元工程共有　　　　项，主控项目　　　%符合标准，一般项目　　　%符合标准。

评定意见：

单元工程质量等级：

监理单位意见	监理工程师：　　　　　　　　　　　　　　年　月　日

表 1.70　　　大岗山水电站工程　　#缆机安装副车运行机构、结构质量检查记录表

施工单位：　　　　　　　　　　　　　　　合同编号：
监理单位：　　　　　　　　　　　　　　　编　　号：

单位工程名称				施工依据				
分部工程名称				施工单位				
单元工程名称、部位		副车运行机构、结构		检验日期		年	月	日

项类	序号	检查项目		设计值	允许差值	检查记录
主控项目	1	水平车轮踏面至前垂直车轮中心水平距离		4000mm	±2.0mm	
	2	前垂直车轮至后垂直车轮水平中心距		3500mm	±2.0mm	
	3	前后垂直车轮跨距对角线相对差			≤3mm	
	4	后垂直车轮同位差			≤1.0mm	
	5	前垂直车轮同位差	同一台车架		≤1.0mm	
			同一梁下		≤2.0mm	
	6	水平车轮同位差	同一台车架		≤1.0mm	
			同一平衡梁		≤1.5mm	
			同一梁下		≤2.0mm	
一般项目	1	车轮			较动灵活无卡阻现象	
	2	车轮销轴			定位准确，挡块焊接牢固	
	3	各台车连接螺栓扭矩			符合设计标准	

施工单位意见	初检：　　　　　　复检：　　　　　　终检： 年　　月　　日
监理单位意见	监理工程师： 年　　月　　日

(9)副车架(表 1.71 至表 1.74)

表 1.71　　　　　　大岗山水电站工程　　＃缆机安装副车架质量检验评定记录表

施工单位：　　　　　　　　　　　　　　　合同编号：

监理单位：　　　　　　　　　　　　　　　编　　号：

单位工程名称				施工依据	
分部工程名称				施工单位	
单元工程名称、部位		副车架		检验日期	年　　月　　日

项类	序号	检查项目		检验标准	检验记录及评定
主控项目	1	前垂直台车支座至主梁中心距离(沿轨道方向)		2000±2.0mm	
	2	前、后垂直台车支撑梁中心距离(沿垂直轨道方向)		3500±3.0mm	
	3	主铰开挡尺寸		370±0.5mm	
	4	各梁的螺栓连接处两端板的高低错位		≤1mm	
	5	平衡梁(钩梁)与主梁的螺栓连接处两端间隙		≤5mm	
一般项目	1	高强度螺栓连接的扭矩系数及安装用预紧力矩的确定	M30	拧紧力矩 1800N·m	
			M24	拧紧力矩 900N·m	
	2	焊接与安装质量		符合图纸及标准要求	

施工依据：

1.图纸及安装手册：

2.设计文件：

3.设计变更通知：

检验结果：

施工单位意见	初检：　　　　　　复检：　　　　　　终检：　　　　　　　　　年　　月　　日

本单元工程共有　　　　　项,主控项目　　　　%符合标准,一般项目　　　　%符合标准。

评定意见：

单元工程质量等级：

监理单位意见	监理工程师：　　　　　　　　　　　　　　　　　　　年　　月　　日

表 1.72　　　　　大岗山水电站工程　　　#缆机安装副车架质量检查记录表

施工单位：　　　　　　　　　　　　　　　合同编号：

监理单位：　　　　　　　　　　　　　　　编　　号：

单位工程名称		施工依据				
分部工程名称		施工单位				
单元工程名称、部位	副车架	检验日期	年　　月　　日			

项类	序号	检查项目		检验标准	检查记录
主控项目	1	前垂直台车支座至主梁中心距离（沿轨道方向）		2000 ± 2.0mm	
	2	前、后垂直台车支撑梁中心距离（沿垂直轨道方向）		3500 ± 3.0mm	
	3	主铰开档尺寸		370 ± 0.5mm	
	4	各梁的螺栓连接处两端板的高低错位		≤1mm	
	5	平衡梁（钩梁）与主梁的螺栓连接处两端间隙		≤5mm	
一般项目	1	高强度螺栓连接的扭矩系数及安装用预紧力矩的确定	M30	拧紧力矩1800N·m	
			M24	拧紧力矩900N·m	
	2	焊接与安装质量		符合图纸及标准要求	

施工单位意见	初检：　　　　　复检：　　　　　终检： 年　　月　　日
监理单位意见	监理工程师： 年　　月　　日

表 1.73　　　大岗山水电站工程　　　[#]缆机副车架高强螺栓连接质量检验评定记录表

施工单位：　　　　　　　　　　　　　　　　合同编号：
监理单位：　　　　　　　　　　　　　　　　编　　　号：

单位工程名称					施工依据			
分部工程名称					施工单位			
单元工程名称、部位		副车架			检验日期		年　月　日	

项类	检查项目	等级	数量	设计扭矩（N・m）	检验方法	检验标准与要求	检验记录及评定（实测扭矩 N・m）
螺栓规格							
主控项目	连接摩擦面情况					平整光洁	
	结合面间隙情况					无间隙	
一般项目	螺栓外观					无锈蚀	
	螺栓副螺纹					无损伤	
	螺纹连接					无卡阻、乱丝	

施工依据：
1.图纸及安装手册；
2.设计文件；
3.设计变更
检验结果：

施工单位意见	初检：　　　　　复检：　　　　　终检： 　　　　　　　　　　　　　　　　　　　年　　月　　日

本单元工程共有　　项,主控项目　　％符合标准,一般项目　　％符合标准。
评定意见：

单元工程质量等级

监理单位意见	监理工程师： 　　　　　　　　　　　　　　　　　　年　　　月　　　日

表 1.74　　　**大岗山水电站工程**　　　**#缆机副车架高强螺栓连接质量抽检表**

施工单位：　　　　　　　　　　　　　　　合同编号：
监理单位：　　　　　　　　　　　　　　　编　号：

螺栓规格	等级	数目	设计扭矩（N·m）	抽检数目	抽检比例（10%）

抽检示意图：

抽检编号	实测扭矩	是否满足要求
1		
2		
3		
4		
5		
6		

施工单位意见	初检：　　　　复检：　　　　终检： 年　　月　　日
监理单位意见	监理工程师： 年　　月　　日

(10)副车塔架(表 1.75 至表 1.78)

表 1.75　　　　　　大岗山水电站工程　　　 #缆机安装副车塔架质量检验评定记录表

施工单位：　　　　　　　　　　　　　　　　合同编号：
监理单位：　　　　　　　　　　　　　　　　编　　　号：

单位工程名称			施工依据		
分部工程名称			施工单位		
单元工程名称、部位		副车塔架	检验日期		年　　月　　日

项类	序号	检查项目	设计值	允许差值	检验记录及评定
主控项目	1	各连接部位的螺栓、销轴连接	穿孔率100%		
	2	各梁的螺栓连接处两端板的高低错位		≤0.5mm	
	3	各梁的螺栓连接处两端间隙		≤4mm	
	4	各直架与副车架上平面的垂直度		1.5/1000	
	5	塔架垂直对称中心面与主铰垂直对称中心面的偏差		≤2.0mm	
一般项目	1	销轴连接		符合设计要求	
	2	连接面		光洁,平整,无毛刺	
	3	螺栓连接		符合设计要求	

施工依据：

1.图纸及安装手册：

2.设计文件：

3.设计变更通知：

检验结果：

施工单位意见	初检：　　　　复检：　　　　终检：　　　　　　　　　　　　　　　年　　月　　日

本单元工程共有　　　　项,主控项目　　　%符合标准,一般项目　　　%符合标准。

评定意见：

单元工程质量等级：

监理单位意见	监理工程师：　　　　　　　　　　　　　　　　　　　　　　　　　年　　月　　日

表 1.76　　　　　大岗山水电站工程　　＃缆机安装副车塔架质量记录表

施工单位：　　　　　　　　　　　　　　　　　合同编号：

监理单位：　　　　　　　　　　　　　　　　　编　　号：

单位工程名称			施工依据		
分部工程名称			施工单位		
单元工程名称、部位		副车塔架	检验日期		年　　月　　日

项类	序号	检查项目	设计值	允许差值	检验记录及评定
主控项目	1	各连接部位的螺栓、销轴连接	穿孔率100%		
	2	各梁的螺栓连接处两端板的高低错位		≤0.5mm	
	3	各梁的螺栓连接处两端间隙		≤4mm	
	4	各直架与副车架上平面的垂直度		1.5/1000	
	5	塔架垂直对称中心面与主铰垂直对称中心面的偏差		≤2.0mm	
一般项目	1	销轴连接		符合设计要求	
	2	连接面		光洁、平整、无毛刺	
	3	螺栓连接		符合设计要求	

施工单位意见	初检：　　　　复检：　　　　终检： 　　　　　　　　　　　　　　　　　　年　　月　　日
监理单位意见	监理工程师： 　　　　　　　　　　　　　　　　　　年　　月　　日

表 1.77　　大岗山水电站工程　　[#]缆机副车塔架高强螺栓连接质量检验评定记录表

施工单位：　　　　　　　　　　　　合同编号：
监理单位：　　　　　　　　　　　　编　　号：

单位工程名称				施工依据			
分部工程名称				施工单位			
单元工程名称、部位		副车架		检验日期		年　月　日	

项类	检查项目	等级	数量	设计扭矩（N·m）	检验方法	检验标准与要求	检验记录及评定（实测扭矩 N·m）
螺栓规格							
主控项目	连接摩擦面情况					平整光洁	
	结合面间隙情况					无间隙	
一般项目	螺栓外观					无锈蚀	
	螺栓副螺纹					无损伤	
	螺纹连接					无卡阻、乱丝	

施工依据：
1.图纸及安装手册；
2.设计文件；
3.设计变更。
检验结果：

施工单位意见	初检：　　复检：　　　　终检： 　　　　　　　　　　　　　　　年　月　日

本单元工程共有　　项,主控项目　　%符合标准,一般项目　　%符合标准。
评定意见：

单元工程质量等级：

监理单位意见	监理工程师： 　　　　　　　　　　　　　　　年　月　日

表 1.78　　　　大岗山水电站工程　　#缆机副车塔架高强螺栓连接质量抽检表

施工单位：　　　　　　　　　　　　　　合同编号：

监理单位：　　　　　　　　　　　　　　编　　号：

螺栓规格	等级	数目	设计扭矩（N·m）	抽检数目	抽检比例（10%）

抽检示意图：

抽检编号	实测扭矩	是否满足要求
1		
2		
3		
4		
5		
6		

施工单位意见	初检：　　　复检：　　　终检： 　　　　　　　　　　　　　　　　　　　　　年　　月　　日
监理单位意见	监理工程师： 　　　　　　　　　　　　　　　　　　　　　年　　月　　日

（11）副车天轮（表 1.79、表 1.80）

表 1.79　　　　大岗山水电站工程　　　[#]缆机安装副车天轮质量检验评定记录表

施工单位：　　　　　　　　　　　　　　　　合同编号：
监理单位：　　　　　　　　　　　　　　　　编　　　号：

单位工程名称			施工依据		
分部工程名称			施工单位		
单元工程名称、部位		副车天轮	检验日期		年　　月　　日

项类	序号	检查项目	设计允许差值	检验记录及评定
主控项目	1	与副车塔架顶部的螺栓连接	穿孔率 100%	
	2	天轮各滑轮组装后径向跳动	钢滑轮≤1.0mm、尼龙滑轮≤2.0mm	
	3	天轮中心与副车架中心重合度	≤2.0mm	
一般项目	1	检修吊架	能平稳旋转	
	2	牵引导向滑轮Ⅰ绕垂直轴的摆动	能绕垂直轴平稳地摆动	
	3	各导向滑轮绕中心轴的旋转	能平稳旋转	

施工依据：
图纸及安装手册：
设计文件：
设计变改通知：
检验结果：

施工单位意见	初检：　　　　复检：　　　　终检：　　　　　　　　　　　　　　　　　　　年　　月　　日

本单元工程共有　　　　项,主控项目　　　　%符合标准,一般项目　　　　%符合标准。
评定意见：

单元工程质量等级：

监理单位意见	监理工程师：　　　　　　　　　　　　　　　　　　　　　　　　　年　　月　　日

表 1.80　　　　　大岗山水电站工程　　　#缆机安装副车天轮质量检查记录表

施工单位：　　　　　　　　　　　　　　　　　合同编号：
监理单位：　　　　　　　　　　　　　　　　　编　　号：

单位工程名称		施工依据	
分部工程名称		施工单位	
单元工程名称、部位	副车天轮	检验日期	年　　月　　日

项类	序号	检查项目	设计允许差值	检验记录及评定
主控项目	1	与副车塔架顶部的螺栓连接	穿孔率100％	
	2	天轮各滑轮组装后径向跳动	钢滑轮≤1.0mm、尼龙滑轮≤2.0mm	
	3	天轮中心与副车架中心重合度	≤2.0mm	
一般项目	1	检修吊架	能平稳旋转	
	2	牵引导向滑轮Ⅰ绕垂直轴的摆动	能绕垂直轴平稳地摆动	
	3	各导向滑轮绕中心轴的旋转	能平稳旋转	
施工单位意见	初检：　　　　复检：　　　终检： 年　　月　　日			
监理单位意见	监理工程师： 年　　月　　日			

（12）牵引绳张紧装置（表 1.81、表 1.82）

表 1.81　　　大岗山水电站工程　　　 ♯ 缆机安装牵引绳张紧装置质量检验评定记录表

施工单位：　　　　　　　　　　　　　合同编号：
监理单位：　　　　　　　　　　　　　编　　　号：

单位工程名称			施工依据		
分部工程名称			施工单位		
单元工程名称、部位		牵引绳张紧装置	检验日期		年　　月　　日

项类	序号	检查项目	设计值	允许差值	检验记录及评定
主控项目	1	立柱上、下游方向的垂直对称面与主铰垂直对称中心面的偏差		≤2.0mm	
	2	立柱左、右岸方向的垂直对称面至副车塔架前直架垂直对称中心面的距离	1432mm	±2.0mm	
	3	立柱与副车架上平面的垂直度		1.5/1000	
	4	左、右岸方向同一侧立柱的两个销轴孔（Φ50）中心的间距	600mm	±2.0mm	
	5	张紧轮径向跳动		±2.0mm	
一般项目	1	张紧轮轴向摆动		±1.0mm	
	2	张紧轮与齿轮同位差		±1.0mm	
	3	张紧轮支架底座与平台焊接		符合设计要求	

施工依据：
1.图纸及安装手册：
2.设计文件：
3.设计变更通知：
检验结果：

施工单位意见	初检：　　　　　复检：　　　　　终检： 　　　　　　　　　　　　　　　　　　　　　　年　　月　　日

本单元工程共有　　　　　项，主控项目　　　%符合标准，一般项目　　　%符合标准。
评定意见：

单元工程质量等级：

监理单位意见	监理工程师： 　　　　　　　　　　　　　　　　　　　　　　年　　月　　日

表 1.82　　　大岗山水电站工程　　＃缆机安装牵引绳张紧装置质量检查记录表

施工单位：　　　　　　　　　　　　　　　　合同编号：

监理单位：　　　　　　　　　　　　　　编　　　号：

单位工程名称			施工依据		
分部工程名称			施工单位		
单元工程名称、部位		牵引绳张紧装置	检验日期	年　　月　　日	
项类	序号	检查项目	设计值	允许差值	检验记录
主控项目	1	立柱上、下游方向的垂直对称面与主铰垂直对称中心面的偏差		≤2.0mm	
	2	立柱左、右岸方向的垂直对称面至副车塔架前直架垂直对称中心面的距离	1432mm	±2.0mm	
	3	立柱与副车架上平面的垂直度		1.5/1000	
	4	左、右岸方向同一侧立柱的两个销轴孔（Φ50）中心的间距	600mm	±2.0mm	
	5	张紧轮径向跳动		±2.0mm	
一般项目	1	张紧轮轴向摆动		±1.0mm	
	2	张紧轮与齿轮同位差		±1.0mm	
	3	张紧轮支架底座与平台焊接		符合设计要求	
施工单位意见	初检：　　　　　复检：　　　　终检： 　　　　　　　　　　　　　　　　　　　　　年　　月　　日				
监理单位意见	监理工程师： 　　　　　　　　　　　　　　　　　　　　　年　　月　　日				

（13）副车电气设备（表 1.83）

表 1.83　　　大岗山水电站工程　　　＃缆机安装副车电气设备质量检验评定记录表

施工单位：　　　　　　　　　　　　　　合同编号：
监理单位：　　　　　　　　　　　　　　编　　号：

单位工程名称			施工依据		
分部工程名称			施工单位		
单元工程名称、部位		副车电气设备	检验日期		年　　月　　日

项类	序号	检查项目		检验标准 允差值	检验记录 及评定
主控 项目	1	副车变频柜 副车中控柜 电阻柜 大车行走电机 电缆卷筒 夹轨器 主索张紧装置 照明	接线	配线应排列整齐，导线两端应牢固地压接相应的接线端子，并应标有明显的接线编号，每根电缆长度应根据经验和实际需要截取，图纸所标电缆长度作为参考。灯具悬挂牢固，运行时应无剧烈摆动	
	2	位置编码器	副车行走位置	接线准确，布线整齐，调整 DP 地址	
	3	保护装置	重量传感器	安装变送器，布线	
			小车前限位	接线准确，布线整齐	
			大车限位		
	4	桥架敷设		电缆桥架层次安装排列应是弱电流控制电缆在最上层，接着一般控制电缆，低压动力电缆，高压动力电缆依次往下排列，尽可能做到强弱电分开，电缆桥架装置应有可靠接地	
一般 项目	1	线管敷设		固定牢固，管口应加装户口套，管口向下或有其他防水措施	
	2	外部布线		美观、连接牢固、接触良好、准确无误	
	3	各电动机三相电不平衡		≤10%	

施工依据：
1.图纸及安装手册：
2.设计文件：
3.设计变更通知：
检验结果：

| 施工
单位
意见 | 初检：　　　　　复检：　　　　　终检：

　　　　　　　　　　　　　　　　　　　年　　　月　　　日 |

本单元工程共有　　　项，主控项目　　　%符合标准，一般项目　　　%符合标准。
评定意见：
单元工程质量等级：

| 监理
单位
意见 | 监理工程师：

　　　　　　　　　　　　　　　　　　　年　　　月　　　日 |

（14）主索调整机构（表1.84）

表1.84　　大岗山水电站工程　　#缆机安装主索调整机构质量检验评定记录表

施工单位：　　　　　　　　　　　　　　　　合同编号：

监理单位：　　　　　　　　　　　　　　　　编　　号：

单位工程名称			施工依据	
分部工程名称			施工单位	
单元工程名称、部位		主索调整机构	检验日期	年　　月　　日
序号	检查项目		设计允许差值	检验记录及评定
1	联轴器	径向偏差△X	0.1mm	
		轴向偏差△Y	1mm	
		角向偏差△a	10'	
2	高速联轴器制动轮径向跳动（MLL8-Ⅱ）		0.12mm	
3	YWZ5型制动器制动轮径向跳动		≤0.1mm	
4	制动瓦与制动轮中心偏差		≤3.0mm	
5	制动瓦与制动轮的接触面		≥75%	
6	开式齿轮侧隙		$0.42mm \leqslant j_n \leqslant 0.85mm$	
7	开始齿轮接触斑点	齿高方向	≥30%	
		齿长方向	≥40%	
8	减速器	正反运转30min	平稳无异常无漏油	
9	电动机		平稳无异常	

施工依据：

1.图纸及安装手册：

2.设计文件：

3.设计变更通知：

检验结果：

施工单位意见	初检：　　　　　复检：　　　　　终检：
	年　　月　　日

本单元工程共有　　　　项，主控项目　　　%符合标准，一般项目　　　%符合标准。

评定意见：

单元工程质量等级：

监理单位意见	监理工程师：
	年　　月　　日

（15）主、副车拉板装置（表 1.85、表 1.86）

表 1.85　　大岗山水电站工程　　 # 缆机安装主、副车拉板装置质量检验评定记录表

施工单位：　　　　　　　　　　　　　合同编号：
监理单位：　　　　　　　　　　　　　编　　　号：

单位工程名称				施工依据	
分部工程名称				施工单位	
单元工程名称、部位			主、副车拉板装置	检验日期	年　月　日
项类	序号	检查项目		标准与要求	检验记录及评定
主控项目	1	向心关节轴承剖分面的安装方向		与受力方向垂直（必须）	
	2	向心关节轴承球形工作面		涂含有 MoS_2 的锂基脂	
	3	组装后球铰转动		垂直平面内可自由转动，水平面内左右转角均大于 3°，转动时无异响，轴承外圈与主铰内孔、轴承内圈与轴套外圈无相对转动	
	4	M30 螺栓连接表面（拉板）		应清洁平整无毛刺等	
	5	主铰拉板的螺栓装配		100% 穿孔率	
	6	锥套横梁与拉板间的间隙		在上、下、左、右、前、后方向共 8 个测量点均≤0.5mm	
	7	锥套横梁与拉板的间隙差（同侧）		空载、满载工况均≤0.5mm	
	8	装有滑轮处的滑轮垂直对称平面与拉板平面的平行度		滑轮同一侧的 4 个象限点，拉板内侧的垂直距离差≤1mm	
	9	牵引导向滑轮组装后绳槽的径向跳动		钢滑轮≤1.0mm，尼龙滑轮≤2.0mm	
	10	牵引导向滑轮组装后绳槽的侧向跳动		钢滑轮≤1.25mm，尼龙滑轮≤2.5mm	
一般项目	1	拉板所有滑轮		转动灵活，无卡滞、异响，润滑油道畅通	
	2	中部的拉板各孔（拉板Ⅱ）		各孔和销轴可顺利安装	
	3	轴销式传感器（ZX—30T）		满足设计要求	
	4	绳夹（36KTH）		按照规范要求安装，不得装少、装反	

施工依据：
1.图纸及安装手册：
2.设计文件：
3.设计变更通知：
检验结果：

施工单位意见	初检：　　　　　复检：　　　　　终检：　　　　　　　　　　　　　　　　　　　　年　　月　　日

本单元工程共有　　　　项，主控项目　　　%符合标准，一般项目　　　%符合标准。
评定意见：　　　　　　　　　　　　　　　单元工程质量等级：

监理单位意见	监理工程师：　　　　　　　　　　　　　　　　　　　　　　　　　　　　年　　月　　日

表 1.86　　　大岗山水电站工程　　　#缆机安装主、副车拉板装置质量检查记录表

施工单位：　　　　　　　　　　　　　　　合同编号：

监理单位：　　　　　　　　　　　　　　　编　　　号：

单位工程名称			施工依据			
分部工程名称			施工单位			
单元工程名称、部位		主、副车拉板装置	检验日期	年	月	日

项类	序号	检查项目	标准与要求	检验记录及评定
主控项目	1	向心关节轴承剖分面的安装方向	与受力方向垂直（必须）	
	2	向心关节轴承球形工作面	涂含有 MoS_2 的锂基脂	
	3	组装后球铰转动	垂直平面内可自由转动，水平面内左右转角均大于 3°，转动时无异响，轴承外圈与主铰内孔、轴承内圈与轴套外圈无相对转动	
	4	M30 螺栓连接表面（拉板）	应清洁平整无毛刺等	
	5	主铰拉板的螺栓装配	100％穿孔率	
	6	锥套横梁与拉板的间隙	在上下左右前后方向共 8 个测量点均≤0.5mm	
	7	锥套横梁与拉板的间隙差（同侧）	空载、满载工况均≤0.5mm	
	8	装有滑轮处的滑轮垂直对称平面与拉板平面的平行度	滑轮同一侧的 4 个象限点，拉板内侧的垂直距离差≤1mm	
	9	牵引导向滑轮组装后绳槽的径向跳动	钢滑轮≤1.0mm，尼龙滑轮≤2.0mm	
	10	牵引导向滑轮组装后绳槽的侧向跳动	钢滑轮≤1.25mm，尼龙滑轮≤2.5mm	
一般项目	1	拉板所有滑轮	转动灵活，无卡滞、异响，润滑油道畅通	
	2	中部的拉板各孔（拉板Ⅱ）	各孔和销轴可顺利安装	
	3	轴销式传感器（ZX-30T）	满足设计要求	
	4	绳夹（36KTH）	按照规范要求安装，不得装少、装反	

施工单位意见	初检：　　　　　复检：　　　　　终检： 　　　　　　　　　　　　　　　　　　　　　年　　月　　日
监理单位意见	监理工程师： 　　　　　　　　　　　　　　　　　　　　　年　　月　　日

（16）主索安装（表 1.87）

表 1.87　　　　大岗山水电站工程　　　　#缆机安装主索安装质量检验评定记录表

施工单位：　　　　　　　　　　　　　　合同编号：

监理单位：　　　　　　　　　　　　　　编　　号：

单位工程名称		施工依据	
分部工程名称		施工单位	
单元工程名称、部位	主索	检验日期	年　月　日

项类	序号	检查项目	标准与要求	检验记录及评定
主控项目	1	主索初始截长	662.373m	
	2	主索张紧光索状态跨中垂度	22.91±0.3m	
	3	主索跨中满载 30t 垂度	跨度 5%（33.791m）	
	4	主索浇锌	浇锌期间及 24h 内现场无震动	
	5	浇筑温度	450±10℃	
	6	索头	去除油污、杂质、干净光洁	
	7	主索	无损伤	
一般项目	1	主索浇锌标记	在主索靠近锥套处做标记	
	2	主索切长	绳头用铁丝扎紧	

施工依据：

1.图纸及安装手册：

2.设计文件：

3.设计变更通知：

检验结果：

施工单位意见	初检：　　　　复检：　　　　终检： 　　　　　　　　　　　　　　　　　　　　年　月　日

本单元工程共有　　　　项，主控项目　　　　%符合标准，一般项目　　　　%符合标准。

评定意见：

单元工程质量等级：

监理单位意见	监理工程师： 　　　　　　　　　　　　　　　　　　　　年　月　日

（17）主索长度（表1.88）

表1.88 　　　　　　大岗山水电站工程 　 ♯缆机主索牵放长度测量记录表

施工单位：　　　　　　　　　　　　　　　合同编号：
监理单位：　　　　　　　　　　　　　　　编　　号：

测量人员	记录人员	旁站监理工程师	业主代表

主索设计截断长度：662.373m

序号	测量长度（m）	累计长度（m）	序号	测量长度（m）	累计长度（m）

（18）主索索头（表 1.89）

表 1.89 大岗山水电站工程 ＃缆机主索头浇铸检验单

使用工地		浇铸日期	
工地禁止放炮时间		浇铸时间	
浇铸质量要求	浇铸要求密实，表面的气孔率不得超过表面积的 8％；主索铸造好后主索不得有鼓丝和暴丝现象；主索在做完负荷试验后其索头的拉出量不超过 10mm。否则将返工		
内容			
厂家意见			
安装单位意见			
监理意见			
业主意见			

（19）主、副车承马安装（表1.90）

表1.90　大岗山水电站工程　＃缆机安装主、副车承马安装质量检验评定记录表

施工单位：　　　　　　　　　　　　　　　　合同编号：

监理单位：　　　　　　　　　　　　　　　　编　　号：

单位工程名称			施工依据	
分部工程名称			施工单位	
单元工程名称、部位		主、副车承马安装	检验日期	年　　月　　日

项类	序号	检查项目		设计允许差值	检验记录及评定
主控项目	1	摩擦轮与牵引绳之间的滑动		滑动减少到最小	
	2	承马在主索上安装时梯形螺母与间隙		$0.1mm \leqslant \mathcal{L} \leqslant 0.4mm$	
	3	曲柄与承马支架夹角（弹簧回复的方向）		$20° \pm 30'$	
	4	T型螺母副法兰与曲柄轴承结合面		对准安装标准	
	5	离合器压盘与端盖间隙		$2.5mm \leqslant \mathcal{L} \leqslant 3.5mm$	
	6	摩擦轮压轮压紧力的调整	41	$2850 \pm 1N$	
			42	$3890 \pm 1N$	
			43	$5060 \pm 1N$	
			43	$6140 \pm 1N$	
	7	离合器弹簧压力调整		承马上下坡没有明显打滑	
	8	胀紧套连接螺栓力矩		$35N \cdot m$	
	9	其他部件润滑		N320 齿轮油	
一般项目	1	小车与承马之间		无碰撞	
	2	行走轮与托轮压紧力的调整		在承载索上只滚动无滑动	
	3	链传动润滑		$2^{\#}$锂基润滑脂	
	4	承马轴承润滑		$2^{\#} MoS_2$锂基	

施工依据：

1.图纸及安装手册：

2.设计文件：

3.设计变更通知：

检验结果：

施工单位意见	初检：　　　　　复检：　　　　　终检：
	年　　月　　日

本单元工程共有　　　　项，主控项目　　　　％符合标准，一般项目　　　　％符合标准。

评定意见：

单元工程质量等级：

监理单位意见	监理工程师：
	年　　月　　日

(20)起升绳安装(表1.91)

表1.91　　　　大岗山水电站工程　　#缆机起升绳安装质量检验评定记录表

施工单位：　　　　　　　　　　　　　　合同编号：
监理单位：　　　　　　　　　　　　　　编　　号：

单位工程名称			施工依据		
分部工程名称			施工单位		
单元工程名称、部位		起升绳安装	检验日期		年　月　日

项类	序号	检查项目	检验标准	检验记录及评定
主控项目	1	起升绳规格参数	面接触Φ36mm×1345m	
	2	在副车端绳头固定	连接可靠牢固	
	3	起升卷筒与起升绳的连接	绳头用五个卡头压紧固定，连接可靠	
	4	起升绳安装弯曲半径	≥1.5m	
	5	起升绳在卷筒最少圈数	≥3圈	
一般项目	1	外观质量	无损伤、无缺陷	
	2	安装情况	不允许在坚硬物体上直接摩擦、拖动，不允许有电焊作业及其他影响起升绳质量的施工	

施工依据：
1.图纸及安装手册：
2.设计文件：
3.设计变更通知
检验结果：

施工单位意见	初检：　　　　　复检：　　　　　终检：
	年　　月　　日

本单元工程共有　　　项，主控项目　　　%符合标准，一般项目　　　%符合标准。
评定意见：

单元工程质量等级：

监理单位意见	监理工程师：
	年　　月　　日

(21)牵引绳安装(表1.92)

表1.92　　　　　大岗山水电站工程　　　＃缆机牵引绳安装质量检验评定记录表

施工单位：　　　　　　　　　　　　　　　　合同编号：
监理单位：　　　　　　　　　　　　　　　　编　　号：

单位工程名称			施工依据	
分部工程名称			施工单位	
单元工程名称、部位		牵引绳安装	检验日期	年　　月　　日

项类	序号	检查项目	检验标准	检验记录及评定
主控项目	1	牵引绳规格参数	面接触 Φ30mm×1450m	
	2	在小车两端绳头固定	连接可靠牢固	
	3	牵引绳与驱动摩擦轮连接	压力均匀，无打滑	
	4	牵引绳安装时弯曲半径	≥1.5m	
	5	牵引绳上分支垂度	4.7%	
一般项目	1	外观质量	无损伤、无缺陷	
	2	安装情况	不允许在坚硬物体上直接摩擦、拖动，不允许有电焊作业及其他影响牵引绳质量的施工	

施工依据：
1.图纸及安装手册：
2.设计文件：
3.设计变更通知
检验结果：

| 施工单位意见 | 初检：　　　　　复检：　　　　　终检：

　　　　　　　　　　　　　　　　　　　　　年　　月　　日 |
|---|---|

本单元工程共有　　　　　项，主控项目　　　％符合标准，一般项目　　　％符合标准。
评定意见：

单元工程质量等级：

| 监理单位意见 | 监理工程师：

　　　　　　　　　　　　　　　　　　　　　年　　月　　日 |
|---|---|

（22）小车安装（表 1.93）

表 1.93　　　　　大岗山水电站工程　　#缆机小车安装质量检验评定记录表

施工单位：　　　　　　　　　　　　　　合同编号：
监理单位：　　　　　　　　　　　　　　编　　号：

单位工程名称		施工依据	
分部工程名称		施工单位	
单元工程名称、部位	小车	检验日期	年　　月　　日

序号	检查项目	标准与要求	检验记录
1	各构件的外表	外表平整、油漆良好	
2	行走轮与主索的接触	底部接触良好	
3	起升导向滑轮运转	转动灵活，无卡滞、异响，润滑油道畅通	
4	滑轮组装后绳槽的径向跳动	钢滑轮≤1.0mm，尼龙滑轮≤2.0mm	
5	滑轮组装后绳槽的侧向跳动	钢滑轮≤1.25mm，尼龙滑轮≤2.5mm	
6	整体组装情况检查	连接可靠，无干涉等现象，小车架无翘曲现象	
7	钢丝法测量整体组装后小车各行走轮垂直对称平面与理论对称平面之间的偏差值	≤2mm（相邻）；≤5mm（最大）	
8	起升导向滑轮纵向中心面间距	120±2mm	
9	各铰接销轴	连接可靠，无异常现象	
10	各润滑油管、油杯	齐全，润滑油道畅通	
11	检查牵引绳与小车的固结情况	牢固，符合要求（在牵引绳装好后检查）	
12	检查起升绳、牵引绳与小车是否干涉	无干涉（在绳索装好后按照不同负载工况检查）	

施工依据：
1.图纸及安装手册：
2.设计文件：
3.设计变更通知：
检验结果：

施工单位意见	初检：　　　　复检：　　　　终检：　　　　　　年　　月　　日

本单元工程共有　　　项，主控项目　　　％符合标准，一般项目　　　％符合标准。
评定意见：

单元工程质量等级：

监理单位意见	监理工程师：　　　　　　　　　　　　　年　　月　　日

(23)缆机电动机绝缘电阻(表1.94)

表1.94　　　大岗山水电站工程　　＃缆机安装电动机绝缘电阻质量检验评定记录表

施工单位：　　　　　　　　　　　　　　　合同编号：

监理单位：　　　　　　　　　　　　　　　编　　号：

单位工程名称			施工单位		
分部工程名称			施工单位		
单元工程、部位		缆机电动机绝缘电阻	检验日期		年　　月　　日
项类	检查项目		检验标准(绝缘电阻值)		检查记录及评定
主控项目	1.主车前垂直轨电机	电机Ⅰ	≥1MΩ		
		电机Ⅱ			
	2.主车水平轨电机	电机Ⅰ	≥1MΩ		
		电机Ⅱ			
	3.副车前垂直轨电机	电机Ⅰ	≥1MΩ		
		电机Ⅱ			
	4.副车水平轨电机	电机Ⅰ	≥1MΩ		
		电机Ⅱ			
	5.起升电机		≥1MΩ		
	6.牵引电机		≥1MΩ		
	7.主索调整电动机		≥1MΩ		
	8.主车电缆卷筒电动机		≥1MΩ		
	9.副车电缆卷筒电动机		≥1MΩ		

施工依据：

施工单位意见	初检：　　　复检：　　　终检： 年　　月　　日

本单元工程共有　　项,主控项目　　％符合标准,一般项目　　％符合标准。

评定意见：

单元工程质量等级：

监理单位意见	监理工程师： 年　　月　　日

(24)司机室支撑结构施工及电气设备安装调试(表 1.95)

表 1.95　大岗山水电站工程　$^\#$缆机司机室支撑结构施工及电气设备安装调试质量检验评定记录表

施工单位：　　　　　　　　　　　　　　　　合同编号：
监理单位：　　　　　　　　　　　　　　　　编　　号：

单位工程名称			施工依据	
分部工程名称			施工单位	
单元工程名称、部位		司机室支撑结构施工及司机室电气设备安装调试	检验日期	年　　月　　日

项类	检查项目		允许差值	检验记录及评定
主控项目	1.司机室中控柜	接线	配线应排列整齐,导线两端应牢固地压接相应的接线端子,并标有明显的接线编号	
	2.无线中转箱			
	3.联动台	外观、接线	接线准确,布线整齐	
	4.便捷操作装置		安装、调整天线	
	5.风速仪	外观、接线	安装风杯和信号线	
	6.接地电阻		≤4Ω	
	7.司机室与基础连接		牢固可靠	
一般项目	1.照明		220V 供电	
	2.司机室安放的基础		平整定位准确	
	3.司机室上下两层连接		螺栓连接可靠	
	4.司机室底座铺设绝缘垫设置灭火器		铺设绝缘垫和灭火器	

施工依据：
1.图纸及安装手册：
2.设计文件：
3.设计变更通知：
检验结果：

施工单位意见	初检：　　　　复检：　　　　终检：
	年　　月　　日

本单元工程共有　　　　项,主控项目　　　　%符合标准,一般项目　　　　%符合标准。
评定意见：

单元工程质量等级：

监理单位意见	监理工程师：
	年　　月　　日

（25）司机室电气设备（表1.96）

表1.96　　　大岗山水电站工程　　#缆机司机室电气设备质量检验评定记录表

施工单位：　　　　　　　　　　　　　合同编号：

监理单位：　　　　　　　　　　　　　编　号：

单位工程名称		施工依据		
分部工程名称		施工单位		
单元工程名称、部位	司机室电气设备	检验日期	年　月　日	

序号	检查项目		允许差值	检验记录及评定
1	司机室中控柜	接线	配线应排列整齐，导线两端应牢固地压接相应的接线端子，并标有明显的接线编号	
	无线中转箱			
2	联动台	外观、接线	接线准确，布线整齐	
3	便捷操作装置		安装、调整天线	
4	风速仪	外观、接线	安装风杯和信号线	
5	照明		220V供电	
6	其他			

施工依据：

1.图纸及安装手册：

2.设计文件：

3.设计变更通知：

检验结果：

施工单位意见	初检：　　　　复检：　　　　终检：　　　　　　　　　　　　　　　　　　年　月　日

本单元工程共有　　　项，主控项目　　　％符合标准，一般项目　　　％符合标准。

评定意见：

单元工程质量等级：

监理单位意见	监理工程师：　　　　　　　　　　　　　　　　　　　　　　年　月　日

1.12.2　缆机安装质量评定

缆机安装工程作为一个单位工程放在大岗山辅助工程中,单台缆机作为一个分部工程,4 台缆机共分为 4 项分部工程,单台缆机分部工程划分为 23 项单元工程,单元工程合格率 100%,单台缆机优良单元工程分别为:23 项、23 项、22 项,综合优良率 98.55%。满足合同工程优良率 96% 的要求。分项工程质量等级评定为优良,经验收小组复审,分部工程质量等级为优良。

缆机安装质量评定资料如下:

1)分部工程验收鉴定书。

2)缆机出厂合格证。

3) ♯ 缆机安装质量检查评定资料。

4)电气电缆材料材质检测报告。

1.12.3　缆机安装质量缺陷处理

1)一般缺陷问题。由厂家技术人员提供处理方案,在设备监理协调下由承建单位负责实施。对重要零部件或较严重的设备缺陷由厂家提出处理方案,委托安装单位处理或由厂家负责处理,处理完后,厂家进行质量确认,并在安装备忘录中签署意见。

2)缺陷处理的监理记录。处理完毕后,厂商现场技术人员负责质量检查,关键及重要部件厂家需进行签字确认,所有设备设计、制造缺陷以备忘录方式记录,共计 29 份。同时,设备监理亦通过现场日志、联络单、照片形式进行记录,使监理记录具有可追溯性。

3)设备缺陷处理。

4)缆机安装过程中发现的设备质量问题,如图 1.44 所示。

　　(a)钢结构焊缝缺陷处理后　　　　　　　　(b)钢结构焊缝处理前

（c）索头浇锌缺陷检查   （d）索头缺陷处理

图 1.44　质量缺陷检查及处理

1.12.4　主要遗留问题及处理意见

　　缆机安装完成后，试运行阶段暴露出的涉及缆机厂家、缆机安装单位等质量缺陷问题，监理组织业主、缆机生产厂家、缆机安装单位、缆机运行单位等相关人员召开缆机安装问题专题会讨论并形成会议纪要，各单位各司其职，限期改正。各单位在整改期限内按期限整改完成，确保了大坝施工期间缆机的安全运行。

　　缆机安装期间发生的主要问题有：

　　1）副塔侧纠偏传感器安装不牢固，轨道纠偏标志固定不牢固，需进行加固处理。

　　2）2010 年 4 月 15 日上午进行的现场实物工程状况检查中，发现缆机副塔有通信故障，要求厂家进行处理。

　　3）主、副塔供电电缆翻转装置设计有缺陷，需进行改进处理。

　　4）缆机牵引绳顶部导向滑轮润滑油道不畅通，需要厂家进行处理。

1.13　大岗山缆机安装运行调研活动

　　针对大岗山大坝缆机安装完工即将投入运行，2009 年 9 月 13 日至 22 日，监理组织对溪洛渡、向家坝、小湾及阿海四座水电站缆机运行管理进行了调研活动，在活动期间详细了解各个水电站缆机运行、维护和保养等相关制度措施，为大岗山大坝缆机投入运行制定管理规定及管理制度做好了前期的准备工作。

1.14　缆机使用注意事项

1.14.1　缆机运行管理

　　（1）缆机运行特点

　　大岗山水电站 1# 缆机于 2009 年 4 月 1 日投入运行工作；其余的 2# ～4# 缆机在

2010年1月22日前分别投入运行工作,一直到2016年工程结束时拆除,总的运行时间约为7年时间,在此期间,缆机运行工作有以下特点:

1)缆机运行管理中必须将运行安全和施工安全放到第一位。

2)缆机运行人员运行操作过程既是与缆机设备熟悉的过程,也是指挥员、信号员、操作员互相熟悉的过程。缆机运行管理必须把培训和操作有机结合,在实践中学习,在学习中进步。

3)缆机运行部位多,涉及单位多。因此,运行管理人员必须加强与监理人、各施工单位的协调和沟通,及时交换信息,合理安排好缆机的运行、维护及保养。

4)在缆机运行前期根据设备的工况、各种数据统计、分析,可以对缆机性能充分了解掌握,为完善缆机维护保养方案,制定各种备品备件计划和各种及时性、可靠性措施奠定基础,为缆机的高峰期运行打好基础。因此,缆机运行管理必须强化缆机设备管理。

(2)资源配置

缆机实行机长负责制,缆机配备有专职安全员跟班,按三班安排作业人员,每值8人(司机2人,1人操作、1人监护;主塔助手1人;副塔助手1人;信号工2人,起吊和卸料点各1人;值班电工1人;专职安全员1人)。维修班按三班安排巡视人员。缆机操作人员必须是身体健康,并经医生检查具备高空作业条件,受过专门训练且考试合格。信号工必须口齿清楚,具有一定起吊作业经验。

(3)培训

为确保缆机生产运行安全、可靠、连续、稳定,施工方加强缆机运行人员的培训工作,培训工作的主要内容有:

1)进场培训。

所有作业人员进场后进行安全知识培训、环保知识培训以及相关规定制度等基础知识的培训。

2)上岗前培训。

缆机操作人员必须持有省、地级相应颁证机构颁发的操作证和参加缆机厂方代表组织的业务培训,经考核合格后方可独立上岗。在日常生活中进行项目部编定的质量计划、运行操作保养规程以及施工质量、维修等专业知识的培训。

3)缆机特性及专业知识培训。

大岗山水电站缆机为杭州国电大力公司生产的设备,对缆机的各项特性和原理的深刻掌握,对确保缆机安全可靠运行和以预防为主方针的贯彻至关重要。项目部将有系统地组织这方面专业知识的培训、讲座和考核,并组织运行人员进行厂内培训,使全体员工能熟练掌握和了解本专业和相关专业的知识。

(4)建立完善的设备管理制度

要求缆机运行单位根据缆机生产厂家提供的《大岗山缆机操作和维护手册》《功能描

述与操作说明》编制大岗山水电站缆机的《安全运行操作规程》和《缆机保养规程》等缆机运行、保养技术手册以及缆机配件管理办法，并与当地技术部门签订技术服务协议，获取雷暴、大雾和大风等相关气象资料以满足缆机运行、操作的需要。

（5）缆机设备保养

1）保养分类。

保养分为例行（日常）保养、定期保养和磨合保养。定期保养按规定的不同运行间隔期分为日保养、周保养、月保养和年保养。

例行保养：指机械在每班作业前、后及运行中，为及时发现隐患，保持良好的运行状态所进行的以清洁、检查、紧固、调整、润滑为主的预防性保养措施。

定期保养：指机械在运行一定的间隔期后，为消除不正常状态，恢复良好的工作状态所进行的一种预防性的维护保养措施。

磨合保养：指新的或大修后的机械在投入使用初期所进行的一种保养措施。

2）每班保养项目。

①保持机械、电气各部的清洁，地面干净，通道畅通。

②检查各电机、卷扬机卷筒轴承座、转向滑轮等基形螺栓的连接情况，发现松动应及时紧固，有扭矩要求的螺栓连接应采用扭力扳手扭至规定值。

③检查各制动装置是否可靠，必要时进行调整，当制动铁片和刹车片厚度减少 1/2 时，应更换新件。

④检查各电机、减速箱等机构的运行情况及温度，电机壳体温升不应超过 60℃，油温应低于 90℃。

⑤经常检查各电气仪表指示装置是否正常。

⑥检查各润滑部位的润滑情况，必要时进行添注。

⑦起升导绳装置润滑油泵工作时，温升应正常，压力应在 0.05～0.25MPa。

⑧检查电源电缆和线路的连接情况，如有破损和连接松动应及时处理。

3）每日保养项目由白、中班交接时共同执行。

①完成班保养全部内容。

②检查小车各部连接、滑轮转动情况。

③检查各承马夹头的固定情况及开合间隙、承马下部滑轮的磨损及进入开合轨时的开合情况。

④检查承载索表面断丝及损伤情况，检查承载索端部连接器及索端固定标记的变化情况。

⑤检查提升、牵引钢索表面断丝及索端固定情况。如发现断丝则应每班检查并做记录。

⑥滑轮绳槽外观检查。合成材料滑轮的绳槽磨损后，其深度大于规定值时应更换。

⑦检查主索端头在锚固点的固定情况。

4)每周保养项目。

①完成日保养全部内容。

②检查提升机构导绳装置的工作及磨损情况。

③检查车架各连接点及滑轮运转情况。

④对提升和小车牵引索进行一次详细检查,当索径缩小 10％或达到如表 1.97 所列断丝根数时应及时更换。

⑤按润滑周期表加注润滑油(脂)。

表 1.97　　　　　　　　　　提升索和小车牵引索更换标准

名称	规格	报废标准
提升索	面接触、Φ36	单节距断丝 16 根或 5 节断丝 32 根
小车牵引索	面接触、Φ30	单节距断丝 8 根或 5 节断丝 16 根

注:最终以厂家提供数据为准。

5)每月保养项目。

①完成周保养全部内容。

②电气部分应由专职电工按电气设备检修规程进行全面的检查、维护和清洁。

③检查和清洁各电动机,特别应注意清洁整流器表面和检查调整碳刷,若发现碳刷损坏应作更换。

④检查各电气柜、接线箱等接线有无极动。各接触器、继电器、整流器等工作是否正常。

⑤检查各限位装置、限荷装置、指示仪器,保护开关等动作是否可靠,必要时进行调整。

⑥对提升、牵引机构进行全面检查、包括齿轮磨损情况,各部间隙必要时进行调整。牵引机构驱动摩擦轮两绳槽深度差大于规定值时应进行调整。摩擦块槽深磨损超出规定或有裂纹时,应予更换。

⑦检查钢结构件各连接部件是否产生裂纹变形和松动。

⑧对吊钩、卷筒、制动器、联轴器及滑轮等进行重点检查,特别应注意是否产生裂纹和变形。

⑨按润滑周期表加注润滑油(脂)。

6)每年保养项目(由主管技术部门组织进行)。

①完成月保养全部内容。

②对钢结构件进行全面检查:各连接点螺栓有无松动(可用锤击判定)。结构件有无变形、裂纹和锈蚀,必要时予以矫正、补焊和补漆。对重要连接部位高强度螺栓应按规定

扭矩抽查。

③每年年初对避雷装置及接地保护设施进行检查,测量接地电阻是否符合要求。

④检查承载索垂度是否超过最大允许值,必要时应重新张紧。

⑤检查小车承马开合轨和导向装置,并进行校正和维修。

7)磨合保养(运行至100h)。

①润滑承载索,并对索端浇铸接头的位移量进行测量和记录。

②检查各运转部位的润滑情况,包括各减速箱有无泄漏等,必要时添注。

③对各传动部位和电气限位装置进行检查和必要的调整。

④全面检查钢结构件连接螺栓的紧固情况,有松动时予以补紧。

⑤按润滑周期表规定,进行磨合期换油(脂)。

(6)缆机设备的备品备件管理

1)缆机备品备件作为缆机可靠运行的有效保证,必须健全备品备件管理,保障备品备件供应。对于运行过程中的易损件的储备量要有充分的保障。备品备件必须征得业主及监理人的认可后方能采购。

2)在缆机运行过程中须更换由业主所列零配件,由监理人进行技术鉴定后予以更换。

3)如果在缆机运行过程中须更换的备件不在业主所列或数量不够,由承包人报采购计划,经监理人审批后进行采购和仓储。

4)更换总成件、提升索、牵引绳、承马等重大部件时,承包人需编制安拆施工措施,报监理人批准后实施。

5)缆机需要修理时,需报修理措施,报经监理人和发包人代表批准后实施。

1.14.2　缆机运行安全保证措施

1)在缆机运行初期,由于缆机安装与缆机运行交叉进行,需对运行缆机增加临时车挡装置,设置临时限位保护和声光信号装置,交叉作业区域拉警戒标志,并设专职监视人员监视。缆机周围设置围栏以防掉物,各种警戒标志应清晰醒目。缆机移行前,司机应先通知主塔行走机构助手和副塔助手,检查和排除轨道上和基础平台上各种障碍物,行走时密切注意限位开关的动作情况和跨越障碍物情况。

2)建立完整的组织机构,配备具有相应运行、维护、维修保养和管理经验的人员。参加缆机运行的作业、管理人员,必须按照相关的技术、安全规定,在监理工程师的监督下进行上岗培训,取得由监理人颁发的上岗证才具备上岗资格。并且配备充足的运行管理人员,设备运行定岗定员。缆机运行操作人员必须严格遵守《起重机械安全规范》,缆机运转人员必须是身体健康,经医生检查具备高处作业条件,受过专门训练且考试合格。

3)按照相关的技术文件、使用说明及安全规定,操作、运行和维护保养设备。按照相关的技术文件、使用说明及安全规定并结合缆机各项施工的具体特点,制定有关的各项规章制度(包括维护保养制度、岗位责任制及交接班规则等),并上报业主及监理人审批。管理办法和责任制度应责任到人,落实到人。

4)按照业主、监理人的要求制定各类计划、记录、报表。制定的生产计划必须有与设备检修计划相对应的设备检修内容,认真填写、记录,保证其真实性,按时上报上级部门及监理人审查。通过对各计划、记录、报表的分析及对设备性能、运行水平的评估,找出薄弱环节并加以改进,提高缆机的运行水平。

5)组织专业的维修队伍,以维护修理缆机、对设备进行检查、检修和维护保养、定检定修以保障缆机正常运行,要求做到随叫随到,备齐各种维修检查工具且设备保养良好,准备就绪,随时可以投入使用。维修人员要求业务精通,素质高,具有较高的分析问题和解决问题的能力。

6)加强配件管理,保障配件供应。对于导向滑轮、导向滑轮轴承、小车牵引索、起升索等易损件的储备量要有充分的保障,必须保证与业主及监理人认可的供货厂家长期合作,随时加强沟通。备品备件必须征得业主及监理人的认可后方能采用。

7)配备专职安全管理人员在缆机及缆机平台上巡视,保证设备的安全运行。对于设备的停机检修、更换钢丝绳等工作,必须在基坑内设置专职安全哨监督上下施工。

8)缆机上必须配备足够的消防器材,严禁吸烟。定期检查缆机及周围照明及事故照明运行情况,检查事故备用电源设备情况,以保证事故情况下缆机及人员的安全和检修工作的快速进行。

9)对缆机相关设备加强巡检、保养和维护,保证供电系统的可靠及防雷接地可靠。同时,准备好充足的备品备件以满足抢修需要。

10)加强缆机及相关设备的安全保卫工作,提高全体工作人员的安全防范意识,运行人员禁止当班前饮酒,当出现班前饮酒、情绪不安、精神不振、头昏眼花等异常情况时,不准登机操作。没有专门的技术安全措施和未经安全保卫部门批准,禁止吊运人员及危险易爆易炸物品。

11)在两台或两台以上缆机同时作业时,现场应设置总值班长,统一指挥各台缆机协调动作,以确保安全。

12)夜间作业时,机房、司机室、台车移行区域及起吊和卸料等作业地点,应有足够的照明,塔顶应有警戒信号灯。

13)缆机作业时必须保持通信联络畅通、无干扰。

14)缆机起吊点和卸料点要分别配备信号工和通信设备。信号工口齿清楚,具有一定起吊作业经验。

15)在缆机进行混凝土吊运作业时,为保证缆机操作人员的视野清楚,需有足够的照明设施,保证待浇筑仓位的照明,在浇筑仓位四角设置警示灯。

16)遇六级以上大风时,应停止作业,放下负荷,升起吊钩,将小车至塔头停靠。将主副塔开至适当地点,锁上锚定器,并用三角木将主塔、副塔行走轮塞死。

17)缆机在大雾等恶劣天气条件下的施工安全措施:

①为保证缆机操作人员的视野清楚,拟将缆机操作室放置在距大坝较近的左岸▽1165m平台上。

②在混凝土浇筑仓位四角设置警示灯,并在浇筑区域安装足够的防雾照明灯具。

③在缆机大钩上装置防撞装置。

④建议在缆机操作室内设置监视屏,在吊罐上安装摄像头来了解大钩运行途中的情况,在缆机大车上安装摄像头来了解相邻缆机的位置;在吊罐上安装定位系统,在缆机操作室内安装显示器,通过程序控制来使操作人员能看到缆机拟运行线路及到达位置和缆机目前的运行轨迹。

1.15　缆机具备投入运行条件

2009 年、2010 年大岗山缆机分部通过雅安市质量技术监督站进行的大型设备改造安装技术鉴定,大岗山缆机正式投入运行。

第 2 章　缆机运行

大岗山大坝工程混凝土浇筑强度大、高峰时间长,缆机运行强度高,设备在工程施工过程中又具有不可替代性,为满足大岗山工程建设需要大岗山公司及时组织监理、施工单位进行"走出去"学习考察。

2.1　缆机运行学习考察

根据大岗山工程现场实际情况,考虑后期大岗山大坝工程的建设需要,前后两次组织监理、施工单位对溪洛渡、向家坝工程缆机的使用进行了实地考察。在两次考察中通过与向家坝、溪洛渡的业主、监理、施工单位座谈、交流,特别是对溪洛渡缆机运行单位进行了标对标学习,其次,分别对运行单位的管理体制、制度及施工进行了对标学习,获得了部分大坝工程建设中的缆机安全运行管理工作经验和做法。

2.1.1　体会

1)运行:溪洛渡缆机运行单位,具有完整的缆机运行规范管理规程、制度健全。有明确的缆机运行规范要求及健全的安全运行管理制度。并将责任制度落实到每个人。缆机运行要求"安全、稳、准、快"。

2)维护保养:每日一小时架空检查及维护保养,由机长带领维护人员完成。周保养工作由机长安排,工作责任落实到人。

2.1.2　建议

1)建立缆机安全运行管理规程规范,完善缆机运行相关的责任制度,明确管理组织机构,完善管理体系。将责任落实到每个人。

2)加强技术培训,提高操作水平。

2.2　制定缆机运行管理规定

参考溪洛渡缆机运行单位所具有的缆机运行管理规程、规章、制度,结合大岗山大坝缆机保证满足坝体混凝土浇筑总量 $360 \times 10^4 \, m^3$、大坝结构钢筋共 18559t、坝体需缆机吊运的金属结构总重约 4140t、金属结构最重件 45t、需双机进行抬吊作业的需求等情况,根据《起重机试验规范和程序》(GB 5905—86)及厂家提供的《测试程序》的规定制定了适合大岗山工程需要的《大岗山水电站缆机运行管理办法(试行)》(2011 年 11 月 21 日)、《大岗山水电站工程缆机安全操作维护与保养规程》(试行)、《大岗山缆机运行手册》、运行期间各项规章制度、岗位职责等,对大岗山缆机运行技术、安全要求到每个人。做到管理规范、缆机"稳、准、快"且安全、高效运行的目的,更好地为工程服务。大岗山工程建设期间缆机运行满足以下几点:

1)缆机及其辅助设备的完好率达到 90% 以上。

2)缆机及其辅助设备的使用利用率符合大坝施工进度要求。

3)未出现重大的人员和设备安全事故。

4)保证设备交验入库时设备的应有成色。

5)严格执行合同,力求优化运行和拆除方案,节约工程投资。

2.2.1 对运行和维护人员的要求

1)运行和维护人员必须年满 18 周岁,用工单位签有正式的劳动合同,健康状态良好,经过体检证明无不适合高空起重作业的疾病和生理缺陷,责任心强,操作技能熟练,完全熟悉缆机的机械、电气设备原理及维护,并且取得相应工种与岗位上岗证书。

2)运行和维护人员必须具有高中以上文化程度,受过专门技术培训,熟悉起重机性能、构造和机械、电气、液压的基本原理。

3)运行好维护人员必须加强法制观念,认真执行国家安全生产和劳动保护的政策、法令、条例及规定。

4)运行维护人员需经过专门培训,认真阅读缆机使用说明书及所有技术资料,熟悉缆机性能和设备管理,持证上岗。

5)缆机每班操作保养应配备固定的司机、报话员和维护人员,按使用说明书等要求做好缆机的操作、日常维护保养工作和对设备的运行情况进行巡检。

6)每台缆机的运行实行定人定机、定岗操作。

7)操作司机需经本机专业培训,经考试或考核取得本机操作证书后方能独立上岗操作,并能满足以下要求:

①熟悉缆机的性能、构造、原理和用途。

②熟悉缆机起重作业信号规则。

③熟悉本机操作规程和有关保养规程。

④具有操作和维护缆机全部机构的技能。

⑤掌握缆机各调试部分的调整方法。

⑥设备操作人员和维护人员资质证书必须按国家规定办理。

2.2.2　运行和维护人员应遵循的基本规定

1)严格遵章守纪,正确操作与维护。

2)当班操作和运行人员在工作时必须精神饱满,精力集中。当出现身体不适、情绪不稳、班前喝酒时,一律不准当班作业。

3)运行和维护人员必须遵守劳动纪律,坚守工作岗位,不得擅离职守或从事与工作无关的事情。

4)保持机房、操作室和其他工作场地的清洁及通道畅通,工具、器材必须配备齐全,放置整齐有序。

5)在小车或其他高空等危险部位作业时,必须系好安全带;安全带必须经过定期安全鉴定,合格才可投入使用,作业时必须安排监护人员。运行和维护人员必须穿工作服,留长发者应将长发盘在安全帽里。

6)高空作业时禁止抛投工具及其他用品,所用工具必须系牢,以防意外坠落。

7)禁止倾斜起吊坠物,禁止起吊被埋或水下物品,禁止起吊被其他物件挤压或重量不明的重物。被吊重物应绑扎牢固,合理选取吊点位置。对可能发生旋转、摆动物件要加设拉绳。

8)在工作期间操作人员应注意以下五点:

①司机应与地面指挥人员协调配合,听从指挥人员的信号进行操作。对于指挥人员违反安全操作规程和可能引发危险的操作信号,司机有权拒绝执行。

②起吊重物时,必须垂直提升,严禁斜拖、斜拉。

③严禁超载起吊和吊埋在地下的物件。

④当负载还在吊钩上时操作人员不得离开操作台。

⑤禁止将缆机用于人员运输。

9)正常情况下,小车在距主副车端 68m 的非正常工作区域内不得吊运重物,缆机吊重 30t 时,吊罐底部距离下方设施的高度不少于 10m。

10)特殊情况需吊运重物进入非正常工作区域时,应按照对应表吊重特性制订相应的作业程序。

2.3　缆机运行人员培训

缆机在移交运行单位后,为满足大坝高强度的混凝土浇筑需要,缆机运行单位制定了详细的缆机运行操作与检修维护人员的培训计划。利用大坝浇筑空闲时间对缆机运行操作人员、维护保养人员进行理论和实际操作培训。

2.3.1　缆机运行操作人员培训

（1）厂方工程师现场培训

2010年4月8日，大岗山缆机运行单位组织安排缆机操作人员针对缆机机械、电气部分进行了电气维护、保养检修技能现场培训。厂家机械、电气工程师在葛洲坝项目部三楼二会议室对缆机全体人员进行了培训，如图2.1所示。

图2.1　缆机运行人员培训

（2）运行单位组织缆机运行维护人员进行培训

根据厂家缆机操作维护手册、缆机设计图纸、工程的进度详细编制运行操作检修维护培训计划。

缆机维护保养人员应熟悉国家有关标准、厂家技术资料和图纸、设备使用维护说明书、电气控制原理图、电气接线图等，并做好现场检查及维护保养工器具的准备工作。

培训计划包括理论培训与实际操作，理论培训内容包括各种机构的工作原理、保养部位与方法、检修部位与方法、调速工作原理、控制工作原理、安全操作规程、培训的方式、培训的时间、培训的组织机构、培训的结果、考核方法，并充分考虑业主、监理的指示等，实际操作内容包括运行操作的熟练程度、信号指挥的准确程度、故障的判断与处理速度等。

（3）培训人员取证

在培训人员的各种培训完成并考核之后，由项目部安全部门负责培训人员的取证，培训人员取证之后才能上岗操作。

2.3.2　缆机运行单位对缆机操作人员进行缆机实际操作考核

通过培训、学习、实地演练，2011年6月28日、2011年7月14日，缆机运行单位组织缆机操作人员进行了现场实际操作考核，如表2.1、表2.2所示，通过缆机操作人员空罐吊运操作时间考核、缆机操作实际吊运时间考核，通过学习考核整体提高缆机操作人员的技术水平,增强了缆机设备运行效率和安全性能,为大坝混凝土浇筑高峰期的到来做好了准备。

(1)缆机操作人员空罐吊运操作时间考核

表 2.1 2011 年 6 月 28 日考核记录

序号	操作员	指挥员		每罐运行时间(min)				
				起吊时间	到位时间	卸料时间	回到起吊点时间	秒表计时
1	饶世军	姜朝华(1135)	刘阳(基坑)	9:30:38	9:32:27	9:32:37	9:34:38	3:59
1	姚强	姜朝华(1135)	刘阳(基坑)	9:35:06	9:37:11	9:37:21	9:40:05	4:59
2				9:40:55	9:42:54	9:43:04	9:45:25	4:31
1	李勇	姜朝华(1135)	刘阳(基坑)	9:47:16	9:49:07	9:49:19	9:52:03	4:44
2				9:57:24	9:59	10:00	10:01:55	4:29
3				10:02:02	10:03:29	10:03:38	10:06:03	4:01
1	陈梅	姜朝华(1135)	刘阳(基坑)	10:06:39	10:08:46	10:08:56	10:11:11	4:32
2				10:11:41	10:13:49	10:13:57	10:16:15	4:32
1	甘力群	姜朝华(1135)	刘阳(基坑)	10:16:51	10:18:58	10:19:06	10:21:32	4:39
2				10:21:49	10:23:44	10:23:52	10:26:15	4:27
1	张军龙	姜朝华(1135)	刘阳(基坑)	10:28:32	10:30:02	10:30:11	10:31:52	3:20
2				10:38:17	10:39:47	10:39:56	10:42:11	3:52
1	谢语江	姜朝华(1135)	刘阳(基坑)	10:43:16	10:44:53	10:45:03	10:47:19	4:04
1	林建华	姜朝华(1135)	刘阳(基坑)	10:53:43	10:55:35	10:55:43	10:57:40	3:56
2				10:57:58	10:59:44	10:59:54	11:02:35	4:38

本考核由施工项目部组织,监理和业主参与。考核样本取相同指挥条件下操作同一台缆机(2#缆机)的缆机操作人员平均水平。应考核12人,2人值夜班、2人学徒不考,实际参与考核8人。考核空罐从1135料罐平台启动吊运至基坑指定点后回到1135料罐平台并停稳的实际用时。计划每人操作3罐,实际由于1#、3#、4#缆机在运行,个别考核1~2罐后即完成。8人次总计考核15罐。单罐平均用时4分19秒。

(2)缆机操作实际吊运时间考核

记录地点:基坑浇筑现场。

表 2.2　　　　　　**2011 年 7 月 14 日上午 09：00—11：30 考核记录**

序号	起吊时间	到位时间	卸料时间	回到起吊点时间	分表计时	缆机实际用时间
2# 缆机	09：15	09：18	09：21	09：24	00：09	00：06
3# 缆机	09：09	09：13	09：23	09：28	00：17	00：09
4# 缆机	09：21	09：23	09：25	09：29	00：08	00：06
2# 缆机	09：30	09：34	09：39	09：42	00：12	00：07
3# 缆机	09：38	09：41	09：43	09：48	00：09	00：08
4# 缆机	09：53	09：57	09：58	10：02	00：09	00：07
2# 缆机	09：45	09：48	09：50	09：54	00：09	00：07
3# 缆机	10：11	10：14	10：21	10：25	00：14	00：07
4# 缆机	10：14	10：18	10：21	10：25	00：11	00：08
2# 缆机	10：07	10：10	10：19	10：23	00：09	00：07
3# 缆机	10：30	10：34	10：41	10：46	00：16	00：09
4# 缆机	10：30	10：35	10：37	10：42	00：12	00：10
2# 缆机	10：31	10：35	10：37	10：41	00：10	00：09
3# 缆机	11：03	11：07	模板倒塌，待卸 11：20	11：25	00：25	00：09
4# 缆机	10：50	10：54	模板倒塌，待卸 11：20	11：25	00：35	00：09
2# 缆机	10：45	10：47	模板倒塌，待卸 11：20	11：25	00：40	00：07

缆机操作实际吊运考核：

①缆机从 1135 取料平台至仓位卸料再回到 1135 取料平台单罐平均用时约 16min。扣除仓面待、卸料时间，缆机吊运单罐用时约 7min。

②按单罐用时约 16min 计，则小时强度约：4 罐/h。按缆机吊运单罐用时约 7min 计算，则小时强度约 8 罐/h。

③大岗山工程月最高施工强度为：16.5 万 m^3/月，折合成 4 台缆机浇筑小时罐数为：16.5 万 m^3/25d/(6.5h · 3)/4 台/每罐 $9m^3$ ＝9 罐/h。折合成 3 台缆机浇筑小时罐数为：16.5 万 m^3/25d/(6.5h · 3)/3 台/每罐 $9m^3$ ＝12 罐/h。这就是葛洲坝投标文件施工强度承诺达到的施工强度。

④上述统计未包括汽车运输时间，是因为可通过增加运输台数方式解决。目前葛洲坝只投入 5 台运输汽车，标书承诺 12～15 台。

⑤大坝混凝土以 11℃居多。拌合系统生产能力 $480m^3$/h。16.5 万 m^3/月施工强度折合为拌合系统小时生产为 $338m^3$/h。是拌合系统设计能力的 70%。故拌合时间不统计。

第 3 章　缆机运行维护管理

3.1　缆机运行的技术标准、规程、规范

1)国家制定颁布的工程建设法律和行政法规；

2)国家及有关行业和部门颁发的设备安装、使用管理规范、规程、规定及质量检验标准；

3)大岗山水电站施工合同文件、设备采购合同文件；

4)缆机监理合同文件；

5)设备制造厂家提供的有关技术资料文件；

6)《大岗山水电站工程缆机运行管理办法》(试行)；

7)《大岗山水电站工程缆机安全操作维护与保养规程》(试行)。

3.2　缆机主要技术参数

1)缆机主要技术参数见表 3.1。

表 3.1　　　　　　　　　　　　缆机主要技术参数表

序号	项目名称		单位	参数值
1	型式			单平台、平移式无塔架缆机
2	台数		台	4
3	工作级别			F.E.M.A7
4	额定起重量		t	30
5	跨度		m	约 677
6	吊钩扬程		m	约 290
7	风压	工作状态计算风压，非工作状态计算风压	N/m²	250，500
8	满载时承载索最大垂度		%	不大于跨度的 5.0%
9	左岸轨道长		m	约 216.00

序号	项目名称	单位	参数值
10	右岸轨道长	m	约 216.00
11	左岸缆机平台高程	m	1270.00
12	右岸缆机平台高程	m	1255.00
14	缆机浇筑大坝高程范围	m	925.00~1135.00
15	小车横移速度	m/s	不低于 7.5
16	满载起升速度	m/s	不低于 2.15
17	满载下降速度	m/s	不低于 3.00
18	空载升降速度	m/s	不低于 3.00
19	大车运行速度	m/s	不低于 0.30
20	两台缆机靠近时承载索间最小距离	m	不大于 11
21	左岸缆机平台开挖宽度	m	16.00
22	右岸缆机平台开挖宽度	m	12.00

2)两端非正常工作区各为缆机跨度的 10%,进入非正常工作区时允许的吊重和运行速度见表 3.2。

表 3.2 非正常工作区时允许的吊重和运行速度

项目		起重量	30t	20t	10t	6t
运行区(距离铰点中心 m)*		主车端	≥68	≥50	≥35	≥20
		副车端	≥68	≥50	≥35	≥20
起升速度(额定速度)(%)			100	40	20	10
牵引速度(额定速度)(%)			100	20	10	5

注:* 表示空钩状态检修除外。

3.3 缆机工作环境

3.3.1 自然环境

温度:-10℃~+45℃;

最大风速:34m/s;

最大海拔高度:不超过 2000m;

地震烈度:Ⅷ;

相对湿度:90%;

雷电天数:60d。

3.3.2　电源

主塔：10kV±10％/50Hz，功率约 1700kW；

副塔：380V±10％/50Hz，功率约 80kW；

司机室：380V±10％/50Hz，功率约 15kW。

3.3.3　混凝土吊罐

容积：注水容积 12.0m³，捣实混凝土容积≥9.0m³。

数量：每台缆机配 2 个 9.0m³ 罐；

形式：人工操作液压蓄能式；

运行方式：不摘钩；

吊罐加吊具重量：不大于 5.5t；

每次装料蓄能后：可全启闭 3 次以上。

3.4　缆机运行各方职责

3.4.1　业主方职责

（1）工程建设处的职责

1）对缆机的调度总体负责。负责裁决缆机调度的纠纷。

2）负责监督检查缆机重大吊装作业技术方案和安全措施的执行情况。

3）对缆机使用单位履行安全管理职能。

4）协助处理缆机使用安全事故，配合安全事故调查。

（2）机电物资处的职责

1）对缆机的运行、维护、检修总体负责，保证缆机设备的完好率。

2）负责监督检查缆机金结重大设备吊装作业技术方案和安全措施的执行情况。协助监督检查缆机其他重大吊装作业技术方案和安全措施的执行情况。

3）负责审批缆机重大检修计划和实施方案。

4）负责审批缆机备品备件采购计划，并监督执行情况。

5）对缆机运行单位履行安全管理职能。

6）协助处理缆机运行安全事故，配合安全事故调查。

（3）安全监察处的职责

1）负责监督检查缆机使用单位和运行单位的安全管理体系的建立和运行情况。

2）监督检查缆机运行和吊运的安全措施的执行情况。

3)监督检查缆机重大吊运作业安全措施的落实情况。

4)负责监督指导处理安全事故,组织事故调查和处理。

3.4.2 监理单位职责

(1)大坝工程施工监理单位的职责

1)负责组织、协调大坝工程使用缆机吊运的管理,负责所有单位使用缆机的调度和协调。

2)负责审查、协调和批准各单位的缆机使用计划和申请,负责缆机生产任务的下达,并监督执行情况。

3)负责审批缆机使用单位重大吊装作业技术方案和安全措施,并监督检查落实情况。实行重大吊装作业旁站制度。

4)负责协调缆机运行和使用台时签认纠纷,当双方不能达成一致时,以监理核定的台时为准。

5)负责协调缆机停机维护和检修的时间安排。

6)检查考核缆机使用单位的安全管理体系的建立和运行情况。

7)协助处理缆机使用安全事故,配合安全事故调查。

(2)缆机运行维护监理单位的职责

1)督促承包人建立、健全设备运行、质量、安全保证体系和技术管理体系,明确管理责任人,检查设备制定的各项管理制度,督促建立机长负责制和岗位责任制,机长的任免应征得监理工程师的同意,各项管理制度和人员名单(包括机组人员及变动)报监理工程师审批、备案。

2)检查设备运行操作和维护保养及人员持证情况,要求设备运行管理单位实行持证上岗制度并提供参加培训的人员资历情况,符合要求的予以审批。对持有在其他工程项目中颁发的同种设备操作、维修等证书,经审核确认后可认为仍然有效。

3)检查设备运行管理单位设置的管理机构和人员配置是否健全、合理及各项管理措施落实情况。对管理不到位、制度不落实的情况及时指出并要求其完善和改进,必要时发出《监理工程师现场通知单》,明确要求其整改期限。

4)协助处理缆机运行安全事故,配合安全事故调查。

3.4.3 缆机运行单位的职责

1)全面负责缆机的运行操作、维护保养和修理。负责缆机备品备件的采购、保管和使用。按合同要求配备足够的合格的缆机操作、指挥、维护与维修人员,并取得操作证和上岗资格。

2)负责缆机设备运行安全,负责缆机运行和维护的设备、器具安全和人员安全。检查并指导使用单位吊运安全措施的实施,监护使用单位吊运作业。

3)参加缆机重大吊运、安装的技术方案和安全措施的讨论和审查,为确保缆机安全运行应提出修改和建议意见。

4)负责制定缆机运行、维护、维修和设备管理等各项规章制度,在设备和管理场所醒目张挂,并宣传贯彻落实。负责编制缆机运行管理实施办法,报缆机运行维护监理审批后实施。负责编制缆机生产运行的交接班记录、试运行记录、检查记录、维修保养记录、润滑记录等表格,报缆机运行维护监理审批后实施。

5)负责制定缆机设备维修保养计划和方案,以及备品备件采购和使用计划,报缆机运行维护监理审批。负责按时上报各种试运行管理报表及资料。

6)建立完善的安全管理体系,配置合格的安全管理人员,开展全员安全教育。制定具体详细的安全操作规程,制定大风、大雾、大雷雨等恶劣气候条件下缆机安全的保障措施。

7)定期开展危险源辨识活动,制定并落实危险源防范措施,制定防范事故应急预案,并组织演练。及时、如实报告生产安全事故,组织开展事故救援,配合事故调查工作。

3.4.4 缆机使用单位的职责

1)负责制定并向缆机运行监理报送缆机使用计划和申请。

2)负责制定使用缆机进行吊运、安装的技术方案和安全措施,并报缆机运行监理审批,对监理的修改意见必须贯彻落实。

3)负责缆机吊运作业安全,包括作业所用吊具、索具、设备、设施的安全和施工作业人员安全,以及受上述设施影响的其他部位施工设备设施和人员的安全。接受缆机运行维护监理和缆机运行单位的指导意见并及时整改。

4)负责使用缆机吊运、安装的施工组织,落实技术安全措施,协调落实起重、指挥、联络、安全等各岗位人员和具体措施。

5)主动及时和缆机运行单位取得联系,落实缆机运行和使用的各项措施,及时确认缆机使用台时并签字。

3.5 缆机运行检修、维护、保养

缆机的维护保养是保证缆机各部安全正常运转的前提,缆机的保养点多面广,所以对缆机的保养执行严格的规定,规定保养的部位、保养的时间,确定保养责任人,保证保养的质量,填写维护保养记录。同时储备一定的备品备件库存,确保缆机易损件得到及时更换。

3.5.1 缆机的维护保养

缆机的保养分为日常保养、定期保养、磨合保养。主要包括重要备品备件的更换,油料更换,索道系统的检查与更换,轨道测量,结构件检测,电气保护装置的检测,结构件定期检查,承马的维护、保养、检测与更换等。

3.5.1.1 缆机的保养内容

(1)班保养项目

①保持机械、电气各部的清洁,地面干净,通道畅通。

②检查各电机、卷扬机卷筒轴承座、转向滑轮等基形螺栓的连接情况,发现松动应及时紧固,有扭矩要求的螺栓连接应采用扭力扳手扭至规定值。

③检查各制动装置是否可靠,必要时进行调整,制动蹄片和刹车片厚度减少 1/2 时,应更换新件。

④检查各电机、减速箱等机构的运行情况及温度,电机壳体温升不应超过 60℃,油温应低于 90℃。

⑤经常检查各电气仪表指示装置是否正常。

⑥检查各润滑部位的润滑情况。

(2)日保养项目

①完成班保养全部内容,见表 3.3 加注润滑油日保养检查内容。

②检查小车、机构的连接和承马的弹簧,必要时按照承马使用说明书对承马进行调整。

③检查主索表面断丝及损伤情况、检查主索端部与悬挂连接及索端固定标记的变化情况。

④检查起升、牵引绳表面断丝及绳端固定情况;如发现有断丝情况则应随着断丝数量增加缩短检查周期并仔细记录。

⑤目测检查上支牵引绳的垂度是否在规定范围,其跨中最低点应高于主索 10m 以上,过低时注意张紧。

⑥外观检查滑轮绳槽。合成材料滑轮的绳槽磨损后,其深度大于 70mm 时应更换。

⑦检查各制动装置是否可靠,必要时进行调整;制动器上衬板与制动盘间隙为 1～2mm,液压推杆有规定的储备行程,制动片厚度减少 1/2 时,应更换新件。

⑧对主车、副车拉板进行外观检查。

⑨检查上位机对三机构位置显示的精确度,作相应修正。

⑩电气设备保养。除对电气元器件外观检查外,还要检查系统的供电电压是否超过许可的范围,仪表和指示灯显示是否有异常,连接电缆有无松动、脱线等情况,开关、接触器、变压器和电机等有无异常声音和温升,PLC 有无故障和报警信息等。

表 3.3　　　　　　　　　按润滑周期表加注润滑油(脂)日保养检查内容

序号	系统	润滑部位	润滑点数	润滑油脂牌号	作业方法
1	索道系统	主索	整根	18# 双曲线齿轮油	检查润滑
2		承马各链条	整根	18# 双曲线齿轮油	检查润滑
3		承马连杆机构弹簧	整根	18# 双曲线齿轮油	检查润滑
4		承马各齿轮	8·4	2# MoS₂ 锂基脂	检查润滑
5		小车行走轮装置	2·16	18# 双曲线齿轮油	检查润滑
6		牵引绳固定装置	无		检查
7		导向滑轮装置	2	2# MoS₂ 锂基脂	检查润滑
8		各销轴连接情况	无		检查
9		小车各滑轮情况	4	2# MoS₂ 锂基脂	检查润滑
10	主副车	机房腹部滑轮情况	4	2# MoS₂ 锂基脂	检查
11		天轮装置	2	2# MoS₂ 锂基脂	检查
12		各电气柜情况	无		检查除尘
13		起升传动链条	整根	18# 双曲线齿轮油	淋油

⑪防雷接地检查:

a.检查过雷器上端引线密封是否良好,接合缝是否严密,电气安全距离是否符合规定。

b.检查避雷器本体是否有裂纹、歪斜现象。

c.检查避雷器针导电部分的电气连接是否紧密牢固。

d.雷雨后应及时检查本体是否摆动、引线是否松动,有无放电痕迹,如有问题应立即修复。

(3)周保养项目

①完成日保养全部内容。

②检查提升机构导绳装置的工作及磨损情况。

③检查塔架各连接点及滑轮运转情况。

④检查小车、承马、导向装置的工作情况及磨损量,并进行必要的调整和维修。

⑤检查起升卷筒上压板螺栓紧固情况。

⑥检查各电机、减速箱、卷扬机卷筒轴承座、导向滑轮支架等基础螺栓的连接情况,发现松动应及时紧固,有扭矩要求的螺栓连接应采用扭力扳手扭至规定值。

⑦对提升和小车牵引索进行一次详细检查,当索径缩小 10% 或达到表所列断丝根数时应及时更换,提升索和小车牵引索更换标准见表 3.4。

表 3.4　　　　　　　　　提升索和小车牵引索更换标准

名称	规格	报废标准
提升索	Φ36mm	单节距断丝 16 根或 5 节断丝 32 根
牵引索	Φ30mm	单节距断丝 8 根或 5 节断丝 16 根

⑧检查主索外观,如发现两处相邻外层丝断裂,必须立即由有检验的专业人员修复。

⑨检查起升、牵引机构联轴器的工作情况。

⑩消除电机及其他电器上的灰尘、污垢及油类附着物。

⑪检查夹轨器钳口间隙,钳口单边间隙应在 12mm 左右,钳口应平整,并与轨道边缘吻合准确。

⑫检查大车行走台外露齿轮合情况。

⑬检查主副车架的螺栓连接情况。

⑭检查行走台车轮的磨损情况。

⑮对起重小车全面检查。

⑯检查导向滑轮绳槽,当尼龙滑轮的绳槽深度磨损超过 70mm 时应更换。

⑰按润滑周期表加注润滑油(脂)周保养内容,见表 3.5。

表 3.5　　　　　　　　润滑周期表加注润滑油(脂)周保养内容

序号	润滑部位		润滑点数	润滑油脂牌号	润滑方法
1	起升机构	高速联轴器	1	$2^\#$ MoS_2 锂基脂	油壶滴入
2		卷筒轴承座	1	$2^\#$ MoS_2 锂基脂	油枪注入
3		挡绳装置活动绞轴	2	$46^\#$ 液压油或齿轮油	油壶滴入
4		丝杠轴承座	4	$2^\#$ MoS_2 锂基脂	油枪注入
5		排绳机构滑轮轴承	1	$2^\#$ MoS_2 锂基脂	油枪注入
6		丝杠铜套	2	$2^\#$ MoS_2 锂基脂	油枪注入
1	牵引机构	高速联轴器	1	$2^\#$ MoS_2 锂基脂	油枪注入
2		低速联轴器	1	$2^\#$ MoS_2 锂基脂	油枪注入
3		驱动摩擦轮	2	$2^\#$ MoS_2 锂基脂	油枪注入
4		导向滑轮轴承	4	$2^\#$ MoS_2 锂基脂	油枪注入
1	主车	主车天轮滑轮	2	$2^\#$ MoS_2 锂基脂	油枪注入
2		主梁下部导向滑轮	2	$2^\#$ MoS_2 锂基脂	油枪注入
3		检修平台挂架托辊	8	$2^\#$ MoS_2 锂基脂	油枪注入
1	副车	天轮装置	2	$2^\#$ MoS_2 锂基脂	油枪注入
2		牵引绳调整装置导向滑轮组	2	$2^\#$ MoS_2 锂基脂	油枪注入

续表

序号	润滑部位		润滑点数	润滑油脂牌号	润滑方法
3	副车	水平台车主动台车开式齿轮	1	钙基质 ZG－3H	手工涂抹
4		垂直台车主动台车开式齿轮	1	钙基质 ZG－3H	手工涂抹
5		拉板牵引导向滑轮	2	2# MoS₂ 锂基脂	油枪注入
6		检修平台挂架托辊	8	2# MoS₂ 锂基脂	油枪注入
1	小车吊钩	小车起升绳托轮轴承	4	2# MoS₂ 锂基脂	油枪注入
2		小车行走轮轴承	24	2# MoS₂ 锂基脂	油枪注入
3		小车反轮轴承	4	2# MoS₂ 锂基脂	油枪注入
4		小车起升绳托轮轴承	4	2# MoS₂ 锂基脂	油枪注入
1	承马	主索托轮轴承	4	2# MoS₂ 锂基脂	油枪注入
2		行走轮轴承座	2	2# MoS₂ 锂基脂	油枪注入
3		链轮装置	4	2# MoS₂ 锂基脂	油枪注入
4		牵引绳托轮轴承	2	2# MoS₂ 锂基脂	油枪注入
5		牵引绳压轮轴承	4	2# MoS₂ 锂基脂	油枪注入
6		起升绳托轮轴承	2	2# MoS₂ 锂基脂	油枪注入
7		曲柄连杆机构等	～	N320 中负荷齿轮油	油壶滴入
1	其他	终端限位开关	2	机械油 N32	油枪注入
2					

（4）月保养项目

①完成周保养全部内容。

②电气部分应由专业人员按电气设备检修规程及电气使用说明书进行前面检查、维护和清洁。

③检查和清洁各电动机，特别应注意清洁整流器表面和检查调整碳刷，若发现碳刷损坏应作更换、清洁和更换风机过滤网。

④检查各电气柜、接线箱等接线有无松动。各接触器、继电器、断路器、指示灯等工作是否正常。

⑤检查各限位装置、限荷装置、指示仪器、保护开关等动作是否可靠，必要时接线调整。

⑥对提升、牵引机构进行全面检查，（包括齿轮、摩擦轮、钢丝绳等的磨损情况），各部间隙必要时进行调整。牵引机构驱动摩擦轮磨损达到 16mm 时应予更换。安装新摩擦块时应先安装固定块，然后顺序安装摩擦块，装完摩擦块后根据固结块与两端摩擦块的间隙确定调整块尺寸并下料切割、磨平两端面，之后先拆除固结块，安装两调整块后重新

安装固结块,固结块须用锤敲保证胀紧。

⑦检查钢结构件各连接部件是否产生裂纹、变形和松动。

⑧对吊钩、卷筒、制动器、联轴器及滑轮等进行重点检查,特别应注意是否产生裂纹和变形。

⑨停电检查维护:变压器、直流装置、驱动及供电主回路预防性紧固并清除灰尘;检查主回路开关、继电器、接触器工作情况;PLC控制单元、通信模块等的常规维护,各部编码器、传感器有无损伤、松动;外部电缆、通信电缆有无损伤。

⑩对起升、牵引机构全面检查,包括连接紧固情况以及齿轮磨损情况,必要时对各部间隙调整。

⑪检查大车行走机构驱动装置和水平轮、垂直轮以及夹轨器的运行情况,测量水平轮、垂直轮的轮径磨损达到1.0mm须更换。

⑫对主索、起升绳和牵引绳的磨损和断丝情况进行全面检查。

⑬对轨道压板紧固进行检查,螺母是否松动,轨道有无沉陷,轨道表面有无压纹、裂纹和磨损。

⑭对各缆机部位的螺栓进行检查,发现松动应及时拧紧。

⑮对吊钩、卷筒、制动器、联轴器等进行重点检查,特别应注意是否产生裂纹和变形。

⑯按润滑周期表、配套及外购件说明书要求加注润滑油(脂),如表3.6所示。

表3.6　　　　　　　　　润滑周期表加注润滑油(脂)月保养内容

序号	润滑部位	润滑点数	润滑油脂牌号	润滑方法
1	水平台车滚动轴承	16×2	钙基脂 ZG—3H	油枪注入
2	垂直台车滚动轴承	4×2	2#MoS$_2$锂基脂	
3	水平台车主动台车开式齿轮	1	钙基脂 ZG—3H	
4	垂直台车主动台车开式齿轮	1	钙基脂 ZG—3H	
5	起升机构轴承座	1	2#MoS$_2$锂基脂	
6	起升机构挡绳装置活动绞轴	1	2#MoS$_2$锂基脂	
7	起升绳	1	钢丝绳润滑油	
8	牵引绳	1	钢丝绳润滑油	
9	拉板主绞关节轴承	2×2	2#MoS$_2$锂基脂	
10	主车检修平台挂架托轮、托辊	2	2#MoS$_2$锂基脂	
11	副车检修平台挂架托轮、托辊	2	2#MoS$_2$锂基脂	
12	副车桁架张紧钢滑轮组	2	2#MoS$_2$锂基脂	
13	副车架张紧钢滑轮组	2	2#MoS$_2$锂基脂	
14	副车拉板张紧钢滑轮组	2	2#MoS$_2$锂基脂	
15	承马行走轮内圈轴承	2	2#MoS$_2$锂基脂	

续表

序号	润滑部位	润滑点数	润滑油脂牌号	润滑方法
16	夹轨器各润滑油杯	4×2	2$^{\sharp}$ MoS$_2$ 锂基脂	
17	吊钩滑轮轴承	2×2	2$^{\sharp}$ MoS$_2$ 锂基脂	
18	吊钩推力轴承	2×2	2$^{\sharp}$ MoS$_2$ 锂基脂	

⑰防雷接地检查及要求：

a.检查避雷针、避雷线、避雷带及引下线有否锈蚀,及时除锈并刷银粉漆。对于锈蚀程度严重,截面锈蚀达 30% 以上的必须更换。

b.用小锤轻敲引下线的导电接触部件,检查接触是否良好,焊点连接是否脱焊,有问题要及时解决。

c.检查接地引线和接地装置是否正常,接地螺母是否牢固可靠,如发现问题要及时改正及紧固。

（5）年保养

①完成月保养全部内容。

②对钢结构件进行全面检查:各连接点螺栓有无松动(可用锤击判定)。结构件有无变形、裂纹和锈蚀,必要时予以矫正、补焊和补漆。对重要连接部位高强度螺栓应按规定扭矩抽查。

③每年年初对避雷装置及接地保护设施进行检查,测量接地电阻是否符合要求。每年雨季来临前,用接地电阻测试仪测试避雷系统的接地电阻($R \leqslant 10\Omega$)。

④检查承载索垂度是否超过最大允许值,必要时应重新张紧。用仪器测量主索垂度是否超过最大允许值(20°、吊重 30t,跨中垂度为 5.0% 跨度),必要时应重新调整;同时检查牵引绳上支垂度并调整。

⑤应视缆机工作频繁程度,每年安排 1～2 次对缆机状况全面检查和保养。

⑥对各限位装置的正确性、传感器的精度等每隔 6 个月至少调整一次,每间隔一年必须重新进行调整。

⑦检查小车行走轮,必要时拆下清洗、更换新轴承或更换行走轮。

⑧对各减速器的传动轴、齿轮啮合情况和轴承全面检查,并按说明书要求保养及更换齿轮油,检查起升、牵引机构齿轮联轴器轮齿磨损量是否达到报废规定值。

⑨每半年对轨道进行测量,根据测量结果对轨道进行调整。

⑩对主副车电缆绝缘进行检查测量,绝缘电阻值不低于 100MΩ。

⑪按润滑周期表、配套及外购件说明书要求加注润滑油(脂)。

⑫其余必要项目。

（6）磨合保养（运行至100h）

①润滑承载索，并对索端浇铸接头的位移量进行测量和记录。

②检查各运转部位的润滑情况，包括各减速箱有无泄漏等，必要时添注。

③对各传动部位和电气限位装置进行检查和必要的调整。

④全面检查钢结构件连接螺栓的紧固情况，有松动时予以补紧。

⑤按润滑周期表规定，进行磨合期换油（脂）。

3.5.1.2 保养方法

（1）润滑

1）润滑用油应使用厂家标准或满足厂家标准的代用品，按润滑周期表规定的时间、部位进行。关键部位润滑可采取将有关零件拆下，清理干净后，重新装上，再加新的油脂方式确保润滑质量。使用较长的润滑管作注油保养，要对输送润滑管进行周期性检查，以保证油脂确实进入润滑点。

2）耐磨轴承的润滑：运行阶段无法润滑的耐磨轴承在安装时已加好润滑油脂。但至少需要将轴承拆下后清理干净。按要求添加新油脂后再重新安装使用。达到磨损极限的轴承要进行更换。

（2）电气系统

1）缆机电气控制系统是以PLC为核心，实现了电气控制系统通用化、数字化、智能化、模块化和界面化，成套的主要电气元器件均采用现代主流产品，如Siemens、ABB、Schindler等国际名牌，产品质量稳定、可靠，可适应大型施工机械连续高强度的施工要求。由于电子和电控产品容易受环境影响，如电压、温度、湿度、风尘、震动等因素影响，特别是供电电源的质量将直接影响到电气设备和元件的使用寿命，需按国家规范要求提供符合产品要求的供电电压。考虑到电气产品都有其耐压等级和使用范围，如果长期承受过高的电压（超过10%）容易使之绝缘老化和击穿，而过低的电压（低于10%）会出现不可靠的动作甚至损坏电机和直流装置。因此，在日常运行过程中，需建立监控、维护和保养制度，确保这些电气产品性能可靠和稳定。

2）维护和保养制度可分为日常、定期和不定期三种，发现缺陷和故障应及时处理，严禁设备"带伤带病"坚持工作。

①日常的维护和保养。

除了电气元器件外观检查外，还要检查系统的供电电压是否超过许可的范围，仪表和指示灯显示是否有异常，连接电缆有无松动、脱线等情况，开关、接触器、变压器和电机等有无异常声音和温升，PLC有无故障和报警信息等。

②定期维护和保养。

根据设备使用状况制定检查周期，对试运行期的设备电气系统应每周检查一次，待系统稳定运行或运行良好后，逐步递减至每月一次。除进行常规维护保养外，还应对频繁动作以及核心装置和元器件进行全面检查,如控制变压器、直流稳压电源是否正常,低压断路器、接触器主触头接触是否均匀,低压断路器、热继电器整定值是否合理,编码器、限位开关等外部检测元件有无打滑、跑位现象等。

③不定期维护和保养。

当电气系统出现异常或故障时,应进行不定期维护和保养,维护保养范围主要集中在故障点及其相关的设备和器件上,如果遇到停机检修,也应进行电气维护和保养,确保设备和器件处于良好的状态。

3)检查和保养方法。

①供电电源。

在每次开机之前,检查供电电源的电压和三相平衡情况,如果电压超出正常电源电压的10%以上或三相不平衡,应及时调整供电电压,使电压达到正常范围。

②运行电流。

在运行时应注意各机构运行时的电流,经过一段时间观察,得出一套经验值,当方法与经验值有较大差别时,应停机查找原因。

③接线情况。

定期检查接线是否松动或有脱落现象,特别检查大电流的接点是否有松动或打火的现象,尽量做到一天一查。

④环境温度。

电气元器件的工作环境一般要求在0~50℃,温度越高,元器件的使用寿命越短。所以,在夏天高温季节,日常一定要检查电器柜内的风扇运行和通风及空调运行情况,确保柜内保持良好的通风,当发现有元器件出现非正常的高温情况时,应及时查找原因,以免导致元器件的损坏。

⑤环境湿度。

电气元器件的环境湿度一般要求在30%~95%(不凝露),所以在下雨天一定要防止电气柜进水,发现元器件受潮时,应及时进行烘干、除湿和绝缘测试,以免出现短路现象和损坏元器件的现象。

⑥保持整洁。

保持司机室、电气房及电气柜的整洁,不要把食品带入和遗留在电气房内,更不能把工具或杂物和易燃物品搁置在电气柜内,以免造成短路和着火。

⑦重点对象。

缆机重点维护对象是起升和牵引的直流电机,应经常检查和关注。由于电机的整流子经过连续运转、持续载荷和长期磨损,表面有可能积上碳刷粉和划伤的现象,容易造成环火造成短路,严重时烧毁电机,缆机维护人员必须每天检查起升、牵引机构碳刷的磨损情况,一旦碳刷损坏必须及时更换,如发现缺陷,应及时处理。碳刷粉可用棉花沾无水酒精擦洗;整流子轻度划伤,可用双 00# 砂纸打磨光滑,去除金属屑;重度划伤的应抽出电机的整流子,上机床加工、打磨、抛光和事后除屑、清洁等处理程序。

⑧措施。

保持各种电气设备、通信设备、控制线路、电力电缆的完好,把充电气设备的干燥及绝缘性能良好,保持各种标牌、标记清晰完好;确保缆机本体、司机室的接地状况良好,避雷塔、网的设置有效可靠;确保缆机主、副车间无线通信良好无干扰,司机室与主车间的有线、无线通信正常,缆机间的 DP 网络通信正常。

缆机运行时应配备专职电气人员,电气设备发生故障时必须由电气人员进行检修。

电气维修人员根据故障信息提示,开始检查和处理电气设备故障前,必须调整相关人员。故障完毕后,应将处理情况向有关人员及时通报,并做好记录。

检查电气设备时,必须采取安全措施,按照操作规程有序进行。需要操作司机或其他人配合时,要保证通信联络畅通,防止误动操作。

在需要带电检查电气控制开关等装置时,应将空钩升至安全高位,同时保证通信联络畅通。严禁在司机操作运行时检查、调整和碰触电气控制原件和装置。

高压开关柜前安放警示牌,保持地面铺设的绝缘橡胶板完好,操作高压开关和整理带电高压电缆时必须戴绝缘手套。

新更换或运行两年后的高压电缆,必须经绝缘测试合格方可继续运行。

长期停用或经重大检修后的电机,必须经绝缘测试合格方可投入运行。

无线遥控装置的检修必须由经过专门培训的专业人员实施,一般电工不得进行拆卸检查。

定期检查缆机各部位接地连接情况,检查缆机接地网地表导体完好情况。地网接地电阻应不大于 4Ω,电气盘柜、电机壳体等不大于 10Ω。

对电气安全保护装置动作、熔断器烧坏等现象,应查明原因、妥善处理,不得强行合闸或随意加大保险丝容量。

"紧停"按钮上方安放警示牌,只有在起重机运行中有重大事故险情时,方可使用"紧停"按钮,平时严禁按动。

在拆装各 PLC 及各交、直流驱动电路板(模块)之前应断开相应的电源开关,并戴上防静电手套。

不得随意更改原机设定的控制参数及原有接线回路。检查故障临时装接的辅助连线,故障排除后必须当即拆除,使之复原,严禁随意更改 PLC 口令。

在拆装可控硅等特殊电气部件时,必须使用专用工具。

严禁用接地线做载流零线。维修时所使用的携带式照明灯的电压必须在 36V 安全电压以下。

缆机应在停止状态下,电子设备应先关掉电源方可进行电焊专业,焊机地线必须就近搭接,严禁跨接轴承、电气原件等重要部件,以防焊机电流烧损电气设备及重要传动部件。

　　4)重点维护对象。

　　缆机重点维护对象是起升和牵引的直流电机,应经常进行检查。由于电机的整流子经过连续运转、持续载荷和长期磨损,表面会出现碳刷粉和划伤的现象,容易形成环火造成短路,严重时烧毁电机。要求缆机维护人员必须每天检查起升、牵引碳刷的磨损情况,一旦碳刷损坏必须及时更换。电气设备检查表见表 3.7、表 3.8。

　　如发现缺陷,应及时处理。碳粉可用棉花沾无水酒精擦洗,整流子轻度划伤,可用 00# 砂纸打磨光滑,去除金属屑;重度划伤的,应抽出电机的整流子,上机床加工、打磨、抛光和事后除削、清洁等处理程序。

　　在运行期间,总计采购更换了 553 套碳刷(材质为 E101),其中起重起升电机碳刷 505 套,牵引电机碳刷 48 套,主要的碳刷更换工作集中在起升电机,碳刷主要损坏现象为磨损过大、铜辫子脱落等。为使新装碳刷与整流子紧密配合,在更换前,要对碳刷进行一定量的修磨处理,以防更换碳刷后整流子出现"环火"现象。更换完毕后,要对整流子进行清洁等工作,并仔细检查,以防小工具等物件遗留在电机内部。

表 3.7　　　　　　　　　　　　　　　电气设备检查表(一)

检测时间	缆机名称	设备名称						
		牵引直流电机检测值(℃)	温度允许值<60℃	提升直流电机检测值(℃)	温度允许值<60℃	提升机构减速箱检测值(℃)	温度允许值<90℃	设备运行情况
	1# 缆机							
	2# 缆机							
	3# 缆机							
	4# 缆机							

表 3.8　　　　　　　　　　　　　　　电气设备检查表(二)

缆机名称	设备名称								
	牵引直流电机检测(℃)	温度允许值<60℃	牵引机构减速箱(℃)	温度允许值<90℃	提升直流电机检测(℃)	温度允许值<60℃	提升机构减速箱检测(℃)	温度允许值<90℃	设备运行情况
1# 缆机									
2# 缆机									
3# 缆机									
4# 缆机									

5）缆机保养检查见图 3.1。

（a）缆机牵引机构电机转子除尘

（b）缆机提升机构电机风机滤网除尘

（c）电器柜电器元件紧固

（d）牵引电机风机除尘

（e）检查直流电机碳刷

（f）检查主塔开闭所电气设备

（g）检查缆机副塔电气设备

（h）缆机提升机构交流接触器更换

图 3.1 缆机设备检查图

（3）起升机构

1）起升机构的连接与紧固。

起升机构的连接形式是电机—联轴器（工作制动器）—减速机—起升卷筒—安全制动器，电机与减速器、卷筒与各制动器支座均采用螺栓固定，在负荷实验完成、机构运行30h 后对连接螺栓进行检查紧固，如图 3.2，图 3.3。起升机构各部位连接螺栓拧紧力矩见表 3.9。

图 3.2　提升导向螺栓紧固　　　　图 3.3　检查提升电机

表 3.9　　　　　　　　　　起升机构各部位连接螺栓拧紧力矩表

螺栓规格	强度系数	拧紧力矩 （N·m）	备注
M24	8.8	450	GB/T 5782，工作制动器地脚螺栓
M24	8.8	660	GB/T 5782，卷筒与卷筒联轴器、制动盘间的连接螺栓
M24	10.9	700	GB/T 5782，机架各部分连接螺栓
M30	8.8	600	GB/T 5782，电动机、安全制动器、排绳机构的轴承座 Ⅱ 地脚螺栓
M30	8.8	1000	GB/T 1228，排绳机构的轴承座 Ⅰ 地脚螺栓
M36	8.8	800	GB/T 5782，卷筒机构的连接螺栓
M48	8.8	1900	GB/T 5782，减速器地脚螺栓

2）联轴器检查与调整。

①要经常检查联轴器在运行中有无异常情况，当发现有异常声音、振动、漏油及其他异常情况，应立即停机检查，当联轴器的分度圆齿厚度磨损 20% 后应立即更换。

②联轴器的内外齿润滑油采用 $2^{\#}$ MoS_2 锂基脂，在正常工作条件下每半月检查 1 次油的消耗情况并补充，每 6 个月换油一次。

③高速联轴器型号为 PGCLK11，调整要求见表 3.10。

表 3.10　　　　　　　　　　　　　　调整要求

	联轴器			制动盘
	径向偏差 X	轴向偏差 Y	端面偏差 A	端面跳动
允许值	0.3	1.0	18′	0.3

④卷筒联轴器的调整。

卷筒联轴器的内外齿套在轴向、周向均有刻度标记,安装时需对准中间的刻痕。

卷筒联轴器上有磨损指示标记,当联轴器的磨损达到规定值时,应更换联轴器。

卷筒联轴器调整时建议将磁力表座固定在外齿轴套外圆上,百分表测杆测量内齿套法兰加工面,卷筒转动一圈范围内百分表读数差小于0.2mm即为调整合格。

⑤其余参照联轴器使用说明书进行。

3)联轴器的故障诊断与处理,见表3.11,图3.4。

表3.11 联轴器的故障诊断与处理

	异常情况	处理方法
异常声音	周围性轻微咕咚声:齿轮磨损,这种声音在换向时尤为明显;打击声音:齿断裂、严重损坏	更换零件、紧固螺栓、冲油润滑
	换挡时的孤独声:尤其是特定挡位时更为明显	检查调速装置参数设置、检查反馈环
振动	偏心严重、齿面磨损、螺栓松动	对中不好:重新找正、更换零件、拧紧螺栓
漏油	密封老化、损坏变形	更换密封件、出去旧油更换新油

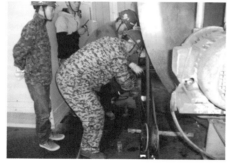

图3.4 更换提升机构钢丝绳

4)工作制动器的检查及调整。

缆机制动器摩擦片检查情况见表3.12。

表3.12 缆机制动器摩擦片检查情况

缆机名称	检查日期	牵引机构工作制动器摩擦片			提升机构工作制动器摩擦片			安全制动器制摩擦片		
		设计尺寸(mm)	检查尺寸(mm)		设计尺寸(mm)	检查尺寸(mm)		设计尺寸(mm)	检查尺寸(mm)	
#缆机		10	前轨方向	上游面	10	上游	前轨	5	上游	前轨
				下游面			后轨			后轨
			后轨方向	上游面		下游	前轨		下游	前轨
				下游面			后轨			后轨

注:工作制动器磨损50%必须更换,安全制动器磨损40%必须更换。

①每班检查工作制动器的工作状况,制动器关闭状态下,液压推动器应不受力、可用手晃动;制动器打开及关闭状态时,液力推动器推拉杆行程应在规定刻度范围内。

②定期记录闸衬精确厚度,以便于备件准备。

③工作过程中随时检查制动器的工作状况。

④应经常检查和检测开关工作是否正常以及摩擦片磨损自动补偿功能是否正常。

⑤检查摩擦片的状态与厚度。

⑥确保制动器松闸时摩擦片不会与制动盘摩擦。

⑦每大约动作 4×10^6 次或 5 年后应对制动器进行全面检查及修理。

⑧其余参照制动器使用维护说明书进行。

5)起升吊钩检查。

①每周检查吊钩轴承,不允许有异响、发卡现象并在每月定期检修时润滑保养。

②吊钩外观检查不允许有结构碰撞变形及焊缝开裂现象。

③如吊钩斜动或吊钩至小车之间的起升绳有抖动现象,应对吊钩及小车起升滑轮磨损情况或滑轮轴承进行检查。

④检查吊钩开口尺寸的变形量、吊钩整体扭转变形、任何一处的变形磨损及磨蚀量之和都不能超设计尺寸的 10%。

⑤钩体不得进行焊接作业。

6)排绳机构的检查。

①至少每班对卷筒与排绳机构之间链条传动系统进行检查,注意链条的润滑及张紧程度,因为滚珠丝杆装置是敞开的,所以周围环境应该尽可能保持无灰尘。

②丝杆在使用环境不是特别恶劣的情况下不必频繁地加注润滑脂,只需注意螺母两端的防尘圈有无破损及脱落,正常条件下按照 500~1000h 加注即可。加注时以每列承载轨道 3~5mL 计,一次加注 20~30mL,加注最好在螺母向法兰方向移动 1~2 个螺距后再次加入。如图 3.5 所示。

③丝杆在供货状态时加注的是 KLUBER 牌 GH461 型润滑脂。

(a)滚珠丝杆轴承座注油保养　　　　　(b)检查减速箱油脂

图 3.5　排绳机构检查图

7)挡绳装置的检查。

每班对挡绳装置进行检查其工作是否正常。

8)减速器检查。

①定期检查润滑油消耗情况,及时补充并按减速器说明书要求的换油更换润滑油。

②正常无故障工作时的声音应均匀无周期性噪音。

③检查润滑泵的工作情况。

④定期更换润滑油过滤网。

⑤其余按照减速器使用说明书进行。

(4)牵引机构

1)牵引机构的连接与紧固。

牵引机构的连接形式是电机—联轴器(工作制动器)—减速器—联轴器—驱动摩擦轮组,电机与减速器、联轴器及驱动摩擦轮组支座均采用螺栓固定,在负荷实验完成、机构运行30h后对地脚螺栓进行检查紧固,见表3.13。

表3.13　　　　　　　　　牵引机构各部件地脚螺栓拧紧力矩表

螺栓规格	强度等级	拧紧力矩(N·m)	备注
M24	8.8	450	GB/T 5782,电动机、工作制动器地脚螺栓,支架1与支架11的连接螺栓,支架111与卷筒底座的连接螺栓
M24	10.9	700	GB/T 5782,机架按动底座与机座缆机螺栓
M30	8.8	600	GB/T 5782,支架11与支架111的连接螺栓,支架11与驱动摩擦轮装置的连接螺栓
M42	8.8	1250	GB/T 5782,减速器地脚螺栓

2)联轴器检查与调整。

要检查联轴器在运行中有无异常情况,当发生有异常声音、振动、漏油及其他异常情况,应立即停机检查,当联轴器的分度圆齿轮厚磨损20%后应立即更换。

联轴器的内外齿润滑油采用 $2^\#$ MoS_2 锂基脂,在正常工作条件下每半月检查1次油的消耗情况并补充,每6个月换油一次,如图3.6所示。

①高速轴联轴器型号为PGCLK9,调整要求见表3.14。

表3.14　　　　　　　　　PGCLK9调整要求

	联轴器			制动盘
	径向偏差 X	轴向偏差 Y	角向偏差 A	端面跳动
允许值	0.3	1.2	18′	0.3

②低速轴联轴器型号为 G Ⅱ CL16,调整要求见表 3.15。

表 3.15 G Ⅱ CL16 调整要求

	径向偏差 X	轴向偏差 Y	角向偏差 A
允许值	1	2	18′

特别说明:安装联轴器时严格按照说明书的要求进行,并尽可能将联轴器的径向偏差、角向偏差调整到 0,联轴器说明书中标注的最大允许偏差值并非指安装允许偏差,切不可据此扩大安装误差,否则可能导致联轴器承载能力急剧下降而发生意外。

③其余参照联轴器使用说明书进行。

机械保养见图 3.6。

(a)小车保养   (b)牵引机构联轴器保养

图 3.6 机械保养

3)摩擦轮的检查与摩擦块更换。

定期对摩擦轮磨损情况进行检查,当绳槽磨损深度达到 16mm 时应更换摩擦块。安装新摩擦块时应先安装固定块,然后顺序安装固定块,装完摩擦块后根据固结块与两端摩擦块的间隙确定调整块尺寸并下料切割、磨平两端面,之后先拆除固结块,安装两调试块后重新安装两固结块,固结块须用锤敲保证张紧。

缆机保养见图 3.7。

(a)缆机导向滑轮保养   (b)缆机牵引系统联轴器保养

图 3.7 缆机保养

①每班检查工作制动器的工作状况，制动器关闭状态下，液力推动器应不受力、可用与晃动；制动器打开或关闭状态时，液力推动器推杆行程应在规定刻度范围内。

②电气记录闸衬精确厚度，以便于备件准备。

③工作工程中随时检查制动器的工作状态。

④应经常检查和检测开关工作是否正常以及磨损片磨损自动补偿功能是否正常。

⑤检查摩擦片的状态与厚度。

⑥检查制动器松闸时摩擦片不会与制动盘摩擦。

⑦每大约动作 4×106 次或 5 年后应对制动器进行全面检查及修理。

⑧其余参照制动器使用维护说明书进行。

4）减速器检查。

①定期检查减速器润滑油消耗情况，及时添加补充并定期按减速器说明书要求的换油周期更换润滑油。

②正常无故障工作时的声音应均匀无周期性噪音。

③检查润滑泵的工作情况。

④定期更换润滑油过滤网。

（5）大车运行机构

1）轨道。

①定期检查车轮在轨道上的运行情况，注意观察是否有啃轨现象及车轮表面的磨损情况。

②每半年对轨道进行测量，根据处理结果对轨道进行调整。

③定期检查接地碳刷在轨道上的接触情况。

2）夹轨器，见图 3.8。

①定期检查油箱内油平面高度，检查各活动铰销润滑情况。

②每周检查钳口间隙，钳口单边间隙应在 12mm 左右，钳口应平整并与轨道边缘正确吻合。

（a）缆机夹轨器安全检查　　　　（b）缆机水平轮检修

图 3.8　缆机安全检查与检修

(6)承马

1)缆机操作人员和地面指挥人员在操作缆机时要注意观察小车和承马及承马与承马之间的间隙,见图 3.9(a)、图 3.9(b),当两者间距较小时牵引小车要减速低挡运行,两者结合后可加速运行,以防止硬性冲击损坏承马。

　　　(a)检查保养缆机承马　　　　　　　　(b)检查保养缆机小车

图 3.9　承马与小车保养

2)承马在上坡时,如承马不行走,可按下列步骤检查,检查表见表 3.16。

表 3.16　　　　　　　　　　　　缆机主副塔方向承马检查

检查时间	承马编号	主塔方向			副塔方向		
		牵引压轮(mm)		牵引摩擦轮 mm	牵引压轮(mm)		牵引摩擦轮(mm)
		1#	2#		1#	2#	

　　注:牵引压轮、绳槽深度大于 52mm 或磨进一个牵引绳的直径的深度;牵引摩擦轮、摩擦轮直径减少大于 17% 或磨进一个牵引绳的直径的深度或摩擦轮绳槽深度大于 38.5mm。

①如摩擦轮及链条在运动,离合器结合力不够,可拆开行走轮内部的离合器,检查离合器内部的摩擦片:摩擦片铆钉是否完好,如有剪断,重新铆接;油、润滑脂进入,清洗摩擦片及相关零件;胀套失效,重新按要求紧固。

②如摩擦轮及链条不运动,牵引绳在摩擦轮和压轮之间抽动,则牵引绳作用于摩擦轮上的压力不够,则可按承马说明书上 4.5 牵引绳与摩擦轮和压轮的压紧力的调整进行调节,该弹簧不允许压并。

3)承马在下坡时滑移,前后承马之间不能分开,可按下列步骤检查:

①检查连杆撞头是否伸出,该处润滑有无到位,离合器是否合上。如低速不能使连杆撞头伸出,可改用高速运行使承马分开。

②检查行走轮和承载索,托轮和承载索之间的压力是否产生足够的摩擦力。可按承

马使用说明书使用。

③检查行走轮内的离合器摩擦片是否进油,清洗行走轮内部的油脂。

④检查离合器与花键的铆钉是否剪断,重新铆接。

⑤检查外花键内的胀套是否失效,按胀套安装要求重新紧固。

(7)索道系统

索道系统由专职人员定期检查,如图3.10所示,检查结果应记录,见表3.17、表3.18。

(a)检查钢丝绳磨损　　　　　　　　(b)检查尼龙滑轮磨损

图3.10　磨损检查

表3.17　　　　　　　　　　　缆机主塔导向滑轮轮槽磨损专项检查表

序号	导向轮检查部位	缆机编号 ♯缆机	轮槽初始尺寸 (mm)
1	主车房下方提升导向轮		50
2	主车房下方牵引导向轮		45
3	提升排绳导向轮		50
4	天轮导向轮		50
5	主车房内牵引导向轮(上游面)		45
6	主车房内牵引导向轮(下游面)		45
7	牵引小车导向轮(左岸)		50
8	牵引小车导向轮(右岸)		50

注:尼龙滑轮绳槽磨损量超过70mm应进行更换。

表3.18　　　　　　　　　　　缆机副塔牵引导向滑轮轮槽磨损专项检查表

序号	导向轮检查部位	缆机编号 ♯缆机	轮槽初始尺寸 (mm)
1	天轮导向轮(上)		50
2	天轮导向轮(下)		45
3	中间牵引导向轮		50
4	检修平台牵引导向轮		50

注:尼龙滑轮绳槽磨损量超过70mm应进行更换。

1)滑轮。

①对滑轮定期检查,特别要注意轴承处的温度及异响,温度 60~70℃。

②尼龙滑动轮绳槽磨损量超过 70mm 时应进行更换。

2)主索。

①在主索上用标记笔作一记号,每台测量浇铸索头与标记的精确距离并记录。

②每班对主索进行外观检查,一旦发现外观丝断裂则应立即通知有关各方,由有经验的专业人员进行修复,见图 3.11。

③对主索用仪器测量主索垂度是否超过最大允许值(吊重 30t,跨中垂度 5%跨度),必要时重新调整,同时检查牵引绳上支垂度并调整。

图 3.11　主索专项检查

3)拉板装置。

①每周检查并确认拉板主铰销轴轴端挡板缆机螺栓处于拧紧状态,见图 3.12。

②每周观察并确认主铰在缆机工作过程中转动正常,无异响或其他不正常现象。

③每 3 个月检查主铰与拉板的缆机螺栓的予紧情况,保证每条螺栓都予紧至同等力矩。

④检查并保证工作拉板销轴轴端挡板连接螺栓无松动现象。

⑤检查锥套横梁之间的缆机状态,观察两板之间的间隙是否不均匀或有加大趋势。

4)起升绳。

①每周对起升绳进行检查,注意钢丝绳的损坏程度、钢丝绳的断丝情况及钢丝绳直径的变化,并做好详细的检查记录。

②一旦发现断丝现象,伸出的断丝头必须用钳子剪掉,如果损坏程度严重如扭结、起笼、断丝情况超标等情况必须立即更换。

③每月使用专用钢丝绳润滑油进行润滑,保持钢丝绳良好润滑情况。

④每周检查牵引绳固结端绳夹的连接情况,是否有松动或则钢丝绳相对滑移现象。

⑤牵引绳的上支垂度按 4.0%、27.03m(初张力约为 90kN)进行控制,超出范围时应及时调整。

运行单位、监理单位要对缆机提升钢丝绳、牵引钢丝绳断丝情况进行专项检查,并做好详细记录(表3.19),对钢丝绳断丝检查结果进行分析。

表3.19 缆机牵引、提升钢丝绳、绳径磨损检测表

缆机名称	检查时间	设备名称	牵引小车位置(m)	提升高度(m)	测量数值(mm)	磨损率
♯缆机		提升钢丝绳				
		牵引钢丝绳				

注:钢丝绳经磨损至10%时,应报废。牵引钢丝绳直径30mm、提升钢丝绳直径36mm。

图3.12 缆机拉板装置专项检查

(8)安全保护装置

1)起升机构安全保护装置。

①起升机构安全保护装置包括:

a.装设于卷筒轴端的限位开关和编码器装置;

b.设置于排绳机构两端的限位开关;

c.设置于链条张紧合上的检查开关;

d.设置于挡绳装置上的检测开关;

e.装设于减速箱第二轴的超速保护开关；

f.相关的电气执行元器件。

②所有安全保护装置应每班检查，保证动作正常，出现信号不灵、电气元器件损坏等不能正常工作的情况，必须停机检查原因，待修复正常后方可运行。

③不得随意拆除、损坏安全保护装置，在安全保护装置不全或未安装情况下，不得运行。

④更换起升钢丝绳后，必须重新进行调整。

⑤卷筒轴端限位开关的设置如下：

开动起升机构放出起升绳，当吊钩到达最低位置（或卷筒上还剩 3 圈安全圈）时，使第一个限位开关正好起作用，同时软件设置下极限位保护点；开动起升机构将起升钢丝绳绕回卷筒，当吊钩的润滑中心距离起重小车的绕润滑中心的高程为 6.8m 时，使上限位开关起作用，同时软件设置下极限位保护点。

2）牵引机构安全保护装置，见图 3.13。

（a）检查安全制动器垫片磨损　　　　　　（b）检查工作制动器垫片磨损

（c）牵引导向滑轮检查　　　　　　　　（d）牵引机构检查

图 3.13　牵引及制动检查

①牵引机构设置有限位开关和编码器装置,其调整为:

开动牵引机构,将小车运行至正常工作的左极限位置,调整终端限位开关及限位器内限位开关的位置,使限位开关的左极限位保护起作用,同时软件设置左限位保护点,以同样方法设置正常工作的右限位保护点。

②小车终端限位的调整。

缆机索道上设置了小车终端限位。调整时将小车开往副车,直至与副车检修平台对位。此时缆机承马已全部运行至副车侧并排列在一起,调整终端限位开关位置,设置小车的副车侧终端极限位,同时软件设置左极限位保护点,以同样方法设置主车侧限位保护点。

③以上调整请看缆机使用说明书电气分册的相关部分,首次调整可在供货商作业人员指导下进行。经过一段时间的运行后需要重新进行调整,要求运行单位按照上述工况条件每个月至少调整一次,每间隔一年必须重新进行调整。

3)运行机构安全保护装置。

运行机构调整设有以下安全保护装置:终端行程开关、校正接近开关、编码器装置、并车运行开关等。

调整方法:分别将主副车运行至上游端终点停车位,安装行程开关撞尺,同时进行相应的软件停车设置;至终点极限位,设置前轨和水平轨车挡,使两个台车上的缓冲器同时与车挡接触。下游端的设置与之相似。

调整时间:经过一段时间的运行后需要重新进行调整,要求运行单位按照上述工况条件每个月至少调整一次,每间隔一年必须重新进行调整。

4)位置及显示装置。

缆机在上位机上距有以下位置显示:起升高度显示,小车位置显示,大车位置显示等。

①位置显示在调试阶段已校准,但在运行工程中仍需通过司机室上位机定期校准,以消除累计误差,保证软件限位保护的精确性。

②起重量传感器的调整:

a.在调试阶段对重量显示进行调整;

b.使缆机吊钩位于下极限并处于空载状态,显示上位机重量显示为"0t";

c.使缆机吊钩位于下极限并处于100%吊载状态,调整上位机重量显示为"30t";

d.继续调整吊重块的数量,使缆机处于110%超载状态,设定超载动作值;

e.在运动过程中,由于惯性、风载、摩擦等均会影响到起重量传感器数值的稳定性、正确性,因此上述调整必须在静止状态下进行,一般需要经过多次才能使起重量传感器的数值基本稳定,经过一段时间的运行后需要重新进行调整。

(9)钢结构

1)表面状况。

①定期对整机的钢结构进行检查,不得有因外力造成的变形、焊缝开裂及严重锈蚀部位。

②对于锈蚀部位应及时进行防腐,防腐补漆前应清除油垢、铁锈等,如果腐蚀情况靠补漆还不能控制,则应彻底清除老漆,重新防腐。

2)螺栓检查。

①设备运行 300h 后对整机螺栓进行抽检,抽检数量不小于 5%,至少每组 2 个,如有松动及时拧紧,见图 3.14。

(a)紧固提升机构变速箱高强螺栓

(b)检查大车高强螺栓紧固情况

(c)检查副塔连接梁焊缝正常

(d)检查副车天轮和钢结构

图 3.14　副塔、副车等检查

②对预紧力有要求的应按照本说明书及安装手册标注的数值核查,如果扭矩不足的应对该连接板的所有高强螺栓进行扭矩复查并补足扭矩值。

③定期检查主要承载结构的焊缝情况,包括焊缝的变形、开裂或者锈蚀等影响结构安全的现象存在。

（10）牵引绳张紧液压泵站

要保证液压泵站能无故障长时间运行,必须严格进行一些日常维护工作。

1）油箱液位检查。

①调试过程中随时检查液位的高度。

②调试完成每月检查液位的高度。

③以后每次张紧牵引绳使用时检查油箱液压油的品质并补充。

2）检查过滤器。

①在调试期间每间隔 2～3h 检查一下过滤器,必要的话进行清理。

②运行期间的第一周每天进行检查,必要时进行清理。

③设备运行一周以后,根据需要随时进行清理。

④吸油过滤器的维护保养:缆机正常运行期间,在每次张紧牵引绳工作前检查吸油过滤器,若液压油变质或过滤器过脏,必须更换。

3）系统内液压油的保养。

①其保养周期与下列因素有关:

a.油液自身的状况（如油中的含水量,油液的老化程度）。

b.工作温度。

c.油箱的充油量。

②油液应在未冷却的状态下排放掉,然后装入新油。

③老化得非常严重或污染得非常厉害的油液不能靠通过加入新的油液来改善其状况（尤其是在系统的泵和马达严重损坏以后,更换新元件前系统必须清洗,更换新油）。

④给系统加油时,一定要使用过滤器,过滤器的精度不能小于 0.06mm,最好使用系统自身的过滤器。

⑤从系统的油液中取样,检验其含有的颗粒的型式、大小及数量,并记录在案。

4）检测主回路压力和控制压力。

①检测周期:每次使用前。

②将新的测量值登记在维修手册上。

③压力的频繁调整意味着溢流阀的磨损加剧了,应及时维修和更换。

5）管路及其他。

①当液压管路有泄漏时应及时进行处理。

②当需要更换油管、阀件、接头时必须严格保证没有脏污进入,因为脏污会对液压系统产生致命危害。松开螺纹和管接头之前,要将周围擦拭干净,所有的开口都要用塑料布或帽盖住,以防脏污进入。清洗前,不能使用棉纱。

③当更换元器件时,注意型号是否正确,同时该处的密封圈必须更换,不能重复使

用。相关联的油缸油箱及各接头无漏油。

(11)设备定期与不定期检修

1)必须保证并严格执行每天缆机运行前对每台缆机约 1h 的架空部分专项检查,确保全天缆机的安全运行,见图 3.15。

2)采取以预防为主的方针,建立设备定期与不定期检查制度,并与缆机安全检查相结合。对发现的问题进行限期并强制处理。消除不利于设备安全运行的隐患,定期编写检查简报。

3)设备运行单位应将设备的定期强制性检修、维护保养计划纳入总的施工计划中;按合同约定,实行缆机每月 72h 设备检修、维护保养制度(≤3d,包括停机检修和不停机检修两种情况),确保缆机的完好率在 96% 及以上的要求。并应避开大坝工程施工需要。

4)设备运行单位在实施定期、计划强制性检修前,填写《设备检修申请单》,监理对其准备情况进行检查和审核;检修工作完成后,自检合格、填写《设备检修验收单》报监理审核批准后,设备可投入使用。

5)未经监理工程师书面同意,设备运行单位不得在设备上任意拆换、增设任何零部件或设施。由承包人负责的备品备件供应及更换件,使用非原厂家的配件和油料须符合原厂技术要求,须得到监理工程师批准。

6)缆机设备发生下列情况之一时,应对该设备进行规定的载荷试验:

①新安装或拆除后重新安装。

②封存一年以上重新启用。

③重大技术改造并有主要性能改变。

④遇自然灾害或出现重大质量事故,其主要受力构件变形受损,经重新修复或更换。

7)缆机主副塔维护保养人员每月对缆机避雷系统所有钢绞线锚固点以及绳夹的情况进行一次常规巡查,并在每次下雨后对锚固点进行巡查,确保钢绞线锚固牢固。

8)避雷系统定期保养。

①每年进行一次避雷器耐压试验。

②满两年进行预防性试验。

③检查避雷器针导电部分的电气连接是否紧密牢固、发现有接触不良或脱焊时应检修。

④检查避雷器本体是否有裂纹或锈蚀、歪斜现象,检查避雷针埋入地下 50cm 深度以上的部分是否腐朽或锈蚀。

⑤检查避雷线是否可靠接地。

⑥瓷套有裂纹或密封不良时,应进行解体检查与检修。

（a）检测牵引轮轮槽磨损　　　　　　　　（b）检测承马滑轮组磨损

（c）缆机日常架空检查

（d）国电大力公司（厂家）业主对缆机使用情况进行检查

图 3.15　定期检修运行设备

3.5.1.3　重要保养及检修

（1）1#缆机重要保养及检修工作

1#缆机的重大保养工作及检修工作包括主车侧自行式承马的更换以及起升和牵引钢丝绳的更换工作，见表 3.20。

表 3.20   1# 缆机重大保养及检修工作表

保养及检修工作	占用时间	备品备件使用情况	更换原因	备注
承马更换	1d	新型承马 4 套	更新换代	主车侧
牵引绳更换	2d	牵引钢丝绳一根	磨损达到更换标准	2013 年 9 月 7 日
牵引绳更换	17h	牵引钢丝绳一根	异常磨损	2014 年 9 月 17 日
起升绳更换	1d	起升钢丝绳一根	磨损达到更换标准	2013 年 9 月 11 日
安全制动器	4d	电磁阀线圈一个	线圈烧坏	2014 年 2 月 13 日
直流装置		快速熔断器 7 个	熔断器烧坏	

（2）2# 缆机重要保养及检修工作

2# 缆机的重大保养工作及检修工作包括主车侧自行式承马的更换以及起升和牵引钢丝绳的更换工作，见表 3.21。

表 3.21   2# 缆机重大保养及检修工作表

保养及检修工作	占用时间	备品备件使用情况	更换原因	备注
牵引绳更换	2d	牵引钢丝绳一根	磨损达到更换标准	2013 年 5 月 26 日
牵引绳更换	2d	牵引钢丝绳一根	磨损达到更换标准	2014 年 7 月 8 日
起升绳更换	1d	起升钢丝绳一根	磨损达到更换标准	2013 年 2 月 7 日
起升绳更换	1d	起升钢丝绳一根	磨损达到更换标准	2013 年 10 月 27 日
直流装置		快速熔断器 4 个	熔断器烧坏	
数传电台	4h	电台一对	无输出	2011 年 4 月 25 日

（3）3# 缆机重要保养及检修工作

3# 缆机的重大保养工作及检修工作包括主车侧自行式承马的更换以及起升和牵引钢丝绳的更换工作，见表 3.22。

表 3.22   3# 缆机重大保养及检修工作表

保养及检修工作	占用时间	备品备件使用情况	更换原因	备注
牵引绳更换	5d	牵引钢丝绳一根	磨损达到更换标准	2013 年 3 月 5 日
牵引绳更换	2d	牵引钢丝绳一根	磨损达到更换标准	2014 年 5 月 1 日
起升绳更换	2d	起升钢丝绳一根	磨损达到更换标准	2013 年 1 月 25 日
起升绳更换	2d	起升钢丝绳一根	磨损达到更换标准	2014 年 1 月 16 日
起升速器检修	10d/47d	减速器第二级齿轮一套	磨损达到更换标准	2013 年 8 月 28 日
主车电缆卷筒	19h	碳刷、滑环、绝缘子	端子打火、爆炸起火	2014 年 8 月 16 日
直流装置		快速熔断器 11 个	熔断器烧坏	

（4）4# 缆机重要保养及检修

4# 缆机的重大保养工作及检修工作包括主车侧自行式承马的更换以及起升和牵引钢丝绳的更换工作，见表 3.23、图 3.16。

表3.23   4#缆机重大保养及检修工作表

保养及检修工作	占用时间	备品备件使用情况	更换原因	备注
牵引绳更换	2d	牵引钢丝绳一根	磨损达到更换标准	2013年7月28日
牵引绳更换	2d	牵引钢丝绳一根	磨损达到更换标准	2014年8月20日
起升绳更换	2d	起升钢丝绳一根	磨损达到更换标准	2013年5月10日
起升绳更换	1d	起升钢丝绳一根	磨损达到更换标准	2014年5月5日
直流装置		快速熔断器2个	熔断器烧坏	

（a）检查紧固主塔水平轨螺栓   （b）检查紧固副塔垂直轨螺栓

（c）检查缆机钢丝绳磨损

图3.16 缆机重大保养

3.5.1.4 建立设备台账

缆机属特种起重机械并对大岗山水电工程施工至关重要,要求对每台缆机建立详细完整的技术档案,如实统计、填写设备的运转台时、完好率、利用率以及生产率,为施工决策和缆机维护及重大部件更换决策提供依据。按合同约定,实行缆机每月72h设备检修、维护保养制度(≤3d,包括停机检修和不停机检修两种情况),确保缆机的完好率在96%及以上的要求。确保缆机安全运行,安全高效为工程施工服务。

缆机运行台时统计:

2009—2016年1#～4#缆机运行日历台时157536h,其中吊杂及浇筑94040h、日保养

3145.5h、周保养 1885h、月保养 667.3h、临时检修 1336.5h、故障检修 1710h、停电 347h、待令 54404.7h。缆机利用率为 59.69%，完好率为 98.9%，满足合同缆机的完好率在 96% 及以上的要求。

缆机运行台时详细统计见表 3.24 至表 3.30。

表 3.24 **2009—2016 年 1#~4# 缆机运行台时统计汇总表**

年	日历台时(h)	吊杂及浇筑台时(h)	日常保养维护台时(h)			检修台时(h)		停电(h)	待令时间(h)
			日保养	周保养	月保养	临时检修	故障检修		
2009—2010	11352.0	3487.0	155.0	9.0	64.8	66.5	204.5	74.0	7291.2
2011	24944.0	8464.0	512.5	236.0	210.5	38.0	306.5	29.5	15147.0
2012	35136.0	23041.5	634.0	459.5	116.5	168.5	186.5	53.5	10476.0
2013	35040.0	28135.5	597.5	419.0	102.0	575.5	304.0	64.0	4842.5
2014	34064.0	24084.0	603.0	446.5	100.0	462.0	509.5	47.0	7812.0
2015	15504.0	5860.0	562.0	277.5	71.0	24.5	199.0	70.5	8439.5
2016	1496.0	968.0	81.5	37.5	2.5	1.5	0.0	8.5	396.5
合计	157536.0	94040.0	3145.5	1885.0	667.3	1336.5	1710.0	347.0	54404.7

表 3.25 **2009—2010 年 1#~4# 缆机运行台时统计汇总表**

年	月	日历台时(h)	吊杂及浇筑台时(h)	日常保养维护台时(h)			检修台时(h)		停电(h)	待令时间(h)
				日保养	周保养	月保养	临时检修	故障检修		
2009	8	160.0	129.0	0.0	0.0	0.0	6.5	22.0	1.5	1.0
2009	9	248.0	133.5	0.0	0.0	0.0	12.0	8.5	4.0	90.0
2009	10	240.0	234.5	0.0	0.0	0.0	5.5	0.0	0.0	0.0
2009	11	248.0	232.5	0.0	0.0	0.0	12.5	3.0	0.0	0.0
2009	12	240.0	214.5	0.0	0.0	0.0	10.0	3.0	0.0	12.5
2010	1	312.0	142.0	0.0	0.0	0.0	19.0	8.0	0.0	143.0
2010	2	648.0	56.0	0.0	0.0	0.0	0.0	27.0	0.0	565.0
2010	3	568.0	110.0	0.0	0.0	0.0	0.0	0.0	0.0	458.0
2010	4	992.0	152.0	0.0	0.0	0.0	0.0	2.0	0.0	838.0
2010	5	960.0	358.0	0.0	0.0	0.0	0.0	0.0	52.5	549.5
2010	6	992.0	224.0	0.0	0.0	0.0	0.0	111.0	0.0	657.0
2010	7	960.0	281.0	0.0	0.0	0.0	0.0	0.0	0.0	679.0
2010	8	992.0	405.5	13.0	0.0	8.5	0.0	4.0	0.0	561.0
2010	9	992.0	326.5	22.5	0.0	24.0	0.0	2.5	0.0	607.5
2010	10	960.0	291.5	47.0	0.0	16.0	1.0	7.0	16.0	581.5
2010	11	776.0	91.0	56.5	0.0	16.0	0.0	6.5	0.0	606.0
2010	12	1064.0	105.5	16.0	0.0	0.0	0.0	0.0	0.0	942.5
小　计		11352.0	3487.0	155.0	9.0	64.5	66.5	204.5	74.0	7291.5

表 3.26 **2011 年 1#～4# 缆机运行台时统计汇总表**

年	月	日历台时(h)	吊杂及浇筑台时(h)	日常保养维护台时(h)			检修台时(h)		停电(h)	待令时间(h)
				日保养	周保养	月保养	临时检修	故障检修		
2011	1	512.0	107.0	5.0	8.0	4.0	0.0	17.0	0.0	371.0
2011	2	992.0	216.0	13.5	0.0	0.0	0.0	29.0	0.0	733.5
2011	3	896.0	366.5	11.5	12.5	11.5	4.0	9.0	0.0	481.0
2011	4	992.0	449.0	45.0	7.0	11.5	0.0	5.0	0.0	474.5
2011	5	1440.0	380.0	41.0	7.5	29.5	8.0	58.5	0.0	915.5
2011	6	1488.0	537.0	53.0	28.5	5.5	0.0	22.5	0.0	841.5
2011	7	2880.0	988.5	57.0	34.0	0.0	0.0	29.5	1.5	1769.5
2011	8	2976.0	911.0	57.0	29.0	7.0	3.0	39.0	0.0	1930.0
2011	9	2976.0	1169.5	53.0	18.0	8.0	9.0	35.5	16.0	1667.0
2011	10	2880.0	1073.5	47.0	18.5	65.5	0.0	5.0	0.0	1670.5
2011	11	2976.0	996.5	58.0	36.0	29.0	1.5	11.5	4.0	1839.5
2011	12	3936.0	1269.5	71.5	37.0	39.0	12.5	45.0	8.0	2453.5
小 计		24944.0	8464.0	512.5	236.0	210.5	38.0	306.5	29.5	15147.0

表 3.27 **2012 年 1#～4# 缆机运行台时统计汇总表**

年	月	日历台时(h)	吊杂及浇筑台时(h)	日常保养维护台时(h)			检修台时(h)		停电(h)	待令时间(h)
				日保养	周保养	月保养	临时检修	故障检修		
2012	1	1920.0	641.0	33.0	26.5	0.0	0.0	18.0	0.0	1201.5
2012	2	2976.0	857.0	53.5	46.5	17.0	6.5	4.0	9.5	1982.0
2012	3	2784.0	1393.5	49.0	36.5	14.5	6.0	37.0	3.5	1244.0
2012	4	2976.0	1781.0	53.0	44.5	11.5	16.0	3.0	0.0	1067.0
2012	5	2880.0	1940.5	51.5	47.5	4.0	4.0	9.0	8.0	815.5
2012	6	2976.0	2042.0	57.0	37.5	9.5	23.0	3.0	2.0	802.0
2012	7	2880.0	1738.0	54.5	34.0	13.0	59.5	3.5	6.0	971.5
2012	8	2976.0	1974.0	56.0	43.0	8.0	2.0	52.0	15.0	826.0
2012	9	2976.0	2291.0	54.0	34.0	14.0	6.0	5.0	3.0	569.0
2012	10	2880.0	2460.0	50.5	48.0	0.0	12.0	6.5	4.5	298.5
2012	11	2976.0	2559.0	54.5	24.5	8.5	22.0	7.0	0.0	300.5
2012	12	3936.0	3364.0	67.5	37.0	16.5	11.5	38.5	2.0	398.5
小 计		35136.0	23041.5	634.0	459.5	116.5	168.5	186.5	53.5	10476.0

表 3.28 2013 年 1#～4# 缆机运行台时统计汇总表

| 年 | 月 | 日历台时(h) | 吊杂及浇筑台时(h) | 日常保养维护台时(h) | | | 检修台时(h) | | 停电(h) | 待令时间(h) |
				日保养	周保养	月保养	临时检修	故障检修		
2013	1	1920.0	1663.5	32.5	27.0	0.0	10.0	1.0	0.0	186.0
2013	2	2976.0	2112.5	49.0	31.0	7.5	53.0	7.0	8.0	708.0
2013	3	2688.0	2009.0	45.5	23.5	3.0	120.5	2.0	30.0	454.5
2013	4	2976.0	2510.5	48.5	35.5	9.5	24.0	12.0	0.0	336.0
2013	5	2880.0	2311.5	49.5	36.5	12.5	29.0	2.0	0.0	439.0
2013	6	2976.0	2369.0	49.5	46.5	9.0	44.0	14.0	10.0	434.0
2013	7	2880.0	2389.0	51.0	40.0	8.0	52.0	11.0	0.0	329.0
2013	8	2976.0	2400.5	55.0	34.0	7.0	49.0	31.5	0.0	398.5
2013	9	2976.0	2128.0	47.5	34.0	9.5	80.5	191.5	0.0	485.0
2013	10	2880.0	2419.0	48.5	32.5	9.5	55.0	22.5	8.0	284.5
2013	11	2976.0	2552.0	54.5	36.0	6.0	30.0	0.0	0.0	297.0
2013	12	3936.0	3271.0	66.5	42.5	20.5	27.0	9.5	8.0	491.0
小　计		35040.0	28135.5	597.5	419.0	102.0	575.5	304.0	64.0	4842.5

表 3.29 2014 年 1#～4# 缆机运行台时统计汇总表

| 年 | 月 | 日历台时(h) | 吊杂及浇筑台时(h) | 日常保养维护台时(h) | | | 检修台时(h) | | 停电(h) | 待令时间(h) |
				日保养	周保养	月保养	临时检修	故障检修		
2014	1	1920.0	1408.0	34.5	31.0	0.0	22.5	4.0	8.0	412.0
2014	2	2976.0	1579.0	49.5	49.0	6.5	28.5	118.5	0.0	1145.0
2014	3	2688.0	2163.0	47.0	33.0	11.0	15.0	65.5	0.0	353.5
2014	4	3936.0	3241.5	68.5	50.0	19.0	76.0	4.5	14.0	462.5
2014	5	2976.0	2551.0	51.5	38.5	11.0	62.0	7.5	0.0	254.5
2014	6	2880.0	2246.0	51.0	40.0	10.5	32.5	6.5	2.0	491.5
2014	7	2976.0	2468.0	50.0	45.5	5.5	59.0	2.0	0.0	346.0
2014	8	2976.0	2434.0	53.0	33.0	8.5	69.5	64.5	0.0	313.5
2014	9	2880.0	2269.0	48.0	28.5	10.0	44.5	157.0	0.0	323.0
2014	10	2976.0	2054.0	51.5	34.5	9.0	17.0	4.0	2.0	804.0
2014	11	2400.0	732.0	48.5	33.0	1.5	24.5	75.5	19.0	1466.0
2014	12	2480.0	938.5	50.0	30.5	7.5	11.0	0.0	2.0	1440.5
小　计		34064.0	24084.0	603.0	446.5	100.0	462.0	509.5	47.0	7812.0

表 3.30   2015 年 1# ～4# 缆机运行台时统计汇总表

年	月	日历台时(h)	吊杂及浇筑台时(h)	日常保养维护台时(h)			检修台时(h)		停电(h)	待令时间(h)
				日保养	周保养	月保养	临时检修	故障检修		
2015	1	1984.0	847.5	54.0	27.5	8.0	7.5	30.5	2.0	1007.0
2015	2	1792.0	423.0	46.0	22.0	9.5	2.0	0.0	0.0	1289.5
2015	3	1984.0	821.0	54.0	28.0	8.0	1.5	2.5	0.0	1069.0
2015	4	1920.0	870.5	50.0	36.0	8.0	3.0	0.0	0.0	952.5
2015	5	1488.0	746.5	64.5	25.5	0.0	0.0	8.0	65.0	578.5
2015	6	1440.0	464.0	51.5	24.5	9.5	9.0	7.0	0.0	874.5
2015	7	1488.0	503.5	52.0	28.0	10.0	1.5	7.0	0.0	886.0
2015	8	992.0	336.5	60.5	24.5	8.0	0.0	0.0	0.0	562.5
2015	9	768.0	287.0	48.0	20.5	8.0	0.0	0.0	2.0	410.5
2015	10	744.0	148.5	32.5	15.5	5.0	0.0	144.0	1.5	397.0
2015	11	496.0	186.0	27.0	13.0	5.0	0.0	0.0	0.0	265.0
2015	12	408.0	226.0	22.0	12.5	0.0	0.0	0.0	0.0	147.5
小 计		15504.0	5860.0	562.0	277.5	71.0	24.5	199.0	70.5	8439.5

①1# 缆机运行台时统计。

2009—2016 年 1# 缆机共计运行 42808h,其中吊杂及浇筑 22634h、日保养 869h、周保养 475.5h、月保养 182h、临时检修 324.5h、故障检修 634.5h、停电 85.5h、待令 17603h。缆机利用率为 52.87%,完好率为 98.51%,满足合同缆机的完好率在 96% 及以上的要求,见表 3.31。

表 3.31   1# 缆机 2009—2016 年运行台时统计汇总表

年	日历台时(h)	吊杂及浇筑台时(h)	日常保养维护台时(h)			检修台时(h)		停电(h)	待机时间(h)
			日保养	周保养	月保养	临时检修	故障检修		
2009	1136	944	0	0	0	46.5	36.5	5.5	103.5
2010	3008	733	39	9	19	19	83	14	2092
2011	6024.0	1662.5	123.0	51.5	63.0	7.5	60.5	8.0	4048.0
2012	8784.0	4162.5	160.0	113.0	30.5	17.5	41.5	11.0	4248.0
2013	8760.0	6834.5	153.5	93.0	22.5	114.5	6.0	16.0	1520.0
2014	8760.0	5718.5	148.0	90.0	23.5	112.5	399.0	10.0	2258.5
2015	4840.0	1611.0	164.0	81.5	21.0	5.5	8.0	12.5	2936.5
2016	1496.0	968.0	81.5	37.5	2.5	1.5	0.0	8.5	396.5
合 计	42808	22634	869	475.5	182	324.5	634.5	85.5	17603

②2#缆机运行台时统计。

2009—2016 年 2# 缆机日历台时 37976h,其中吊杂及浇筑 23928.5h、日保养 803.5h、周保养 509h、月保养 164.5h、临时检修 337h、故障检修 160.5h、停电 85h、待令 11988h。缆机利用率为 63%,完好率为 99.6%,满足合同缆机的完好率在 96% 及以上的要求,见表 3.32。

表 3.32　　　　　　　　　2# 缆机 2010—2016 年运行台时统计汇总表

年	日历台时（h）	吊杂及浇筑台时（h）	日常保养维护台时（h）			检修台时（h）		停电（h）	待机时间（h）
			日保养	周保养	月保养	临时检修	故障检修		
2010	2816.0	811.0	52.0	0.0	3.5	0.0	2.0	18.5	1929.0
2011	7000.0	2188.5	131.5	60.5	56.0	11.5	41.5	7.5	4503.0
2012	8784.0	6238.0	158.5	114.5	28.5	69.0	31.5	11.5	2132.5
2013	8760.0	7315.0	148.0	126.0	30.0	122.5	42.0	16.0	960.5
2014	7784.0	6084.0	153.5	132.0	26.5	132.5	42.5	11.5	1201.5
2015	2832.0	1292.0	160.0	76.0	20.0	1.5	1.0	20.0	1261.5
合　计	37976	23928.5	803.5	509	164.5	337	160.5	85	11988

③3#缆机运行台时统计。

2009—2016 年 3# 缆机日历台时 40544h,其中吊杂及浇筑 25626h、日保养 767.5h、周保养 434.5h、月保养 138.5h、临时检修 426h、故障检修 565.5h、停电 94.5h、待令 12491.5h。缆机利用率为 63.2%,完好率为 98.6%,满足合同缆机的完好率在 96% 及以上的要求,见表 3.33。

表 3.33　　　　　　　　　3# 缆机 2010—2015 年运行台时统计汇总表

年	日历台时（h）	吊杂及浇筑台时（h）	日常保养维护台时（h）			检修台时（h）		停电（h）	待机时间（h）
			日保养	周保养	月保养	临时检修	故障检修		
2010	2376.0	675.0	48.0	0.0	13.5	1.0	46.0	22.0	1570.5
2011	6024.0	2597.5	134.5	48.0	35.0	11.5	48.0	7.0	3142.5
2012	8784.0	6782.5	154.5	114.0	25.0	42.5	90.5	17.0	1558.0
2013	8760.0	7172.0	148.0	96.0	25.5	228.0	219.5	16.0	855.0
2014	8760.0	6463.0	153.5	109.5	24.0	126.0	16.5	10.5	1857.0
2015	5840.0	1936.0	129.0	67.0	15.5	17.0	145.0	22.0	3508.5
合　计	40544	25626	767.5	434.5	138.5	426	565.5	94.5	12491.5

④4#缆机运行台时统计。

2009—2016年4#缆机日历台时36208h,其中吊杂及浇筑21851.5h、日保养705.5h、周保养466h、月保养182h、临时检修249h、故障检修349.5h、停电82h、待令12322.5h。缆机利用率为60.3%,完好率为99%,满足合同缆机的完好率在96%及以上的要求,见表3.34。

表3.34   4#缆机2010—2015年运行台时统计汇总表

年	日历台时 (h)	吊杂及浇筑 台时(h)	日常保养维护台时(h)			检修台时(h)		停电(h)	待机 时间(h)
			日保养	周保养	月保养	临时检修	故障检修		
2010	2016.0	324.0	16.0	0.0	28.5	0.0	37.0	14.0	1596.50
2011	5896.0	2015.5	123.5	76.0	56.5	7.5	156.5	7.0	3453.5
2012	8784.0	5858.5	161.0	118.0	32.5	39.5	23.0	14.0	2537.5
2013	8760.0	6814.0	148.0	104.0	24.0	110.5	36.5	16.0	1507.0
2014	8760.0	5818.5	148.0	115.0	26.0	91.0	51.5	15.0	2495.0
2015	1992.0	1021.0	109.0	53.0	14.5	0.5	45.0	16.0	733.0
合 计	36208	21851.5	705.5	466	182	249	349.5	82	12322.5

⑤分析:

a.大岗山大坝2014年9月24日封顶,标志着大坝主体工程完工。根据2009—2016年缆机设备利用率统计表可以看出缆机利用最高峰在2013年,缆机利用率达到80.3%,满足工程最高峰使用需要。2015年、2016年为大岗山大坝施工收尾阶段,2015年底2#、3#、4#缆机停运、2016年10月19日1#缆机停运。由于大坝收尾阶段吊运工程量为零星工程量所以缆机使用效率达到了64.7%,不能反映缆机实际工作能力。缆机设备利用率见表3.35。

表3.35   1#～4#缆机设备利用率统计表

年	2009—2010	2011	2012	2013	2014	2015	2016(1#缆机)
利用率	30.7%	33.9%	65.6%	80.3%	70.7%	30.8%	64.7%(零星)

b.从4台缆机使用情况看,由于1#缆机到达坝体部位距离受限使用率最低,缆机使用期间利用率为52.87%;2#、3#缆机由于到达坝体距离合适使用利用率到达了63.2%。说明大岗山缆机这样布置有一定的使用允余,满足工程最高峰吊运需要。

c.从4台缆机设备完好率看,缆机使用完好率为2#缆机最高到达99.6%,最低为1#缆机到达98.51%,满足合同保证缆机设备完好率到达96%级以上要求,见表3.36。

表 3.36　　　　　　　　　　　　　单台缆机设备利用率、完好率统计表

缆机编号	利用率（%）	完好率（%）
1#	52.87	98.51
2#	63.0	99.6
3#	63.2	98.6
4#	60.3	99.0

3.5.2　缆机检查及维护记录

（1）导向滑轮检查记录

①缆机主要导向滑轮磨损检测统计。

例：2012 年 2 月、5 月、10 月大岗山 4# 缆机主要导向滑轮磨损检测，检测数据满足技术标准要求。检测数据见表 3.37。

表 3.37　　　　　　　　　　　　　　4# 缆机导向滑轮检查记录表

缆机编号	部件名称	2012 年 2 月 15 日	2012 年 5 月 23 日	2012 年 10 月 28 日
		实测值	实测值	实测值
4# 缆机	副塔天轮	75mm	78mm	81mm
	副塔上张紧轮	70mm	72mm	75mm
	副塔下张紧轮	70mm	71mm	74mm
	主塔天轮	70mm	73mm	77mm
	主塔牵引导向轮	48mm	52mm	54mm
	主塔提升导向轮	51mm	53mm	56mm

（2）钢丝绳检查记录

①抽检方法：随机抽取 20m 长度为一个检测单位。取 10 个检测点数据进行加权平均后的数据为一个记录，总计五个记录。

②每月抽检节段各异，实测值和磨损率变化有差异。符合从"左岸端到缆机跨度中点"及"缆机跨度中点到右岸端"缆机工作频繁程度不同的实际情况。总的变化趋势："左岸端到缆机跨度中点"段磨损大于"缆机跨度中点到右岸端"段。

③当钢丝绳直径磨损 10% 时，应更换新钢丝绳。大岗山缆机使用钢丝绳为多层股的钢丝绳，多层股的钢丝绳断丝大多发生在钢丝绳内部因而是"不可见的"断裂，不宜发现，在日常检查中无法判断。缆机使用过程中主要靠经验进行判断。

④2012 年 1 月、2 月、3 月、5 月、6 月、7 月 4# 缆机牵引、提升钢丝绳磨损情况检测，检

测数据满足钢丝绳直径磨损小于 10‰的技术要求。4#缆机钢丝绳检查记录见表 3.38。

表 3.38   4#缆机钢丝绳检查记录表

缆机编号	部件名称	2012 年 1 月 12 日		2012 年 2 月 14 日		2012 年 3 月 19 日		2012 年 5 月 20 日		2012 年 6 月 22 日		2012 年 7 月 18 日	
		实测值	磨损率（‰）	实测值	磨损率（‰）	实测值	磨损率（‰）	实测值	磨损率（‰）	实测值	磨损率（‰）	实测值	磨损率（‰）
4#缆机	提升绳	35.5	1	35.3	1.94	35.5	1.39	34.9	3.06	35.1	2.5	34.6	3.89
		35.3	2	35.1	2.5	35.5	1.39	34.9	3.06	34.8	3.33	34.6	3.89
		35.4	2	35.1	2.5	35.4	1.67	34.9	3.06	34.7	3.61	34.7	3.61
		35.5	1	35.6	1.11	35.2	2.22	35.0	2.78	34.8	3.33	35.0	2.78
		35.5	1	35.6	1.11	35.2	2.22	35.0	2.78	34.8	3.33	34.9	3.06
	牵引绳	29.2	3	29.28	2.06	29.2	2.67	28.9	3.67	28.9	3.67	29.2	2.67
		29.4	2	29.6	1.33	29.06	3.13	28.8	4	28.7	4.33	29.2	2.67
		29.4	2	29.2	2.67	29.3	2.33	28.9	3.67	28.7	4.33	28.6	4.67
		29.4	2	29.5	1.67	29.2	2.67	29.1	3	29.2	2.67	28.7	4.33
		29.4	2	29.0	3.33	29.5	1.67	29.0	3.33	29.3	2.33	29.2	2.67

（3）主索垂度检测

2012 年 8 月 20 日 4#缆机主索垂度测量,测量数据满足厂家技术要求。4#缆机主索垂度测量见表 3.39。

表 3.39   4#缆机主索垂度测量表

序号	缆机	2012 年 8 月 20 第二次复核测量				
		最低点位置	测量值	跨度	空载垂度	满足厂家
1	4#	距主车 370m	1234.819		4.43%	4%～6%技术要求

（4）大型设备检查运行(检修)过程控制安全检查记录

（5）缆机主塔巡视检查记录

（6）班组六循环记录

（7）交接班记录

（8）月保养记录

（9）周保养记录

（10）日常保养记录

3.6　缆机钢丝绳更换施工方法

3.6.1　概况

大岗山高拱坝浇筑规模大,大坝混凝土 353.58 万 m^3,坝高 210m,从 2010 年 9 月开始浇筑到 2014 年 9 月完成,坝体平均上升速度达 6.18m,连续 25 个月强度达 9 万 m^3 以上,最大月浇筑强度 13.74 万 m^3。如何确保工程的施工进度和施工形象,满足大坝施工形象进度和电站首台机组的发电要求是本工程混凝土施工的重点、难点。此期间的混凝土浇筑手段是通过缆机浇筑,如此高强度的浇筑对缆机要求很高,缆机不能出现任何影响浇筑的重大故障。而高强度的运行对缆机牵引绳及起升绳的磨损量很大,故在磨损到一定量的时候必须对钢丝绳进行更换。

大岗山缆机使用的起升绳是威路配 Φ36mm 钢丝绳、牵引绳是威路配 Φ30mm 钢丝绳,按最大磨损量达到钢丝绳直径的 10% 时就必须更换钢丝绳,根据相关技术要求和工程使用经验,大岗山 4 台缆机更换缆机牵引、提升钢丝绳 15 次。

3.6.2　施工准备

1)在左、右岸上游侧卷扬机平台分别锚固 1 台 16t 卷扬机,左、右岸卷扬机分别缠绕 300m 的 Φ28mm 的辅助绳。

2)在左、右岸缆机平台河侧临空面设置一检修平台(沿整个缆机平台),并设置防护栏杆。

3)在主、副车天轮平台处用角钢搭设一个延伸平台(在天轮平台两侧分别用 $\angle$50·2m 的角钢焊接,之后在角钢中部位置和立柱结构之间焊接支撑,之后在角钢上铺满竹跳板,并用麻绳固定)。

4)在小车靠右岸侧的前端用角钢搭设一个的延伸平台(在小车两侧分别用 $\angle$50·2m 的角钢焊接,之后在角钢中部位置和小车之间焊接支撑,之后在角钢上铺满竹跳板,并用麻绳固定)。

5)在左岸主车结构前端适当部位焊接两个固定端作为导向滑轮的锚固点及小车的锚固点。

6)在主车主梁下部分别焊接一个耳板(δ20mm 的钢板),用于固定 16t 导向滑轮。

7)需要的各种工器具。

3.6.3 资源配置

1）设备配置见表 3.40。

表 3.40　　　　　　　　　　　　设备配置表

序号	名称	规格	数量	备注
1	卷扬机	16t	1	容绳量（Φ32mm，1200m）
2	卷扬机	10t	1	
3	手拉葫芦	1t	3	
4	手拉葫芦	2t	3	
5	八卦头	—	10	
6	导向滑轮	16t	4	绳槽必须能通过 Φ36mm 的钢丝绳
7	导向滑轮	5t	2	
8	绳卡	Φ36	50	
9	钢丝绳	Φ28	800m	
10	钢丝绳	Φ15	200m	
11	安全绳	Φ15	50m	
12	角钢	∠50	50m	搭设工作平台
13	安全带		10 副	
14	竹跳板		30 块	

2）劳动力配置见表 3.41。

表 3.41　　　　　　　　　　劳动力配置表

序号	工种	人数	工种	人数
1	管理人员	3	电工	2
2	钳工	2	起重工	10
3	焊工	1	辅工	6
合计			24 人	

3.6.4　质量保证措施

1）积极贯彻执行葛洲坝集团公司及项目部的质量方针。

2）实行以项目经理为第一质量安全责任人的质量责任制。

3）施工前进行详细的技术交底。

3.6.5　安全文明施工

(1)施工安全的一般要求

1)对施工人员进行安全教育,提高安全生产意识。要求施工人员在施工中严格遵守国家有关安全生产的法律法规及各项规章制度。

2)施工机械操作人员及特殊工种作业人员还需持有有效的安全操作证才能上岗。

3)施工前严格按照要求进行安全技术交底。

4)所有进入施工场地的工作人员,必须戴安全帽和安全规程所要求的防护用品,高空作业必须系安全带,并设立安全网加以保护,严禁违章作业。

(2)高空作业安全技术

1)参加高空作业人员,要熟知本工种的安全技术操作规程,在操作作业中应坚守工作岗位。

2)上下交叉作业有危险的出入口要有防护隔棚或其他隔离设施,跨地面 3m 以上有防护栏杆、挡板或安全网。

3)高空作业所有材料要堆放平稳,工具应随手放入工具袋内,上下传递物件禁止抛掷。

4)高空作业上下爬梯固定要牢靠。

(3)文明施工

施工结束后,清除施工现场的施工废弃物,做到工完场清。

3.6.6　起升钢丝绳更换方法

(1)起升钢丝绳规格、长度

大岗山缆机的起升钢丝绳直径为 36mm,长度 1450m,单根绳重量约 10t。

(2)起升钢丝绳更换程序

1)利用牵引机构将小车运行至右岸极限位,把右岸副车侧的起升绳与 16t 卷扬机的辅助绳连接后,解开副车上的起升钢丝绳固定端后再与小车固定。

2)利用牵引机构将小车再运行回左岸极限位(右岸 Φ28mm 的辅助绳随动拖放),并把大钩放置在一个平台上,锁定小车。

3)解开之前固定在小车上的起升钢丝绳。

4)启动起升机构,利用微速卷绕起升绳直至 Φ28mm 的辅助绳穿绕过小车滑轮和大钩装置滑轮后,锁定 Φ28mm 的辅助绳绳头,并解开与旧起升绳的固定。

5)把卷绕上卷筒的旧起升钢丝绳退出。

6)待旧绳退完之后,把新绳通过卷筒下的一个导向滑轮卷至提升卷筒。

7)把新绳露出的端头与右岸牵引过江的 Φ28mm 的辅助绳绳头连接。微速启动右岸卷扬机牵引新起升绳缠绕过小车导向轮及吊钩滑轮。

8）把通过上述滑轮的新绳锁定在小车（在小车上预留 40m 长度的新绳）。

9）解开之前锁定的承马，启动牵引机构，将小车运行至右岸（右岸卷扬机随动卷收）。

10）微动 16t 卷扬机的辅助绳牵引新起升绳穿越承马至右岸起升绳固定端锁定。

11）解除 16t 卷扬机的辅助绳和起升绳连接。

12）回收卷扬机的辅助绳。

3.6.7 牵引钢丝绳更换方法

3.6.7.1 牵引钢丝绳规格、长度

大岗山缆机的牵引钢丝绳直径为 30mm，长度 1350m，单根绳重量约 6.5t。

3.6.7.2 牵引钢丝绳更换程序

利用起升机构作牵引绳过江的动力机构，采用牵引绳上部先过江方式。

（1）左岸侧工作：起升绳退出起升滚筒

①将小车及大钩运行至右岸安全区域，且小车在右岸极限位置并锁定小车，然后在左岸天轮处锁定牵引绳；在缆机下部的主车机构腹部焊接的耳板处将牵引绳锁定。再将起升绳在主车机构腹部导向滑轮前部打住并锁定在主梁前端支撑梁上。

②将缠绕在起升卷筒上的起升绳从卷筒退出，并在缆机平台盘好（下面要铺彩条布保护）。

③启动起升机构，将新牵引绳通过 16t 导向滑轮卷入起升卷筒上。

④将卷入起升卷筒上新牵引绳头绕过机房腹部的导向滑轮后在天轮平台处与旧牵引绳割断后用 7 个绳卡连接（绳卡前预留 2m 新绳并用麻绳拴在旧钢丝绳上，新绳在上面）。微动起升机构，待新、旧钢丝绳带劲后解除旧牵引绳在主车天轮处的锁定。

⑤割断后的另一个旧牵引绳头退出牵引机构与左岸卷扬机 Φ28mm 的辅助绳连接并卷绕带劲。

（2）右岸侧工作：新牵引绳穿过张紧机构

①将牵引绳在右岸天轮处锁定，解除牵引绳与小车连接，退出张紧装置并与右岸卷扬机 Φ28mm 的辅助绳连接并卷绕带劲后，解除天轮处锁定。

②启动起升机构施放新牵引绳。待垂度增大后，右岸卷扬机卷收旧牵引绳。重复该过程直至将新牵引绳牵引至右岸天轮处。预留约 50m 后在天轮处将新牵引绳锁定。解除右岸卷扬机 Φ28mm 的辅助绳与新牵引绳连接，人工将预留的新 50m 牵引绳穿绕过张紧机构后再穿越承马，锁定在小车牵引绳固定装置上。

③启动左岸卷扬机，解除主车结构焊接耳板处的锁定。解除小车在右岸极限位置的锁定，继续牵引左岸卷扬机带动小车，使右岸预留的 50m 新牵引绳带劲后，解除右岸天轮

处锁定。右岸工作完成。

(3)左岸侧工作:新牵引绳穿过牵引机构

①施放起升机构上的新牵引绳,待垂度增大后,牵引左岸卷扬机带动小车向左岸。重复该过程直至小车到达左岸极限处。锁定小车、锁定左岸天轮处的新牵引绳。

②解除左岸卷扬机Φ28mm钢丝绳,解除旧牵引绳与小车左侧的固定,并将多余的旧牵引绳导出。再将卷扬机Φ28mm钢丝绳于左岸天轮处的新牵引绳连接并带劲。

③将起升机构剩余的新牵引绳导出,人工穿绕过牵引机构及主车下的导向轮后固定到小车左岸侧的固定端处(中间若剩余的新牵引绳长度不足,可启动左岸卷扬机牵拉上部悬空的新牵引绳)。松开卷扬机待新牵引绳带劲后解除该连接。

④张紧新牵引绳达到要求垂度,并将起升绳重新卷入起升卷筒。

⑤牵引绳更换完毕,联动、试车、运行。

3.6.8　大岗山缆机牵引绳、提升绳更换统计

钢丝绳磨损与断裂情况检查如图 3.17 所示。

(a)检查测量钢丝绳磨损　　　　　　(b)检查分析钢丝绳断丝

图 3.17　钢丝绳磨损与断裂检查

(1)大岗山缆机钢丝绳更换

大岗山缆机使用钢丝绳为多层股的钢丝绳,多层股的钢丝绳断丝大多发生钢丝绳内部因而是"不可见的"断裂,不宜发现,在日常检查中无法判断。这就要求使用者根据施工经验及借鉴其他工程的经验决定钢丝绳的更换时间,大岗山缆机钢丝绳更换及时有效,杜绝了安全事故的发生。

缆机牵引钢丝绳的更换工作,是缆机检修工作中难度最大的检修内容。在检修中要完成将牵引钢丝绳从主塔过江引向副塔再引回主塔的大循环。在施工过程中安全问题尤为重要,对牵引钢丝绳的插接质量要求特别严格。在缆机牵引绳更换施工过程中对各工序进行严格控制,每道工序严格按照"上道工序验收合格,再进入下道工序"的原则,对

各工序完成情况,进行检查确认。对各受力部位及绳卡进行严格检查。尽力做到缆机牵引钢丝绳更换整个过程安全、平稳、受控。大岗山缆机从安装完成运行到工程完工停运,缆机牵引绳已更换8次,平均每台缆机更换两次,更换后的钢丝绳检查质量优良。其中牵引钢丝绳更换时间由第一次24h缩短至16h,目前为止大岗山缆机牵引钢丝绳更换速度位于行业内领先水平,见表3.42。

表3.42　　　　　　　　　　　　大岗山缆机钢丝绳更换记录统计表

缆机编号	牵引第一次更换		牵引第二次更换		提升第一次更换		提升第二次更换	
	更换日期(年-月-日)	浇筑(m³)	更换日期(年-月-日)	浇筑(m³)	更换日期(年-月-日)	浇筑(m³)	更换日期(年-月-日)	浇筑(m³)
1	2013-09-06	280539.1	2014-09-17	592582.9	2013-09-11	284705.5		
2	2013-05-26	447635.4	2014-07-07	861056.0	2013-02-08	340163.4	2013-10-27	617851.2
3	2013-03-08	406696.2	2014-04-30	817632.9	2013-01-24	358888.2	2014-01-16	720950.9
4	2013-07-27	459389.6	2014-08-20	750725.4	2013-05-11	384430.4	2014-05-06	673592.8

(2)大岗山缆机钢丝绳更换分析

①1#缆机于2009年投入运行牵引钢丝绳第一次更换在2013年9月6日,更换时吊运约28万 m³ 混凝土;牵引绳第二次更换2014年9月17日,更换时吊运约59万 m³ 混凝土。1#缆机于2009年投入运行牵引提升绳第一次更换在2013年9月11日,更换时吊运约28.5万 m³ 混凝土;由于1#缆机布置在大坝左岸,缆机覆盖区域狭小导致吊运量有限。

②2#缆机于2009年底投入运行牵引钢丝绳第一次更换在2013年5月26日,更换时吊运约44.8万 m³ 混凝土;牵引绳第二次更换2014年7月7日,更换时吊运约86万 m³ 混凝土。2#缆机于2009年底投入运行提升钢丝绳第一次更换在2013年2月8日,更换时吊运约34万 m³ 混凝土;提升绳第二次更换2013年10月27日,更换时吊运约61.8万 m³ 混凝土。

③3#缆机于2009年底投入运行牵引钢丝绳第一次更换在2013年3月8日,更换时吊运约40.7万 m³ 混凝土;牵引绳第二次更换2014年4月30日,更换时吊运约81.8万 m³混凝土。3#缆机于2009年底投入运行提升钢丝绳第一次更换在2013年1月24日,更换时吊运约35.9万 m³ 混凝土;提升绳第二次更换2014年1月16日,更换时吊运约72万 m³ 混凝土。

④4#缆机于2010年初投入运行牵引钢丝绳第一次更换在2013年7月27日,更换时吊运约45.9万 m³ 混凝土;牵引绳第二次更换2014年8月20日,更换时吊运约75万 m³ 混凝土。2#缆机提升钢丝绳第一次更换在2013年5月11日,更换时吊运约38.4万 m³混凝土;提升绳第二次更换2014年5月6日,更换时吊运约67万 m³混凝土。

⑤根据以上数据分析：大岗山缆机钢丝绳更换 15 次，其中牵引绳在吊运混凝土 40 万 m³ 左右、提升绳在吊运混凝土 30 万 m³ 左右时进行更换。由于缆机钢丝绳更换及时避免了由于缆机钢丝绳保养不到位而发生的一切安全事故。

⑥缆机钢丝绳更换工序检查验收，见表 3.43。

表 3.43　　　　　　　　　　缆机牵引钢丝绳更换工序检查验收表

序号	检查项目	要求	备注
1	新钢丝绳缠绕情况	每层之间垫薄铁皮或者橡胶板且缠绕密集	符合厂家要求
2	上游卷扬机制动器	工作正常、动作灵敏	设备正常
3	辅助钢丝绳缠绕情况	每圈钢丝绳缠绕密集	符合要求
4	下游卷扬机制动器	工作正常、动作灵敏	设备正常
5	地锚	牢固	正常
6	右岸承马锁定	牢固、安全	满足施工技术要求
7	旧牵引绳 16t 导向滑轮	固定牢固	满足施工技术要求
8	新牵引绳 16t 导向滑轮	固定牢固	满足施工技术要求
9	旧钢丝绳垂度放松	放松至最后一个孔	满足施工技术要求
10	左岸小车锁定	牢固、安全	满足施工技术要求
11	机房地锚及旧钢丝绳锁定情况	绳夹间隔在 6～7d，绳夹座扣在旧牵引钢丝绳上。	满足施工技术要求
12	小车右岸端钢丝绳与辅助绳连接情况	不得少于 7 个绳夹，且绳夹间距在 6～7d，绳夹座扣在旧牵引钢丝绳上	满足施工技术要求
13	新钢丝绳与旧钢丝绳插接情况	插接长度不得小于 1.8m，且插接后直径不得大于 50mm（插接长度 60d）	大于钢丝绳插接更换要求（插接长度 45～48d）
14	旧绳与辅助绳的连接头通过承马	无挡卡现象	正常
15	新绳与旧绳的插接头通过摩擦驱动轮	无挡卡现象	正常
16	新绳与旧绳的插接头通过副车各个滑轮	无挡卡现象	正常
17	新绳与旧绳的插接头达到小车右岸端	超过鸡心环 4m 的长度	正常
18	固结小车左岸鸡心环上的钢丝绳	安装 8 个绳夹，绳夹间距在 6～7d，U 形螺栓扣在钢丝绳尾端，并用红油漆做标记	大于规范要求
19	固结小车右岸鸡心环上的钢丝绳	安装 8 个绳夹，绳夹间距在 6～7d，U 形螺栓扣在钢丝绳尾端，并用红油漆做标记	大于规范要求
20	张紧牵引绳垂度	最低点在主索最低点以上 10m 高度	满足施工技术要求

（3）大岗山缆机钢丝绳更换图片

新钢丝绳与旧钢丝绳插接标准：插接长度不得小于 1.8m，且插接后直径不得大于 50mm（插接长度 60d）。大岗山缆机更换钢丝绳插接长度为 2m、插接直径小于 50mm，经检测大岗山缆机更换的所有钢丝绳插接质量优良，满足规范要求。

大岗山缆机钢丝绳更换见图 3.18。

（a）钢丝绳分股　　　　　　　　　　　　（b）钢丝绳插接 1

（c）钢丝绳插接 2　　　　　　　　　　　（d）钢丝绳插接质量优良

（e）测量检查钢丝绳插接长度　　　　　　（f）更换牵引钢丝绳

图 3.18　大岗山缆机钢丝更换图片

第 4 章　缆机运行安全管理

4.1　缆机运行安全

4.1.1　概述

　　为了加强施工过程中的安全管理,在总结其他工程缆机运行安全生产管理经验的基础上,针对大岗山水电站的实际生产情况,实行安全生产目标控制管理,制订具体措施,工作层层分解落实到每个生产岗位。经常性的进行职工安全教育和"安全周""安全月"活动,提高职工的安全防护意识,并加强安全生产目标责任制的考核工作,以保证安全目标的实现。对单台缆机运行检修维护实行机长负责制,并形成一种激励机制,确保缆机安全、高效地运行。大渡河公司领导检查缆机安全文明施工见图 4.1,安全专项检查见图 4.2。

图 4.1　大渡河公司领导检查缆机安全文明施工

图 4.2　安全专项检查

4.1.2　安全管理组织机构

为了加强本工程的安全管理工作,增强各级人员的安全生产责任感,结合本工程的实际情况,建立以项目经理为安全生产第一责任人的安全生产管理机构。设立一名主管安全的副经理同时配备专职安全员,各施工班组设专(兼)职的安全人员。安全人员在安全管理组织机构的领导下,负责施工过程中安全防护的具体工作。

4.1.3　缆机安全操作规程

1)缆机工作人员必须身体健康,经医生检查具备高空作业条件,证明无心脏病、羊癫疯病、耳聋眼花等禁忌性疾病。

2)司机和运转人员必须经过技术培训掌握操作技术,了解缆机性能、构造和维修要求,经考试合格方可上岗操作。

3)运转人员当出现班前喝酒、情绪不安、精神不振、头晕眼花等异常现象时,不得登机操作。

4)运转人员必须穿扎工作服,穿好绝缘鞋,在小车或栏杆外作业时,应系好安全带。

5)缆机上的各种限位开关,符合限定器完整有效不得随意拆除。

6)严格作业时对各传动部位进行调整或检修作业。

7)操作司机应精神饱满,精力集中,与指挥人员协同配合,按指挥人员信号进行操作,但对指挥人员违反操作规程和可能引起危险事故的信号,司机应拒绝操作。

8)操作时不得使用为安全保证而设置的装置(如限位开关)达到停机目的。

9)在吊钩上有重物的情况下,司机不得离开司机室。

10)司机操作时,不得与其他人闲谈,不得做与操作无关的事。

11)各种机构的启动加速和减速停止,操作手柄应逐挡加减,不允许从低速直接推上高速挡,或从高速挡直接推至零位,力求避免紧急制动。

12)在变换操作方向时,应先将手柄推到零位,停止后再作反方向操作。

13)非缆机工作人员禁止登机,参观人员必须经有关部门批准,专人陪同才允许登机。

14)风速仪报警时,大雷雨及不良天气时应停止运转。

15)作业时,操作司机和指挥人员必须遵守"十不吊"原则。

4.1.4　安全性能的检测和保障

1)新安装或大修后的缆机必须按《起重机试验规范和程序》(GB 5905—86)及厂家提供的《测试程序》的规定进行缆机负荷运行试验。

2)在设备长时间停机(在2个月以上)、重要技术改造、暴风袭击和发生其他重大事故等情况后,都必须对架空部分和各钢丝绳等关键部位进行详细检查,确保无隐患存在后,应进行负荷试运。

3)随机测试仪器及其配套零部件均应保持性能完好和配套完整,以保证测试结果的精度和可靠性。

4)各运动机构的限位开关、位置编码器、超速、过载保护等及夹轨器、风速仪、灯光音响报警信号等安全保护装置不得随意拆除,并应定期进行检查和调整,以确保其处于完好状态。

5)保持各种电器设施、光纤维电缆、主电缆和其他控制线路处于完好状态,绝缘必须良好,非电气人员不准拆装电气设备和检修线路。

6)在更换牵引、提升索后必须恢复小车、吊钩原有的设定位置参数,确保定位准确。

7)禁止在小车、大车等部位悬挂标语牌、广告牌等增加附加风载荷的障碍物。

4.1.5　安全操作

(1)开机

1)合上司机室电气柜 UPS 的开关,启动 PLC,启动工控机,把右联动台代号为 SB11 的钥匙开关打到"允许"位置;

2)合上主车电气房中控柜内 UPS 的开关,启动 PLC,把代号为 SB20 的钥匙开关打到"允许"的位置,代号为 SA10 的二位转换开关打到"司机室"位置,启动工控机;

3)合上副车电气房中控柜内各开关,启动 PLC,代号为 SA41 的三位转换开关打到"司机室操作"位置。

(2)操作说明

1)本机操作分为操作室联动台操作(手动、手动防摇摆控制和在位置设定状态下还可实现的自动送达功能)、便携式无线电遥控操作、现地操作台操作等三种方式。在操作室联动台操作状态下,其他操作不能同时进行。

2)在光缆通信信号传输系统发生故障时,应切换到无线电通信信号传输系统进行操作。

3)只有在进行检查和保养时,才允许使用过行程旁路操作按钮,操作小车缓慢通过工作区域,但应同时发出警告信号。

4)正常作业时,应采用操作室操作。

①机房现地控制台控制开关,打到中间位置。

②操作室按规定步骤启动工控机,观察显示屏上图像和数据显示正常后,进行初步设置:"遥控"选择"关"位。

"抬吊操作"选择"关"或"本机"位。

代号为 SA65 的三位转换开关的"主车—双—副车"选择"双车"位。

③扳动主令控制器的相应手柄,可实现吊钩升降、小车进退、大车上下游行走;可无级变速。按下其他按钮,可实现其他功能的动作(如微速:速度将降至对应值的 10%)。

5)吊装重要部件,需精确控制就位时,可采用便携式无线电遥控操作:

①操作室"遥控"选择"开"位。"慢行、正常速度"的选择根据需要而定。"单、双"选择置"双"位。

②"起重机开、关"选择置"开"位,指示灯亮。

③主令控制器的操作:扭动"开机"钥匙,指示灯持续亮。扳动主令控制器的相应手柄,可实现吊钩升降、小车进退、大车上、下游行走;可无级变速。按下其他按钮,可实现其他功能的动作(如慢速:速度将降至对应值的 10%)。

④按"操作室接管"按钮,操作室蜂鸣器响,操作权移交给操作室。

6)维修和试车时,可采用机房现地操作台操作。

①起升和小车牵引的机旁本地控制站操作:

按住"上升"或"下降","前进"或"后退"按钮,即可控制主钩升降和小车进退。

②大车行走的机旁本地控制站操作:

a.本地控制开关选择置"开"位。

b.把开关打向"上游"或"下游"按钮,大车行走。

③双机抬吊操作:

a.抬吊前,各机先校正好主、副车同步,使两台机间的防碰撞开关接触且确认触电已断开,进入抬吊部位;检查两台机小车同步位置必须小于 3m。抬吊时防摇摆控制和自动送达操作不可用,提升和小车牵引速度为名义速度的 50%。

b.操作选用共同置于遥控工作模式。

c.1# 机与 2# 机抬吊时,1# 机为主机,2# 机抬吊操作旋钮旋向 1# 机,1# 机抬吊操作旋钮旋向 2# 机。

d.2# 机与 3# 机抬吊时,2# 机为主机,3# 机抬吊操作旋钮旋向 2# 机,2# 机抬吊操作旋钮旋向 3# 机。

e.3# 机与 4# 机抬吊时,3# 机为主机,4# 机抬吊操作旋钮旋向 3# 机,3# 机抬吊操作旋钮旋向 4# 机。

7)定点控制及防摇控制的操作。

"定点控制"是实现吊罐向前运行到设定的目标点(终点)程控,到达终点后自动停机,运行轨迹根据上位机设定的障碍点自动优化前进路径(上位机详细操作见缆机监控系统部分);"防摇控制"是实现吊罐到达浇筑位置并以较小幅度摇晃进行停机。

缆机的基本运行方式分为自动和手动 2 种方式。

其中自动方式具有目标定点功能,使用脚踏开关(SC12)进行操作,无需操作手柄,该方式小车只能是向着终点运行。

手动方式分为：带防摇和不带防摇的 2 种手动运行模式，手动方式不具有目标定点功能，采用操作手柄进行控制。

缆机只能以这 3 种模式当中的一种运行，但最终都可进入"手动运行"。

自动运行模式：SA63 选择"自动"，同时脚踩 SC12 开关，缆机进入"自动运行"模式。该方式具有目标定点功能，小车以一定的速度运行（与小车运行距离有关），同时在加速或减速的末端进行自动防摇控制，吊罐可比较平稳、快速地停在终点。

手动防摇模式：SA63 选择"手动防摇"，此模式需用操作手柄控制，缆机进入"手动防摇"运行。目标位由人工控制，自动进入防摇处理直至停机。

手动运行模式（不带防摇）：SA63 选择"手动"，缆机进入"手动运行"运行（常规运行方式），以纯手动方式，各种运行均依赖于手柄的控制。

（3）作业前准备

1）机（班）长用对讲机询问各部位人员到岗情况，要求各部位助手进行以下部位的检查：

操作室：检视操作台各仪表指针位置、信号灯显示是否正常。主令控制器置于零位；各控制开关按钮应处于正常位置。

遥控器：主令控制器置于零位；各控制开关按钮应处于正常位置。

主机房：检查各部位连接紧固情况，观察各润滑部位油量和润滑情况，检查卷扬机钢丝绳固定及磨损情况，检查各机构及其制动装置是否有异常情况。

主车电气房：高压柜指示灯亮，各电气柜电压、电流表指示正常，各控制柜、机旁本地操作站开关和按钮在正常位置。

副车电气房：低压开关柜电压、电流表指示正常，控制开关按钮处于正常位置。

2）检查各部位信号人员到位和通信联络是否畅通。

3）机长必须在接到各部位检查完毕、情况正常的报告和机上所有人员离开带电及机械转动部位的报告后方可通知启动。

（4）启动

1）在机长得到各部位助手"可以启动"的回答信号后，发出启动命令。

2）操作者得到启动命令后，按下列程序进行启动操作：

①风度低于六级风时才能设为运行状态。

②主车供电输入端的主开关置于"开（ON）"的位置。同时要启动所有电机、控制电压、通风、照明和主、副车的其他设备的控制电源。

③所有在现地控制箱上的"就地、遥控（local/remote）"选择开关必须置于"遥控（remote）"位置。

④按下"灯测试（lamp test）"按钮进行指示灯测试，装在控制面板上的钥匙开关置于"缆机开（crane on）"的位置，缆机进入操作状态。

⑤启动主开关后,高压供电系统、风机、电动机空载运转10min,检查并确认各指示仪表、信号灯、电脑数据正常,提升、牵引机组无异常震动,声音和气味正常后方可启动运行。

3)空载运行小车行走和起升各一、两次。

4)观察监视器显示屏上运行位置、数据显示是否准确。

(5)作业时的安全规定

1)司机室操作。

①作业时司机室必须保持相对安静,不准抽烟,不得做与操作无关的事情,不得与他人闲谈。

②应经常观察两侧操作控制台上仪器、仪表及指示灯的显示是否正常。

③应与信号人员密切配合,严格按指挥信号操作,同时应密切注视吊物运行位置、显示屏显示状况。一旦发现异常情况,应停止动作,并迅速与有关人员联系,查明原因。禁止擅自进行与指挥信号不相符(或无信号指挥)的操作。

④操作时,应逐渐加减速,注意吊物在空中摆动的方向,力求平稳运行,尽量避免突然加减速;非紧急情况,不得使用急停按钮。

⑤吊物悬在空中时,司机严禁离开操作台;换人操作时,应在吊物卸钩后进行。

⑥运行中途突然停电时,司机应立即将各主令控制器置于零位。

⑦工作时,不可将各运行结构开至极限位置。严禁使用限位开关来达到停车的目的。

⑧经常注意主、副车位差指示,轨道全程有6组平移同步器,当位差超过厂家规定数值时要及时调整,进行偏移量校正操作。若位差指示出现故障,当位差超过5m时要用轨道上标记对位。

⑨当操作大车行走接近轨道端头时,应通知机房助手密切注视限位开关是否动作,当限位开关动作,而移行电机仍不停止工作时,要立即按下"紧急按钮"使大车停止移动。事后应查明原因,恢复正常。

2)机房值班。

①在缆机运行时,机房机电值班人员应坚守岗位,注意监察各机电设备的运转和仪表的指示情况,发现有异常现象,应及时通知司机停机,待查明原因并做相应处理,确认正常后,方可恢复运行。

②按规程规定的每日检查和保养项目,对各部位进行检查和润滑并确认到位,不漏项。

③吊钩下落到最低位置时,缠绕在卷筒上的钢丝绳最少不得小于三圈,提升负荷时,钢丝绳在卷筒上要排列整齐,不得重叠。

④密切注视和检查大车移行前轨道及基础平台上有无行人或障碍物。

3）信号人员。

①缆机起吊点和卸料点要分别安排信号员和配备通信设备。信号员必须由缆机运行专职人员担任。

②信号员必须具有一定的起吊作业经验。报话时必须密切注意吊钩与障碍物最高点的位置，正确判断吊钩的速度，发令要沉着果断，口齿清晰，所发指令简练、明确、规范。

③信号员工作位置要选择得当，必须在起吊点和卸料点附近相对视线良好、安全无干扰、噪音小且靠近起重指挥人员的地方。

④每次起升前，必须得到起重指挥人员明确信号后才能发出可以起升的口令；在吊运物件低速提升到离地面 30cm 左右时，由起重指挥人员检查吊挂（绑扎）是否可靠，确认无超载警示信号发生方可继续指挥提升。

⑤当小车行驶至司机、信号人员的视线范围时，必须注意观察承马、小车及吊钩滑轮组和吊钩的运行情况，一旦发现异常情况，应立即（或通知司机）停机检查。

⑥吊物必须超过障碍物 3m 以上才可指挥进行牵引或大车行走运行。

⑦吊运混凝土进入仓面时，吊罐必须距离仓面 0.5m 以上；吊罐侧面应距离模板 1.5m 以上，若须靠近时，吊罐底部必须高于模板，或以极低速度点动移位。

⑧起吊点与卸料点信号员要互相联系交接，不允许出现指挥脱节甚至中断的情况发生。

⑨不得将通信话筒交给他人，尽量避免非报话信号传入话筒，以免发生误操作。

⑩通信工具发生故障时，必须立即报告现场指挥人员并用明显信号标志通知司机。

⑪下列情况之一，信号员有权拒绝传达指挥令：

a.夜间照明不足或大雾、大雨、大雪天气，看不清吊物和旗语指挥信号。

b.指挥含义不明确或多头指挥。

c.在没有经过批准或没有可靠安全措施的情况下，要求进行超载作业或要求吊运实际重量不明的大件。

d.其他有可能导致起重机发生重大安全事故的错误指令。

（6）停机

1）在下列情形之一下停机：

①风速大于六级或有大雾、暴雨能见度过低，夜间施工场地照明严重不足。

②起升、小车及大车行走装置制动器或电气故障。

③关键结构件有严重变形、脱焊或有损伤时。

④机构和运转部位运行时出现异常状况时。

⑤其他必须处理的重大问题。

2）停机操作。

①作业中停机：

a.间隙停机:操作手柄置于零位。

b.紧急停机:按下紧急停机按钮(红色)。

②交接班停机:按关机按钮,断开操作控制电源主开关。

③较长时间停机:断开除照明以外的所有低压开关。

④电网突然停电:拉下各高低压电源总开关。

⑤正常停机前必须将吊运物件落地并脱钩,升起吊钩并将小车牵引至主车侧停靠,将大车停在适当位置,然后将各主令控制器置于零位。

⑥停机时间较长时应断开主开关,使电动机停止运转。

⑦停机后司机与助手共同做好台班保养和机器设备的清洁工作,助手应清理好工具及擦拭材料。

⑧下班前机长组织全机人员交换转运情况,对故障原因、处理结果、存在问题等各种记录在当班报表上要仔细填写,做好准备交换工作。

⑨当遇暴风雨等异常情形,机上人员全部离开时,确认断开高压隔离开关,机房、操作室、副车开关房及配电室的门全部上锁。

4.1.6 安全目标

人身死亡事故为零,年重伤事故率控制在零以内;杜绝重大机械事故,机械设备年事故率控制在零以内。在缆机运行的全过程中贯彻"安全第一,以预防为主"的方针,实现零事故目标。

4.1.7 环境保护

1)缆机使用过程中应根据国家对环境保护的相关规定,对缆机安装、运行、维护、检修等全过程中有可能对环境造成不良影响的物品、行为等要指定细则,加以防范和合理处理。

2)应对有可能造成环境污染的行为提出警告和制止,并及时汇报主管部门。

3)对各环节中产生的废弃物、更换或损坏的部件要加以分类集中放置并按国家相关规定处置。

4)对缆机润滑、液压、检修维护等用油要加强管理,对有可能产生的油脂渗漏、洒溅等提前做好防范,废弃油要集中处理,由专业部门妥善处理。

5)缆机运行及施工过程中相关人员要做好防范,以免噪声影响人体健康。

4.1.8 缆机应急预案

(1)缆机运行应急预案

1)及时掌握当地的天气预报在大风来临之前及时卸掉大钩的载荷,并将小车开至主塔塔头部位将操作台钥匙开关置于缆机关闭状态。

2)当风速仪报警(风速达 20m/s)或风力达到 6 级以上时,在大风来临之前应加紧夹轨器。

3)缆机在运行中如果载荷来不及卸掉,应将大钩起至不能碰撞周围物体的安全高度。

(2)缆机在运行中突遇停电情况下的应急预案

1)缆机操作人员应关闭所有电源,并将操作手柄置于零位,同时及时报告当班负责人。

2)当班负责人得知情况后及时向有关部门报告并检查停电原因及有关情况。

3)立即安排缆机电器维护人员和机械维护人员对缆机电缆光缆等部位及时进行检查。

4)如果停电时间过长,应及时与使用单位联系,并根据吊物的不同确定卸料的地点与方式,然后按缆机规定的操作方法卸去载荷。

5)恢复供电后,维护电工应立即对电器部分进行检查,机械维护人员应立即对机械部分进行检查确认无故障后方可运行。

(3)缆机在运行中突遇信号不明情况下的应急预案

1)为避免发生信号不明的情况,报话员应经常检查对讲机是否畅通,电池电量是否充足,并经常与操作人员联系,当所吊物体快到吊运地点时,报话员要勤报话,并通知操作司机周围的环境。

2)操作人员在缆机运行时,要经常与报话员保持联系。若长时间没有信号,应将所有操作手柄回零。

(4)缆机在运行过程中突发事件的应急预案

1)缆机在运行过程中,因意外突然发生事故,应立即按操作台上的急停按钮,切断总电源。

2)缆机在运行过程中,一旦发现控制台上的某个报警灯闪烁,操作司机必须停止所有操作,并立即报告当班负责人或检修电工,未得到检修电工许可,不得将报警信号重新复位(以电工所提供的依据为准)。

(5)大风、大雾、大雷雨等不良天气下的安全保障措施

为了保障缆机在大风、大雾、大雷雨等不良天气下的安全运行,特制定以下安全保障措施:

1)及时掌握当地的气象预报,在大风、大雾、大雷雨等情况来临之前及时卸掉大钩的载荷,并将小车开至主塔塔头部位,将操作台钥匙开关置于"缆机关"。

2)当风速仪警报(风速达 15.5m/s)或风力达到 10 级以上时,在大风来临前应加紧夹轨器。

3)大风、大雾、大雷雨等情况到来时,缆机在运行过程中如果载荷未及时卸掉,应将大钩起至不能碰撞周围物体的安全高度,避免大风吹动的情况下所吊物体产生晃动碰撞周围物体。

4)缆机在运行中突遇大雾大雨来临,在取料、吊物地点增加报话员,加强信号配合。

5)在大风情况下,离上下游左右岸的障碍物设备等不得小于5m,避免缆机吊罐晃动,发生事故。

4.1.9 定期检验制度

根据《特种设备安全监察条例》第二十八条规定:"特种设备使用单位应当按照安全技术规范的定期检验要求,在安全检验合格有效期届满前1个月向特种设备检验检测机构提出定期检验要求,未经定期检验或者检验不合格的特种设备,不得继续使用。"

大岗山缆机每两年由雅安市特种设备技术监督检验所进行检验,检验合格方可继续使用。大岗山缆机第一次检验是在缆机安装完成出厂时的2010年,运行过程中于2012年、2014年分别对4台缆机进行了两次检验。检验单位:雅安市特种设备技术监督检验所。在检验的过程中技术监督所对缆机的技术文件、作业环境和外观、司机室、金属结构、主要零部件、电气与控制系统、液压系统、安全保护与防护装置、缆机性能等进行检验检测,在检验合格的基础上出具缆索起重机检验报告,缆机继续使用。

4.2 缆机安全保障措施

4.2.1 缆机与门塔机防碰撞预警系统管理

针对大坝施工期间缆机与塔机之间的干扰防碰撞隐患,业主为缆机及塔机安装了由武汉大学设计团队设计的《大岗山水电工程大坝施工设备防碰撞预警系统》,有效地防范了缆机和坝上4台塔机的碰撞风险。在系统投入使用之后由系统设计单位对施工单位管理、操作人员进行了操作及维护方面的相关培训,确保该系统能够起到预期作用。

该套系统通过检测装置如编码器、实时采集系统等,实时地自动检测各施工设备及其相关部件(如臂架、塔架及吊钩等)的位置、运动方向和速度。采集的信息通过局域网络(有线和无线两种方式)传输给基站,基站经过分析和计算得到各施工设备的立体位置(包括臂架、塔架和吊钩等)及其运动趋势,若设备间相互距离过近并存在碰撞的可能时,基站通过局域网将相应碰撞信息发送给相关设备。碰撞信息通过安装在各设备操作室的工控机或工业用平板电脑实时显示,最终提醒可能发生碰撞的设备操作人员采取相应措施进行避让,避免碰撞事故的发生(图4.3)。

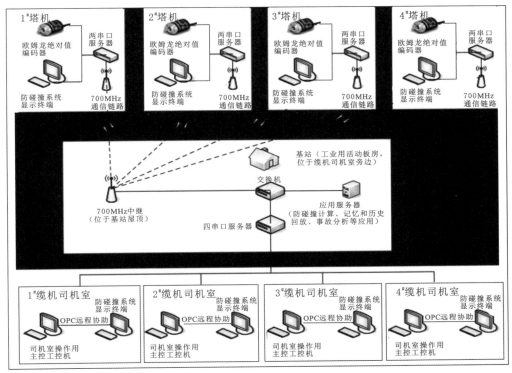

图 4.3 预警系统管理图

4 台缆机和 4 台塔机上均安装防碰撞预警系统的构成部件后，为缆塔机之间的相互运行提供了安全保证，根据可统计的数据，运行期间该系统完成了 246 次的报警，极大地降低了人为操作、天气原因等情况下缆机和塔机之间发生碰撞的概率，故障预警次数统计见表 4.1。

表 4.1　　　　　　　　　　　　故障预警次数统计表

报警次数	1# 缆机	2# 缆机	3# 缆机	4# 缆机
1# 塔机	15	19	6	0
2# 塔机	23	26	24	6
3# 塔机	18	23	12	12
4# 塔机	43	31	6	0

该套系统有如下缺点：

①因该系统是通过网络与缆机操作工控机相连，采用 OPC 远程协助实时获取缆机操作数据，包括缆机小车牵引位置和速度、缆机起升高度和速度、缆机主塔和副塔位置、缆机吊钩载重量等参数，造成了与缆机通信系统相互之间干扰的可能。

②缆机通信系统每天必须要进行多次的调整和校正，比较麻烦。

③在操作室增加的电脑屏幕在夜间会对操作人员的眼睛增加刺激；报警系统发出的报警声会影响缆机指挥等信号。

④有时会产生误报警，使操作人员的精神更加紧张。

4.2.2 控制缆机小车横向移动的数字限位技术

（1）大岗山大坝混凝土浇筑期间环境条件

1）能见度。

大坝区域内低能见度在有雾、雨天和夜间等能见度低的情况下，缆机被迫停止运行或低速运行，有些工程通过增设照明实施提供缆机夜间施工的条件保证缆机正常作业，大岗山大坝夜间施工照明不足、能见度低，如图4.4所示。

（a）溪洛渡大坝夜间施工照明

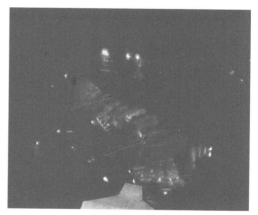
（b）大岗山大坝夜间施工照明

图4.4　夜间施工照明

2）视野遮挡。

在缆机取料点平台沿山势非直线布置的时候，缆机司机的视野易受山体遮挡；在坝段浇筑为锯齿形外观的情况下，浇筑坝块内的信号工易受相邻坝段高差的遮挡。

3）人员经验。

地面信号工判断缆机小车减挡的位置与人员的视力、反应能力、预判能力以及与缆机司机的沟通等经验因素相关，个人经验很大程度上影响了缆机的浇筑效率。

4）工作疲劳。

地面信号工处于长时间高度集中注意力的状态，容易产生疲倦，反应能力下降。

5）缆机"装料时吊罐对位"和"卸料时吊罐对位"共需要 20s＋30s＝50s，缆机吊罐对位时间合计占整体辅助作业时间 50/190＝26.3％，是影响缆机单罐吊运循环时间的首要因素。

6)数字限位技术对缆机安全运行的提升效果。

数字限位技术在大岗山混凝土浇筑期间应用分析见表 4.2。

表 4.2　　　　　　　　数字限位技术在大岗山混凝土浇筑期间应用分析

影响因素	常规控制手段	数字限位控制
低能见度	在有雾、雨天和夜间等能见度低的情况下,缆机被迫停止运行或低速运行,有些工程通过增设照明实施提供缆机夜间施工的条件	缆机正常作业,夜间施工不需要增设大量照明设备
视野遮挡	在缆机取料点平台沿山势非直线布置的时候,缆机司机的视野易受山体遮挡;在坝段浇筑为锯齿形外观的情况下,浇筑坝块内的信号工易受相邻坝段高差的遮挡。以上两种情况都容易导致吊罐撞击边坡、受料台边缘以及仓内模板、吊车大臂等突出物	虽然存在视野遮挡,但只要获取了缆机小车的减挡位置坐标,此后缆机的操作不再受视野遮挡问题的干扰
人员经验	地面信号工判断缆机小车减挡的位置与人员的视力、反应能力、预判能力以及与缆机司机的沟通能力等经验因素相关,个人经验很大程度上影响了缆机的浇筑效率	降低了对地面信号工的依赖
工作疲劳	地面信号工处于长时间高度集中注意力的状态,容易产生疲倦,反应能力下降,易导致事故发生	减少因缆机小车急刹所导致的吊物摆动和缆索磨损

（2）缆机小车定位数字化在大岗山工程中的应用

为确保工程顺利地按照工期完成大坝混凝土浇筑任务,缆机操作能够在各种常规恶劣气候条件下正常工作,提出应用了缆机现场预定定位数字限位技术。数字限位技术,是指缆机司机通过一次性获取小车减挡时的水平向坐标,来控制缆机小车此后每一次的卸料定位。即以缆机主车为坐标原点,承载索为水平方向建立坐标系,将缆机小车的高程、水平坐标、行走速度等运行参数反映到控制室操作台前的计算机屏幕上。以缆机入仓浇筑混凝土的过程为例,缆机小车从取料点以静止状态加速到运行速度,再经减速运动停止到卸料点上空,整个过程经历了一系列的加减挡过程。为了能够让缆机准确、平稳地停止在某个位置,缆机司机需要提前减挡,降低小车的速度。

首先,对于一个新开仓的浇筑坝块,为了获取缆机小车的减挡位置坐标,需要地面信号工配合缆机司机,根据观察小车减速过程中吊罐的晃动情况来确定一个初始坐标。然后,通过几次小车的往返运动对坐标进行修正,直到小车可以平稳地停止在卸料点上方为止,定点误差一般控制在吊罐不超过目标点位的 1m 范围以内。对于需要精确卸料的位置,如在钢筋密集区和上下游模板附近浇筑二级配混凝土的时候,定点误差需要控制在 0.5m 以内。缆机小车的减挡坐标获取以后,在操作界面上建立一个写字板文件进行记录。每当小车运行到该坐标位置的时候,执行减挡操作即可。该方法适用于缆机覆盖范围内每一个目标点位的小车定点停车,具有灵活简便,易于操作的特点。

缆机运行轨迹曲线示意如图4.5,缆机吊运混凝土作业流程如图4.6所示。

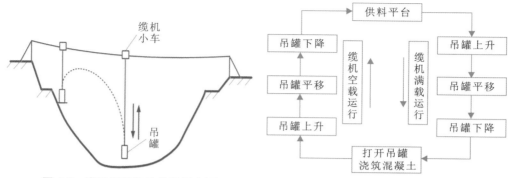

图4.5　缆机运行轨迹曲线示意图　　　　图4.6　缆机吊运混凝土作业流程图

(3)方案实施效果

1)数字化控制缆机小车横向移动与定位,缩短吊运时间。根据缆机混凝土吊运记录显示,大岗山水电站混凝土高峰月浇筑强度发生在2012年12月4台缆机吊运混凝土共计14.4559万 m^3 ,其中1#缆机27878.8 m^3 ,2#缆机39580.8 m^3 ,3#缆机41733.2 m^3 ,4#缆机35145.6 m^3 。当月缆机用于浇筑混凝土的时间2164.5h,用于吊装和停机状态的时间715.5h。台班单产平均9～10罐/h,高峰时段达到13罐/h的纪录。由此可见,采用数字限位技术,在提高缆机运行安全性的同时,能够快、稳、准地将吊罐入仓定位,减少了取料和下料的定位时间,有效保障了缆机的浇筑强度。

2)用数字限位系统控制缆机小车横向移动与定位。获取缆机小车减挡时的水平坐标并记录在操作界面,每当小车运行至该坐标位置时,执行减挡操作即可,使缆机小车的移动与定位快速平稳,同时减小了吊罐冲击。

因为使用了数字限位技术后,减少了缆机司机在运行时的急刹动作,降低了缆机卸料时主索上下弹跳的幅度,避免了缆机主索因疲劳过度出现断丝的现象,延长了主索的使用寿命。大岗山水电站4根主索断丝时的累积浇筑量分别为:1#缆机主索54.0万 m^3 ,2#缆机主索69.8万 m^3 ,3#缆机主索70.5万 m^3 ,4#缆机主索58.0万 m^3 ,远超出同类型工程平均30.0万 m^3 的主索断丝累积混凝土浇筑量。

3)数字限位技术的应用,提升了缆机运行的安全性,并且保证了缆机运行的效率,成功探索和实践了缆机运行标准化和精细化的应用,为实现水利水电工程安全快速施工提供了重要的技术保障,具有极大的推广价值。

(4)大岗山大坝混凝土浇筑期间大坝区域有雾天气统计

2011年有雾天气754h,占缆机全年浇筑台时9.08%;

2012年有雾天气1156h,占缆机全年浇筑台时4.99%;

2013年有雾天气1072h,占缆机全年浇筑台时3.93%;

2014年有雾天气1003h,占缆机全年浇筑台时4.13%。

大岗山大坝混凝土浇筑期间大坝区域有雾天气统计见表 4.3,缆机控制见图 4.7。

表 4.3 大岗山大坝混凝土浇筑期间大坝区域有雾天气统计表

年	雾天(h)	占缆机全年浇筑台时百分数(%)
2011	754	9.08
2012	1156	4.99
2013	1072	3.93
2014	1003	4.13

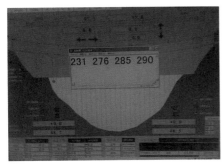 

(a)缆机操作界面上小车减挡时的水平向坐标　　(b)缆机控制室

图 4.7　缆机控制

4.2.3　吊罐管理

1)缆机浇筑混凝土使用了 9.0m³ 立罐(昆明云霄工贸有限公司产品),立罐由业主提供,大坝混凝土浇筑期间总计投入了 12 个(在开工时提供 8 个,2014 年 1 月提供了 4 个)。

2)轻量化缆机吊罐结构,提高吊运容量。分析缆机吊运混凝土时的吊重组合并通过减轻吊罐自重及其辅助配重,用混凝土替换缆机吊运时做无用功的部分吊重,对吊重组合进行优化,提高单罐吊运量 0.6m³,保证了大坝混凝土浇筑质量。

3)新购置料罐使用前,必须由大岗山公司、长江勘测规划设计研究有限责任公司大岗山水电站大坝缆机监理部、中国葛洲坝集团大岗山水电站大坝施工项目部实施联合见证荷载试验合格后验收签证,许可使用,见图 4.8(a)。

4)吊罐由施工单位进行使用、管理,包括维护保养、检修、配件采购等工作。在吊罐投入使用之后,先对实际操作、维修保养等人员进行安全技术交底,使其掌握基本要领和出现异常后的处理原则、流程及注意事项等。针对现场实际情况,对吊罐进行了罐口加装护料板、绑扎轮胎等措施确保使用安全,并在运输自卸汽车卸料口加装挡料板以确保混凝土不漏不洒,见图 4.8(b)。

5)大修后的料罐使用前,必须由长江勘测规划设计研究有限责任公司大岗山水电站大坝缆机监理部、中国葛洲坝集团大岗山水电站大坝施工项目部实施联合见证荷载试验合格后验收签证,许可使用。

6)针对左岸主供料平台的钢结构支撑、混凝土面板的结构,料罐平台与桥面板之间为悬空结构,当吊罐离开料罐平台时会发生吊罐与桥面板的刮擦现象,当吊罐返回料罐平台时与悬空结构碰撞后会发生严重的摆动从而不利于吊罐的落罐和控制。为避免这些现象及减少吊罐的损害,对悬空结构进行了改善,用钢结构面板进行保护,使悬空结构形成一个整体的平面,这样既减少了吊罐离开时的刮擦并有利于吊罐的落罐的控制。

7)后期针对吊罐的设计缺陷而导致吊罐坠落的隐患,经分析研究对吊罐油缸与钢丝绳的连接方式进行了改良,采取了防止连接销轴转动、加强外部耳板等的方式来保证吊罐不会因设计缺陷而导致坠落;并制定了《混凝土吊罐、吊具安全使用管理办法(修订)》及《缆机吊罐吊物坠落专项应急预案》等制度来保证吊罐的安全使用,尤其是在浇筑高峰期(2013年和2014年)期间,每半年对吊罐钢丝绳进行强制更换,确保了吊罐的安全使用。

8)缆机指挥人员必须做到"眼不离罐",适时观察料罐空中运行姿态。切忌讳在起升、下降作业过程中使用"跳挡"操作。"起升"作业必须"由低到高"逐级增挡,"下降"作业"由高到低"逐级减挡。

9)仓内接力指挥人员必须确认该罐混凝土料的卸料地点,并在料罐吊运至该下料点上空时,指挥该下料点的仓面作业人员和设备临时避让。

10)料罐检修维护保养工作由具体维护保养人员进行每班检查并按制度中规定的各项检查要求做检查并认真做好记录,发现隐患立即做出响应,并告知项目部设备主管部门进行处理。由项目部设备管理及安全部门对吊罐进行专项定期检查(每月),督促维护保养人员做好检查、记录等工作。

11)料罐实行"每日检查""每周维护保养""每月强制检修"制度。每日监理工程师现场监督缆机运行单位进行检查并签字确认,每周星期五进行料罐维护保养工作检查,每月强制检修与缆机月检修同时进行。

12)料罐日、周检查记录,见表4.4,表4.5,图4.8(c)。

表 4.4　　　　　　　　　　9.6m³混凝土料罐每周检查项目记录表

年　　　月　　　日

罐号	检查项目	检查标准	检查情况	备注
1# 或 2#	日检查记录及台班记录	完整		
	罐体外观	清洁、有无严重变形及焊缝开裂		
	吊索和吊具	钢丝绳有无断丝、变形,蘑菇头有无脱焊、松动		
	液压系统	工作正常、无漏油		
3# 或 4#	日检查记录及台班记录	完整		
	罐体外观	清洁、有无严重变形及焊缝开裂		
	吊索和吊具	钢丝绳有无断丝、变形,蘑菇头有无脱焊、松动		
	液压系统	工作正常、无漏油		

罐号	检查项目	检查标准	检查情况	备注
5# 或 6#	日检查记录及台班记录	完整		
	罐体外观	清洁、有无严重变形及焊缝开裂		
	吊索和吊具	钢丝绳有无断丝、变形,蘑菇头有无脱焊、松动		
	液压系统	工作正常、无漏油		
7# 或 8#	日检查记录及台班记录	完整		
	罐体外观	清洁、有无严重变形及焊缝开裂		
	吊索和吊具	钢丝绳有无断丝、变形,蘑菇头有无脱焊、松动		
	液压系统	工作正常、无漏油		

其他:

检查人:

注:检查合格,在检查记录栏中打"√",不合格,在备注栏中说明。

表 4.5　　　　　　　　　　9.6m³ 混凝土料罐每日检查项目记录表

料罐编号:　　　　　　　　　　　　　　　　　　　　　　年　　　月　　　日

序号	部位	项目	方法	检查记录	备注
1	罐体	是否清洁	目测		
		是否焊缝脱焊			
		罐内壁磨损			
2	锁套	销轴磨损或变形			
		耳裂纹或变形			
		锁头与钢丝绳发生位移	做标记、目测		
		钢丝绳磨损、断丝、变形	游标卡尺、目测		
3	油箱	漏油	目测		
		通气孔	目测、风吹		
		油量	标尺		
4	储能油缸	漏油	目测		
		活塞回位			
		活塞杆与蘑菇头脱焊或松动			
		油缸座底螺栓连接紧固	扳手		
		油缸顶部固定挡板脱焊			
5	开门锁销	转动灵活、无变形、注油润滑到位			
6	开门油缸	漏油	目测		
		动作灵活、复位到位			
		油缸销轴固定牢固			

续表

序号	部位	项目	方法	检查记录	备注
7	弧门托辊	转动是否灵活	用手转动		
8	挡料胶带	磨损是否严重	目测		
9	二位四通阀	是否漏油、动作是否灵活	目测、手拉		
10	闸阀				
11	单向阀	是否漏油	目测		
12	三通截止阀				
13	油管	是否漏油、是否存在破损			
14	其他				

班(组)长：　　　　　　　检查人：　　　　　　　监理工程师：

注：检查合格，在检查记录栏中打"√"，不合格，在备注栏中说明。

（a）缆机吊灌空载试验

（b）9.6m³ 混凝土吊罐改造

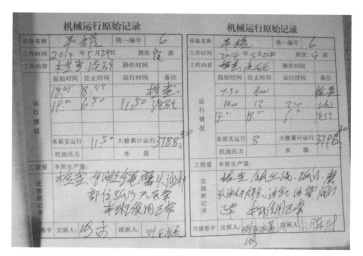

（c）吊罐台班检查记录

图 4.8　吊罐检查改造与试验

4.2.4　缆机防雷系统

由于国内构皮滩、锦屏、溪落渡等水电站建设工地的缆机均多次遭受雷击,造成了电气及控制系统设备的损坏,并由此造成了缆机的停机时影响了施工,大岗山缆机现有的防雷击设施是在电气设备的高压和低压部分安装避雷器和浪涌吸收装置,弱电部分除缆机控制柜内安装有 1~2 级 Phoenix 电源 SPD(20kA)、900MHz 微波天线处安装有天馈线 SPD 外,直流 13.8V、网络线、配电变低压侧等未安装 SPD,同时无缆机直击雷防护设施;牵引绳通过专用的滑轮及碳棒与专用的避雷接地线相连,避雷接地线通过轨道直接接入地网,缆机两端有接地电阻 10Ω 以下地网。上述防雷装置(系统)只能对低强度的雷击有保护作用,可靠度不高。为了解决这一问题大岗山大坝缆机对接地防雷设施进行了改造。措施如下:

(1)直击雷防护

对于直击雷的防护,可采用在两岸安装数根避雷针的防护方法,这样对缆机可起到一定的防直击雷效果;但由于缆机的主副车位于河谷两岸,当江风沿江扫过时,微波天线及缆机等难免有被雷直击的危险;此外,当雷直击于缆机系统电源线路上,使得侵入电源设备的雷电流超过了其承受能力时,也会造成电气设备的损伤,采用避雷针的防护方式更是无法防范。贵州构皮滩水电站建设工地采用此种直击雷防护方式,效果并不好,缆机多次出现雷击事故;锦屏水电站的缆机曾经发生过雷直击于缆机系统电源线路上,造成电气及控制系统设备(部件)损伤的故障。

根据现场实际情况,为防止雷击于缆机、缆机上的设备、操作室及缆索,防护直击雷的有效方法是在缆线上方横跨江面安装若干根等间距避雷线(根据大岗山缆机的跨度及轨道长度计算,避雷线的数量为 6 根,避雷线的型号为 GJ80,每根避雷线的长度约 1000m),避雷线位于缆机上方,距离缆机最高点 1.5m 及以上(为防止牵引索上支跳动时碰到避雷线,避雷线安装后的弧垂不大于跨度的 3.5%),可使缆索、缆机塔架及微波天线等设备在避雷线的保护范围内。同时轨道两端避雷线(靠外侧的两根)离轨道端部外侧 5m 左右,可避免雷电绕击到缆索上。

避雷线两端用锚固定于两岸坡上,并将避雷线直接与两岸地网焊接,以减少工程造价,同时,缆机各处地网要做好等电位连接。

(2)电源与弱电系统的过电压防护

①交流电源防护。

a.在缆机主车和副车电控柜内将原来第 1 级三相电源 SPD(20kA)更换为通流容量为 40kA 的 DGBS-Ⅲ 三相电源电涌保护箱;安装时应注意与已有的第 2 级 20kA (Phoenix)SPD 模块间的能量配合。

b.左岸副车侧由开闭所引下的 5 根电缆箱内,每相对地安装直流 1mA、电压为

680V、通流容量不小于 40kA 的压敏电阻,见图 4.9。

②直流电源防护。

缆机主塔电气房内 24V 直流电源处安装 DGBZ-Ⅱ直流电源电涌保护器(24V)。

为避免缆机控制信号系统 13.8V 外接直流电源将雷电引入,把中控箱内导轨放大器外接 13.8V 直流电源改接在 PLC 直流 20V 电源输出端子上(图 4.10),注意改接线直流电源后电压会有改变,需进行参数的调整。

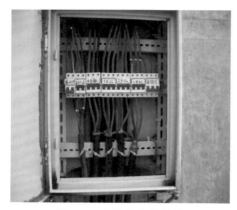

图 4.9　左岸壁上电源箱

图 4.10　无线中控箱

③信号系统防雷。

在无线中控箱等通信线处(每箱 3 根,每根 2 芯线,工作电平 5V,波特率 19.2kbps)安装 XGB－Ⅱ信号线电涌保护器;将雷电过电压及其他干扰信号释放入地。

检测无线中控箱天馈线 SPD 是否正常,如损坏则更换。

(3)天馈线防雷接地改造措施

①在主塔室 1#～4# 中控箱 MDS－900 电台馈线处各安装天馈线电涌保护器 1 台。

②在主塔 1#～4# 中控箱 MDS－900 电台直流 13.8V 供电电源处各安装直流电源电涌保护器 1 台。

③在主塔 2#～4# 缆机到外面现场控制柜 24V 电源处各安装直流电源电涌保护器 1 台。

④在主塔 1#～4# 缆机电控柜内部数据 MDS－900 电台馈线处各安装天馈线电涌保护器 1 台,在每台电台 13.8V 供电电源处各安装直流电源电涌保护器 1 台。

⑤在副塔 1#～4# 现场检测单元 24V 直流电源处各安装直流电源电涌保护器 1 台。在副塔缆机内 MDS－900 电台直流 13.8V 供电电源处各安装直流电源电涌保护器 1 台。

⑥在副塔 1#～4# 缆机内部数据 MDS－900 电台馈线处各安装天馈线电涌保护器 1 台。

⑦在 1#～4# 主塔、副塔缆机内以太网通信模块馈线处各安装天馈线电涌保护器 1 台。

⑧1#～4#司机室 PLC24V 电源处各安装直流电源电涌保护器各 1 台。

⑨在 1#～4#司机室数据电台天馈线处各安装天馈线 1 台;在 1#～4#电台供电电源处各安装 13.8V 直流电源电涌保护器 1 台。

⑩在主塔 1#～4#中控箱到司机室 DB 通信线处各安装信号线电涌保护器 1 台。

⑪在司机室控制配电变压器低压侧安装 3 只低压氧化锌避雷器。

（4）缆机上空避雷系统构成

缆机运行时间贯穿整个大坝施工过程,大岗山工区雨季中雷雨天气较多,为满足缆机的防雷要求,保证缆机及覆盖区域设备的运行安全,在缆机上空设置了一套由武汉大学设计的避雷系统。

避雷线与缆机主副车顶部的牵引索上支导向滑轮轴的高差约为 3.5m。根据地形条件,6 根避雷线的高程可在设计高程上有适当地变化(适量升高),且 6 根避雷线的高度可不一致,各避雷线的视坡角也可不一致,避雷线基本为均匀布置,相邻避雷线的间距为45.2m,外侧两根避雷线与各轨道端头的距离为 5m。中间 4 根避雷线在纵向的布置位置根据地形情况可以在上下游间适当的变化(即在纵向不一定需要均匀分布)。

大岗山缆机避雷线布置断面见图 4.11,岗山缆机避雷线布置俯视图见图 4.12,检查副塔避雷线固定端头紧固情况见图 4.13。

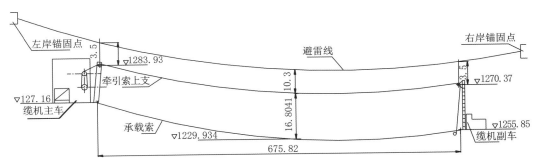

图 4.11　大岗山缆机避雷线布置断面图(单位:m)

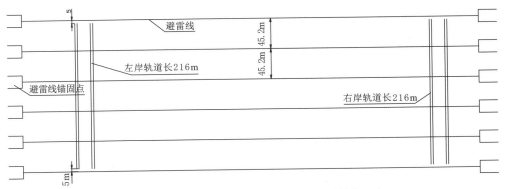

图 4.12　大岗山缆机避雷线布置俯视图(单位:m)

图 4.13　检查副塔避雷线固定端头紧固情况

（5）防护效果

在 2011 年 5 月完成该套防雷系统的安装工作之后，在雷雨天时缆机的无线通信系统运行良好，大大减少了无线电台的损坏概率，在未安装避雷系统之前，累计更换了无线电台 3 对（每对电台接近十万元）；在安装之后，缆机通信的无线电台未再进行更换，从而减少了缆机停机时间，提高了缆机运行效率。安装了整体防雷系统后，至今未发生因雷击而造成的设备及其零部件损坏的事故（事件）。

4.2.5　操作室移位

缆机在安装期间，由于操作室受视线影响，在大坝混凝土浇筑即将进入高峰期，根据工程相关方以及从缆机操控的安全方面考虑，将缆机操作室从 1270m 平台转移到 1135m 缆机供料平台下方，此处视野开阔，便于观察到吊罐运行的全部过程以及仓内情况，以便于操作手能更好地控制混凝土吊罐的起钩和落钩以及有利于观察吊罐运行轨迹和混凝土仓内的情况等，将 4 台缆机的操作室安装于 1270m 缆机平台移动安装于 1135 平台。

1270m 缆机操作室见图 4.14，1135m 缆机操作室见图 4.15。

图 4.14　1270m 缆机操作室　　　　　　图 4.15　1135m 缆机操作室

4.2.6　双机抬吊

1)抬吊前,各机先校正好主、副车同步,使两台机间的防碰撞开关接触且确认触电已断开,进入抬吊部位;检查两台机小车同步位置相差必须小于 3m。抬吊时防摇摆控制和自动送达操作不可用,提升和小车牵引速度为名义速度的 50%。

2)操作选用共同置于遥控工作模式。

3)1#机与 2#机抬吊时,1#机为主机,2#机抬吊操作旋钮旋向 1#机,1#机抬吊操作旋钮旋向 2#机。

4)2#机与 3#机抬吊时,2#机为主机,3#机抬吊操作旋钮旋向 2#机,2#机抬吊操作旋钮旋向 3#机。

5)3#机与 4#机抬吊时,3#机为主机,4#机抬吊操作旋钮旋向 3#机,3#机抬吊操作旋钮旋向 4#机。

4.3　缆机运行远程监控系统

缆机自动监控系统主要用于实时监控缆机运行状况,便于操作员在操作时了解各机构及各系统的情况。系统监控主要由工控机完成,工控机与系统 PLC 主站进行实时通信,采集各种数据并显示设备运行状态。主要有硬件系统、软件系统和应用程序三部分。

4.3.1　硬件系统

缆机配有两套监控设备,分别放在司机室和主塔电气房中,操作和维护人员应了解硬件配置。

工控机主机采用中国台湾研华工控设备,配置如下:

机箱:IPC－610P;

主板:6006LV;

CPU:P4　2.8G;

硬盘:三星 80G;

内存:Kingston DDR1024M;

光驱:SONY－52X;

声卡:AC97 芯片;

显卡:主板集成;

网卡:Intel;

键盘鼠标:研华光电套件;

显示器:三星 19 寸液晶。

4.3.2　软件系统

上位机操作平台：上位机采用 Windows2000 professional sp4 作为操作平台，Windows2000 系统建立在巩固的 Windows NT 基础上，集安全性、易用性及兼容性于一体。

组态软件：

缆机应用程序采用组态软件 wincc6.0 开发，wincc 是德国 SIEMENS 公司专业的工业监控软件，它是创建 Microsoft Windows2000 和 Windows NT 操作系统下的人机界面（Human－Machine Interface，简称 HMI）应用程序的最简便快捷的方法，广泛应用在工业控制各个领域，为以工厂和操作人员为中心的制造信息系统提供了可视化工具。软件系统主要包括：

组态软件：WinCC 6.0；

数据库软件：SQL Server 2000；

服务器软件：SIMATIC NET；

软件许可证：Wincc 6.0 软件授权在安装好 WinCC 之后安装，操作人员不得随意删除，否则上位机将不能正常工作。

WinCC 与 PLC 之间的通信：WinCC 与 PLC 之间的数据交换通过 TCP/IP 和 Profibus－DP 协议实现，Windows 启动时会自动启动 WinCC 和 SIMATIA NET，SIMATIA NET 为 WinCC 和 PLC 通信的服务器，操作人员不得随意关闭和删除。

4.3.3　应用程序

缆机应用程序基于 Windows2000 平台，通过组态软件 WinCC6.0 开发针对缆机操作运行的操作员程序，操作员应能熟练使用该程序。应用程序的目录为 F:\shangweiji，子目录包括 ArchiveManager、GraCS、PAS 等，对于该目录及其子目录文件不得随意修改或删除，否则应用程序将无法使用。应用程序由一组画面组成，完成对单台缆机或多台缆机工作时的实时监控和记录。

远程监控系统在大岗山水电站的应用大大提高了缆机的安全性能，保证了缆机安全、高效运行，确保了大岗山缆机的生产吊运能力。

4.4　缆机暂停使用

4.4.1　缆机暂停使用条件

1）风速大于 34m/s 或有大雾能见度低于安全操作标准时。

2）重量显示和起升、牵引编码器不正常。

3）起升、牵引制动器有故障或异常。

4）非操作人员或资质不符合人员进行操作。

5）重要部位未按规定进行保养或检修。

6）结构件有变形、脱焊或有损伤时。

7）机构和运转部位运行时出现异常状况时。

8）其他需要处理的问题。

4.4.2　缆机需暂停使用时应遵守的规定

应将吊钩升至最大高度、小车移至主塔侧非工作区，所有电源关闭；大车行走夹轨器锁紧在轨道上。

4.5　缆机故障及事故处理

1）缆机发生疑难故障时，运行管理单位应及时报告监理工程师，监理工程师可采取协调厂家技术人员进行技术支持（质保期外）或召开专题会等方式进行疑难故障会诊及原因分析，找出解决方案，并协助缆机运行单位尽快解决疑难故障。

2）当缆机出现事故时，缆机运行单位应及时按规定程序向上级主管部门汇报，对事故现场妥善保护，同时通知监理工程师，属设备财产综合险承保范围以内时，由监理工程师通知业主和保险公司人员到场取证。

4.5.1　缆机发生故障处理

1）缆机运行单位未能及时按缆机厂家技术文件要求进行修理。

2）缆机有重大安全隐患。

3）承包人的操作人员不称职、发生严重违反操作规程的行为或有其他严重违约行为。

当有以上情况发生时监理工程师有权决定暂停使用缆机。缆机运行单位必须采取相应措施妥善保管好缆机，并承担由此产生后果的全部责任。

第5章　缆机运行管理

5.1　缆机操作标准化规程

5.1.1　作业前准备

1）司机操作运行前，应将操作椅调到自身在操作时最佳的状态。

2）操作司机要检查与信号工通信是否畅通，并与主塔机房、副塔值班人员取得联系以确认各部位是否正常，检查操作手柄是否在零位。

3）打开电脑显示器，查看各种数据是否正常。

4）打开钥匙开关，按测试灯查看各显示灯是否正常，确定操作方式。

5.1.2　混凝土吊运

（1）重罐到目标位置

待自卸车走后，提升采用1～2挡的速度将罐绳绷紧，再以3～5挡的速度将负荷提升到满负荷，当大罐底部提升到高于取料点1m以上时，联动操作小车1～4挡的速度向副塔方向行驶，在吊罐被牵引离取料平台50m时大钩开始均匀加速至4挡下降，同时听基坑信号工指挥，小车离目标位置90m时，均匀减速将小车开到目标位置。当大罐离仓号位置70m时，提升减速到3挡，20m时减速到2挡，10m时减速到1挡至仓号底部，此时听信号工指挥，将料卸完。

（2）空罐返回

均匀加速到4挡的速度将大罐提升至运行轨迹中最高障碍物30m以上，采用联动配合操作，小车从均匀加速到4挡的速度，向右岸取料点返回。将大罐提升至安全高度时，可进入右岸取料点；当小车离取料点位置60m小车开始均匀减速，距15m时减速至2挡，8m时减速到1挡，此时配合大钩联动操作，平稳将空罐落至取料平台，将罐绳放松。

5.1.3　联动操作

1）首先，将大钩提到上限位，小车开到主车侧极限限位。

2)将小车极限限位位置修正至设计位置,将两台联动的缆机间的碰撞开关合上。此时,将缆机联动开关切换至联动位,即可以进行联动操作。

3)联动操作时缆机的三大机构速度均应减半(提升、牵引和大车行走)。

4)联动时两小车行走的前后位置差应小于 2m。

5)联动时,两台缆机大钩的相对高度位置应保持水平,抬吊不规则的重物时应选择不同长度索具,必要时增加平衡吊梁。

5.1.4　突发事件处理

1)当大风来临时,应按规定要求保持各车之间的安全距离;缆机载荷如果来不及卸掉,应将大钩起至不能碰撞周围物体的安全高度。

2)大雷雨天气时按相关规定程序执行。

3)缆机在运行中突遇停电应将操作手柄置于零位并关闭所有电源,同时及时报告当班负责人。

4)缆机在运行中突遇信号中断或指挥信号不明时,应及时将操作手柄回零。

5)缆机在运行中,遇意外突发事件,应立即按操作台上的急停按钮,切断总电源,然后将主开关置于零位。

6)缆机在运行中,一旦发现停机或发现控制台上的某个报警灯闪烁,操作司机必须停止任何操作,并立即报告当班负责人或检修电工,未得到上级主管授权,不得将报警信号重新复位。

5.1.5　操作人员注意事项

1)缆机的操作人员必须是身体健康、无缆机操作人员的禁忌症、经过培训合格的成年人,熟悉操作台各部位、缆机操作规程,并能熟练操作。

2)在打开主开关之前,所有的控制开关必须设在零位。注意作用在主开关上的限位开关;如果有限位开关未复位,在主开关被打开之前,必须将这个限位开关手动复位。

3)在遇到机械或电气故障以及进行所有的维修工作时,在缆机司机被告知解除停机状态之前,不得运行缆机。因此,应首先将控制开关置于零位,然后将主开关关闭,并悬挂"正在检修,严禁操作"的警示牌,同时应将操作控制模式转为本地控制模式以防止司机室误动。

4)当接近限位开关时,操作人员应提前考虑安全距离以避免碰撞和发生危险。

5)在缆机运行时,缆机司机应注意观察负荷。发现超载时司机应立即停止运行,待减载后才能恢复运行。

6)缆机司机必须严格执行"十不吊"原则。

7)当出现强风和风暴(风速大于 20m/s)时,应将缆机卸下负荷,将小车放在主车一侧,停止运行缆机并用抗风绳等锁定装置将缆机锁定。

8)长时间停机时,应将缆机运行至停车位置。关闭所有的制动器、主开关、夹轨器。

9)在司机当班结束离开缆机前,应通知接班司机所发生的所有的特殊事件,报告检测到的每一个故障。

10)操作司机在交接班时,严禁吊物在空中时进行换人操作,应将吊物卸钩后进行交接班。

11)操作司机操作期间,精力集中,严禁做与操作无关之事,精神不佳时,应换人操作。

12)操作司机在接班后应及时与信号员联系,并询问吊运地点有无安全隐患及其他注意事项,并告知信号员本车状况。

13)操作过程中司机要密切注意显示屏上的速度、位置、吨位等,发现问题立即采取相应措施,并及时汇报给当班班长。

14)操作时严禁与任何人攀谈、答话等,有问题可待停止手柄回零后进行。

15)操作司机与信号员密切配合,严格按照信号员的报话指令,正确无误地进行操作。遇到信号员违章指挥,可拒绝操作,若遇到对讲机报话中断,或有干扰时应立即停止动作,进行询问确认报话指挥畅通后再动车。

16)遇换信号员时应询问清楚,以防串音,造成错误操作。

17)检修时应挂"正在检修、严禁操作"牌,若动车应小心,听到动车指令,核实清楚再动车。

18)对常浇筑部位的小车位置,仓号上方的安全距离及高度应心中有数。

19)听到任何人发出的停止指令,应立即停止,并询问清楚;遇非运转人员指挥的,应进行询问,清楚后方可以动车。

20)严禁在工作期间使用手机,严格执行标准化作业与缆机操作规程进行操作;操作司机操作期间对发生的任何事情应及时上报,并做好记录,不得隐瞒和虚报。

5.1.6 缆机指挥标准化规定

(1)信号工用语要求

①使用普通话报话。

②报话用语,要求简练、清晰、准确。

(2)小车、大钩、大车行走的用语要求

缆机指挥人员(即信号工)使用对讲机指挥缆机操作手进行动作时,必须使用标准普通话,指挥口令如下:

①大钩起升、下降:大钩1~5挡(满挡)起、大钩1~5挡(满挡)落、大钩停。每次加(减)速一个挡位。

②大钩微速起升、下降：大钩微速起、微速落。

③小车行走：小车前进 1～5 挡（满挡）、小车后退 1～5 挡（满挡）。每次加（减）速一个挡位。

④小车微速行走：小车微速前进、小车微速后退。

⑤大车行走：大车上游 1～5 挡（满挡）、大车下游 1～5 挡（满挡）。每次加（减）速一个挡位。

⑥遇紧急情况，下达停止口令：紧急停机。

⑦指挥频率由信号工掌握：大钩离目标距离大于 30m 时采用 6s 报话一次；离目标 30m 左右时应 3s 报一次；离目标 10m 左右时应连续不停地报话。

说明："前进"指小车从主车侧向副车侧行走；"后退"指小车从副车侧向主车侧行走。

（3）缆机系统联系用语

①司机室操作人员呼叫左、右岸人员时专用语为：左岸为主塔，右岸为副塔；呼叫基坑信号工专用语为：（某）号缆机基坑信号工（某某）。

②基坑信号工呼叫司机室时专用语为：（某）号机司机室（某某）。

③副塔值班人员专用语为：（某）号机副塔值班。

④主塔值班人员专用语为：（某）号机主机房。

（4）信号工上岗要求

①信号工必须挂牌上岗、佩戴鲜明的标志，如标有"信号员"（报话员）等字样的臂章和安全帽。

②缆机作业中，严禁一人指挥多台缆机，做到信号工定人定岗，由一个点的信号工转入另一个点的信号工指挥时，必须做好相应的吊物空中交接呼叫工作，空中交接未得到确认前，交方不得停止指挥。空中交接用语为：

交方：（某）基坑报话员，（某）号缆机已处于某状态，请你指挥。

接方：（某）号缆机，现在听我指挥，请确认。

缆机司机：已确认，请你指挥。

③信号工必须密切关注缆机和吊罐运行的情况，发现异常及时通知周边人员撤离或避让。

④作业中，必须集中精力从事指挥工作，不得兼顾其他任何工作。

（5）缆机抬吊注意事项

并机前双机信号人员用各自的缆机频道指挥，抬吊物调至水平位后并机，并机后将信号工、司机室、机房监护人员的频道统一调至主动缆机频道。此时提升、牵引的速度为额定速度的 50%，此时每次加减速不应超过 0.2m/s。

（6）右岸高程 1135m 平台信号员注意事项及规范

①上岗前要提前到达岗位，并佩戴好信号员标识。

②检查对讲机频道,是否在指挥本车的频道上,确认无误后加锁,指挥时必须加报该车编号。

③检查罐边石渣,发现有渣不可指挥动车,应及时告知并提醒铲料员进行处理;若铲料员拒绝铲料或无铲料人员及时向当班班长反映。

④需要转罐应及时告知大罐班及调度。挂罐时必须提前到取料平台工作点。

⑤信号员指挥距离不可超过混凝土罐5m,严禁远距离指挥。同时注意避让取料平台车辆,必须站在靠大罐的上游侧。

⑥若遇换电池或上厕所等情况,需要离开工作岗位,要等其他信号员到位,并交代清楚,同时告知司机室,在此期间代看信号员对所代看缆机负责。

⑦不允许打伞,不允许在车后阴凉处乘凉,不允许相互间或与他人聚在一起闲谈。

⑧去司机室喝水、吃饭时,一定将对讲机音量调小或关闭,以免司机误动车。

⑨信号员要注意力集中及时接送罐,重罐指挥最少送出取料平台20m以外,空罐在100m左右应及时接罐(特殊天气除外,特殊情况具体规定。)

⑩取料平台信号员注意检查或询问基坑信号员大罐弧门关闭情况,发现异常及时通知大罐班人员。

⑪取料信号员对空罐吊出和其他监护责任不到位的,负有监护责任。

⑫取料信号员指挥期间发生其他所有事情应立即上报,不得隐瞒和虚报。

(7)基坑信号员注意事项

①缆机正式工作之前,提前到达施工现场,交接要清楚,并佩戴好信号员标志。

②严格执行吊罐入仓的相关规定,保证缆机靠近模板、廊道等部位的安全距离,特殊情况下,通知当班负责人,得到指令后,再动车。

③信号员与振捣臂、平仓机、大罐等设备要保持一定的安全距离,避免受到意外伤害。

④信号员到达吊运施工现场后及时与司机沟通,并告知操作司机吊运现场的位置、环境和存在的安全隐患。指挥过程中,若发现操作司机有不符合规范的操作应及时制止,并上报当班负责人。

⑤严格遵守信号员岗位责任制和标准化操作规程,遵守其他有关部门下发的相关规定。

⑥遇到电池没电和其他状况应及时通知相关人员。

⑦缆机在吊运期间,不管发生任何事情应及时上报,不得隐瞒。

⑧信号工应选择安全的站点,该点对无线电无干扰、噪音小、视线好,安全且在起吊点附近,信号工离起吊点距离不应超过10m。

⑨在突遇紧急状况时信号工应立即通知司机室按急停按钮,用语为急停、急停、急停。此时,缆机司机应及时按下急停按钮。

⑩信号工严禁站在大罐及所吊物体的下方,避免发生危险。

⑪信号工应根据仓号指挥人员的指挥,及时通知缆机司机下一罐的位置,报位应准确以避免多次移动大车。

⑫起吊前,信号工必须得到起重指挥人员明确信号后才能发出可以起吊的指令;在吊运件低速提升到离地面30cm左右时,吊运材料、设备时由起重指挥人员检查吊挂(绑扎)是否可靠,无超载警示信号发生方可继续指挥提升。

⑬吊物必须超过运行轨迹中最高障碍物10m以上才可进行联动运行。

⑭吊运混凝土入仓面时,吊罐必须距离仓面0.5m以上,吊罐侧面应离模板3m以上,若须靠近时,吊罐底部必须高于模板,或以慢速按钮点动移位。

⑮有下列情况之一的,缆机信号工有权拒绝传达指挥指令:

a.违反缆机"十不吊"安全操作规程。

b.指挥信号含义不明或多头指挥。

c.其他有可能导致安全事故的错误指令。

(8)操作室人员行为规范

为保障缆机的安全运行,创造一个文明的工作环境,特制定以下行为规范:

①工作人员在操作期间不得与他人闲谈。

②不准为图便捷翻越窗户,攀爬栏杆。

③不准用无线电通信器材讲与工作无关的事。

④操作室不准吸烟。

⑤上班期间不准吃零食、看小说杂志、报纸等。

⑥不准将废纸等杂物随地丢弃。

⑦凡违反以上规定者,按规定给予罚款处理。

(9)基坑报话人员行为规范

为保障缆机的安全运行,创造一个文明的工作环境,特制定以下行为规范:

①工作人员在报话期间不得与他人闲谈。

②不准用无线电通信器材讲与工作无关的事。

③上班期间不准吃零食、看小说杂志。

④不准将废纸等杂物随地丢弃。

⑤文明用语,礼貌待人,对施工单位不得敷衍了事。

⑥凡违反以上规定1次者,按规定给予罚款处理。

(10)相关规定

①缆机进行混凝土吊运作业时,混凝土浇筑单位必须在浇筑仓面设置明显的定位标志,没有定位标志时,信号工应拒绝指挥缆机运行。

②浇筑单位仓面指挥人员是浇筑仓面的兼职安全员,有责任确保定位标志设置准

确,周边 3m 范围内无人员停留,并应密切关注缆机运行,发现异常及时通知周边人员避让。

5.1.7 操作工安全技术标准化规程

1)操作人员启动设备前要检查各种开关,指示灯是否处于正常位置,手柄是否置于零位。只有处于正常状态下才能启动。

2)作业时司机室必须保持相对安静,不准抽烟,不得做与操作无关的事情,不得与他人闲谈。

3)经常观察操作控制台两侧的仪器、仪表及指示灯的显示是否正常。

4)操作时,应逐渐加速,注意吊物在空中摆动的方向,力求平稳运行,尽量避免突然加速;非紧急情况,不得使用急停按钮。

5)吊物悬在空中时,司机严禁离开操作台;换人操作时,应在吊物卸钩后进行。

6)运行途中突然停电时,司机应立即将各主令控制器置于零位。

7)工作时,不可将各运行机构开至极限位置,严禁使用限位开关来达到停车的目的。

8)在机构运行过程中应逐级加、减挡,不允许加、减挡过猛。力求稳中求快,防止动作过猛影响结构损坏。

9)缆机的自动定点功能只有在掌握正确的方法,并确认不会产生危险时才能采用定点操作,正常操作以手动操作为主。

10)停机前需将吊钩落地或脱钩,起升吊钩将小车牵引至主车侧停靠,并将大车停至适当位置。交班停车应按关机按钮,断开操作电源开关,较长停机时应断开除照明以外所有的低压开关。

11)当操作大车、小车、提升接近极限位置时,应通知相关助手密切注视限位开关是否动作,当限位开关动作,而移行电机仍不停止工作时,要立即按下"紧急按钮"使大车停止移动。事后查明原因后,方可恢复正常。

12)操作人员在操作过程中应经常观察控制台上仪器仪表及指示灯是否正常,变换机构运行方向时,应首先将手柄置于零位,然后再反向操作,不允许直接变换手柄方向。

5.1.8 电工安全技术标准化规程

1)电气设备和线路应经常保持清洁、干燥。各仪表、继电器、接触器、开关、按钮和指示灯均应用中文标注其名称、代号(或用途),转换开关、按钮等还应标明其操作位置方向。

2)电工检查和处理电气设备故障,必须通知机长(或当班班长)和操作司机。工作完毕后,应将处理情况向有关人员交代清除,并做好记录。

3)检修电气设备时,必须首先切断相应电源,操作手柄应上锁或挂上"禁止合闸"的警示牌。恢复送电时,应由机长(或当班班长)统一指挥并按送电程序进行。

4)高压开关柜前应设置警示牌,地面应铺设绝缘橡胶板;操作高压开关和整理带电高压电缆时必须戴绝缘手套;带电作业时,必须有专人监护。

5)对电气安全保护装置动作、熔断器烧断等现象,应查明原因、妥善处理。不得强行合闸或随意加大保险丝(管)容量。

6)"紧急"按钮上方(或旁边),应标有警示牌。只有在缆机运行中有重大事故险情时,方可使用"急停"按钮,平时严禁按动。

7)必须在带电状态下更换 PLC 电源电池。

8)在装拆各 PLC 及各交、直流驱动电路板(模块)之前应断开相应的电源开关,并戴上防静电手套。

9)发生触电事故时,应立即切断电源,并进行急救。

10)电气设备起火,应立即切断电源,用绝缘灭火器扑灭。

11)严禁用接地线做载流零线,维修时所使用的便携式照明灯,电压必须在 36V以下。

5.1.9　维修工安全技术标准化规程

1)每班缆机使用前,根据班前保养制度,对主、副车各润滑点进行润滑;对缆机各传动机构进行巡查。

2)承马、牵引绳、起升绳等大型作业项目,遵守项目部制定的作业指导书进行操作。

3)缆机高层作业,须系好安全绳,特殊部位作业要设置双保险。

4)各部位承重螺栓须定期检查,拧紧力矩遵照"缆机螺栓力矩表"进行操作。

5)按照周、月保养计划要求进行各传动部件的润滑工作。

6)对打不进油、无法润滑的各加油点,应及时向队长及项目部主管部门反映,并将反映报告时间详细记录。

7)缆机维修要对维修项目、时间、维修负责人、更换配件等做详细维修记录,并对维修质量进行跟踪观察。

8)实时做好对缆机全面运行的监视和检查,发现问题快速处理,当班问题当班解决。不能完成时,及时向队长报告协调完成。

9)维修工作完毕后,收放好工具、量具、擦洗设备,清理工作台及工作场所,做到工完场清。

10)交接班工作要做好"六交""三查"。

5.1.10　信号工安全技术标准化规程

1)工作前,应检查对讲机性能是否良好,电池电量是否饱满。进入工作岗位后,要使用缆机通信专用频道,向操作室报告本岗位姓名、作业部位和起吊工作内容。

2)工作中,信号工要时时选择合适的工作位置,与起吊点或卸料点之间保持视线良好、噪声小的地方,其间距离保持在 10m 左右。

3)起吊点与卸料点距离较远时,缆机起吊点和卸料点必须分别安排信号工进行指挥。且信号工要保持联系,不允许所吊物件脱离指挥视线范围。

4)每次吊运物件时,应低速提升至离地面 30cm 左右,要求并协同起重指挥人员检查提升制动器可靠性和有无超载,方可继续指挥提升。

5)吊物必须超过障碍物 3m 以上,方可指挥小车牵引或大车运行。调运混凝土进入仓面时,吊罐必须距离仓面高度 1m 以上,吊罐侧面应距离模板及埋件 1.5m 以外。

6)信号工不得将对讲机交给非信号工进行缆机指挥。

7)信号工要严格遵照《大岗山缆机指挥人员标准用语》发出指令。

8)信号工必须防范缆机与门、塔机在运行过程中发生干涉、碰撞。当门塔机有碍于缆机运行时,应提醒门塔机避让。

9)信号工有责任对信号范围内的承马、牵引小车和吊钩及滑轮组进行观察和监护,一旦发现异常情况或承马间距差位较大时,应立即通知司机检查调整。

10)遵守起重安全操作规程,在作业中做到"十不吊"。

5.1.11 起重安全操作规程"十不吊"

1)吊物重量不明或超负荷不吊。

2)雾天、光线暗淡不吊。

3)安全装置、机械设备有异常或有故障不吊。

4)在重物上加工或重物埋入土中以及物件歪拉斜挂不吊。

5)物件捆绑不牢、活动零件不固定或不清除不吊。

6)吊物上有人或从人头上越过不吊。

7)氧气瓶、乙炔发生器等易爆器械无安全措施不吊。

8)棱角缺口未垫好不吊。

9)六级以上大风和雷暴雨时不吊。

10)物料装放过满不吊。

5.1.12 设备交接班管理制度

(1)"六交"

①交生产任务、施工条件和质量要求。

②交设备运行及保养情况。

③交随机工具及油料、配件消耗情况。

④交事故隐患及事故处理情况。

⑤交安全措施及注意事项。

⑥交设备运行记录。

(2)"三查"

①查设备运行及保养情况。

②查设备运行记录是否准确完善。

③查随机工具是否齐全。

(3)注意事项

①交接检查过程中所发现的问题应查明原因,妥善处理,重大问题应及时向有关部门报告。

②当班发生的机械电气故障,应由当班人员处理完毕。若未及时处理好,应当面向接班人员详细转交故障情况、处理办法和处理过程。

③交班人员不得隐瞒事故和故障隐患,由于交代不清而发生的问题由交班人员负责;由于接班人员检查不认真而造成的事故由接班人员负责。

④交接班时应认真填写交接记录,交接完毕双方共同签字备案。

5.2 缆机运行调度管理

5.2.1 运行管理目标

缆机是大坝土建及金属结构设备安装工程的主要施工设备,具有唯一性和不可替代性。缆机运行管理,应最大限度地保证和提高缆机运行效率,来满足大坝土建及金属结构设备安装工程施工需要为目标。通过合理的资源配置和有序的运行调度管理来满足工程施工各方的需要。用确保缆机安全、有序、高效运行方式,为大岗山水电站打造精品工程,提供优质服务。

5.2.2 生产协调方式

1)葛洲坝大岗山大坝工程施工项目部是缆机统一协调指挥的实施责任单位。要求工程参建各施工单位按照工程进度目标给项目部上报月缆机使用计划,项目部根据工程进度目标做出统筹安排,给缆机运行下达指令。

2)缆机运行单位(缆机队)根据施工项目部下达的缆机运行指令,及时与施工各方取得联系,同时通知缆机运行班、机长及操作人员,操作人员报话员根据机长指令进行缆机的操作报话。

3)缆机的调度流程见图 5.1。

图 5.1　缆机的调度流程图

5.2.3　缆机内部调度管理

缆机队参加由工管部组织的生产协调会,配合土建部门的工作,缆机的内部运行由缆机队队长统一指挥协调,并及时传达上级的指令,保证缆机紧张有序而安全地运行。

5.2.4　岗位职责

(1)班(机)长岗位职责

1)班(机)长是本班、机组的安全生产第一责任人,对本班、机组作业人员在生产劳动中的安全和健康负责,对班、机组使用的设备安全负责。

2)控制班、机组未遂事故异常问题,保证分解控制指标的实现。带领班、机组所属人员认真贯彻落实安全操作规程和规章制度,及时制止违章违纪行为,主持班、机组人员开好班前安全会和班后安全小结,并做好记录。

3)做好新入场工人的安全技术岗位培训,经常进行安全思想教育,带领班、本机组人员,做好当日安全检查工作,对本班、机组所使用的安全设施、设备、工器具的安全状况进行经常性检查,对查出的不安全因素,本班及时处理,处理不了时向下班交代清楚。对本班,机组作业人员使用的劳动保护用品情况进行监督检查。

4)本班发生的异常、未遂事故,要认真做好记录,保护现场及时上报,分析原因,落实改进措施。组织本班,机组人员分析事故原因,吸取教训,及时改进班,机组的安全工作。

(2)缆机司机岗位职责

1)缆机司机必须提前 15min 到达自己的岗位做好交接班的有关事宜。

2)交接班必须在工作岗位进行,交接班双方必须做到“五交”“三查”交生产任务和作业要求;交机械运行及保养情况;交事故隐患及故障处理情况;交随机工具及油料、配件消耗情况,查机械运转记录是否准确完善;查随机工具是否齐全,发现问题协商处理,重大问题及时向有关部门汇报。

3)交接人员要为接班人提供方便,白班要为夜班创造条件,交班时带班司机要认真填写交接班记录。

4)交接人不得隐瞒事故,因交代不清而发生问题由交班人负责。因检查不周敷衍了事而造成的事故,由接班人负责。

5）缆机各小班代班司机须按生产办的调度安排统一指挥各工作点的工作,如缆机运行中出现故障要处理或缆机例行常规架空检查等,代班司机需及时向调度室报告,征得同意后方可进行作业。

6）当班产生的机械电器故障,由当班人处理完毕,确实处理不完的,可向接班人转交,转交时必须将事故的全部经过、处理情况和意见一起交代清楚。

7）当班下班前,应将司机室、机房、电器室、值班室等处卫生打扫干净。

8）缆机运转人员必须严格遵守《缆机安全操作和保养规程》的有关规定,接班未到时,当班司机不得离岗下班。

9）交接班双方要认真填写交接班记录,并共同签认。

（3）缆机信号员岗位职责

1）报话员提前 15min 到自己的工作点,在现场进行交接班,交接班时如果下班报话员未到,或有其他特殊情况需离开工作点时,必须报请当班班长批准方可离开,否则影响生产后果自负。

2）报话员工作点应距施工现场 10m 以内指挥报话,不得远距离指挥报话。

3）报话员工作范围及责任:当缆机在基坑作业时,小车离开进料线即由基坑报话员报话,并根据基坑障碍情况明示大钩是否可以下落,大钩从基坑快起后,指挥小车开回并始终注意缆机小车,吊钩以及承马的运行情况,发现异常及时报告司机采取措施。

4）当缆机吊罐入仓时,报话时应注意大罐外边距仓号内的预埋钢管、槽板、廊道、钢筋等要保持至少 1.5m 的空隙,大罐底至仓面表面、钢筋网、廊道顶部等不小于 0.8m,否则发生碰撞后果自负。

5）现场交接班时,当班报话员应将工作情况注意事宜等向下班报话员交代清楚,因交接不清出现问题由交班人负责,因接班不清出现问题由接班人负责。

（4）机房值班人员岗位职责

1）保持机房内整洁,走道畅通,工具、油料放置整齐。

2）要密切观察提升、牵引、排绳机构和各传动部位运行情况,有无异常响声。

3）要不定期对主塔主索导向轮各部位的检查。

4）按期完成各润滑部位的保养工作。

5）机房内严禁明火,严禁放置易燃物品。

6）发现问题要及时同当班机长取得联系。

7）机房值班人员不得擅自离开工作岗位。

8）做好机械运行、保养记录。

（5）缆机副塔岗位职责

1）坚守岗位、服从分配,上班期间不得做与工作无关的事。

2）注意巡视各传动部位及运行情况,发现异常及时同主塔取得联系。

3）要不定期对副塔主索导向轮等各部位的检查。

4）保持机房清洁卫生，按期保养各润滑部位。

5）认真填写机械运行和交接班记录。

（6）维护电工岗位职责

1）服从上级领导的调动，听从现场值班人员的指挥。

2）熟悉自己维护范围。

3）经常巡回检查供电线路及电器柜。

4）及时排除当班与上班发生的线路及电器故障。

5）遵守各项规章制度及操作规程，努力学习，不断提高技术业务水平。

6）认真填写交接班记录。

7）保持室内清洁。

5.3 缆机运行吊运工程量

5.3.1 缆机吊运工程量

5.3.1.1 缆机运行期间吊运量统计分析

大岗山大坝缆机作为代表混凝土唯一吊运手段在大坝浇筑期间吊运混凝土330 万 m^3，其间，4 台缆机每日最大吊运混凝土量分别为：

1$^\#$缆机	2013 年 12 月 22 日	吊运混凝土 1861.2m^3	198 罐
2$^\#$缆机	2013 年 10 月 29 日	吊运混凝土 1748.8m^3	186 罐
3$^\#$缆机	2013 年 01 月 19 日	吊运混凝土 1996.8m^3	208 罐
4$^\#$缆机	2012 年 12 月 29 日	吊运混凝土 1862.4m^3	194 罐

5.3.1.2 缆机高峰期吊运混凝土量统计

（1）1$^\#$缆机吊运混凝土量统计分析

2012—2014 年 1$^\#$～4$^\#$缆机每月运行吊运混凝土工程量统计见表5.1 至表5.3。

2012 年吊运混凝土最大量发生在 12 月 17 日，吊运混凝土 1296m^3、135 罐。

2013 年吊运混凝土最大量发生在 12 月 22 日，吊运混凝土 1861.2m^3、198 罐。

2014 年吊运混凝土最大量发生在 3 月 20 日，吊运混凝土 1485.2m^3、154 罐。

1$^\#$运行期间最大小时吊运量发生在 2013 年 1 月 21 日、2 月 1 日，为 11 罐/h。

（2）2$^\#$缆机吊运混凝土量统计分析

2012 年吊运混凝土最大量发生在 12 月 6 日，吊运混凝土 1737.6m^3、181 罐。

2013 年吊运混凝土最大量发生在 10 月 29 日，吊运混凝土 1748.4m^3、186 罐。

2014 年吊运混凝土最大量发生在 3 月 26 日，吊运混凝土 1710.8m^3、182 罐。

2#运行期间最大小时吊运量发生在 2013 年 1 月 25 日、2 月 12 日,为 13 罐/h。

(3)3#缆机吊运混凝土量统计分析

2012 年吊运混凝土最大量发生在 12 月 26 日,吊运混凝土 1747.2m³、182 罐。

2013 年吊运混凝土最大量发生在 1 月 19 日,吊运混凝土 1996.8m³、208 罐。

2014 年吊运混凝土最大量发生在 5 月 28 日,吊运混凝土 1466.4m³、156 罐。

3#缆机运行期间最大小时吊运量发生在 2013 年 1 月 16 日,为 13 罐/h。

(4)4#缆机吊运混凝土量统计分析

4#缆机于 2010 年 1 月 27 日安装完成并投入试运行,截止到 2015 年年底停运。4#缆机总运行时间:21817.5h,其中吊运混凝土 18100.3h,吊杂 14466.5h;吊运混凝土 835700.8m³,最大吊运混凝土 36452m³,吊杂 107072t。

缆机进度控制目标:确保缆机设备完好率 96% 以上、月缆机设备检修时间不多于 3d;充分满足大岗山水电站大坝施工需要。大坝混凝土施工于 2014 年 10 月 30 日全线到顶,全面完成年度施工任务;顺利过渡至大坝尾工施工阶段,较好地完成大岗山工程缆机进度控制目标。缆机运行如下表统计:

2012 年吊运混凝土最大量发生在 12 月 29 日,吊运混凝土 1862.4m³、194 罐。

2013 年吊运混凝土最大量发生在 3 月 16 日,吊运混凝土 1756.8m³、183 罐。

2014 年吊运混凝土最大量发生在 4 月 25 日,吊运混凝土 1494.6m³、159 罐。

4#缆机运行期间最大小时吊运量发生在 2013 年 2 月 2 日、2 月 28 日,为 13 罐/h。

表 5.1　　　　　2012 年 1#～4#缆机每月运行吊运混凝土工程量统计

月份	1#缆机		2#缆机		3#缆机		4#缆机		合计	
	罐数（罐）	方量（m³）	罐数（罐）	方量（m³）	罐数（罐）	方量（m³）	罐数（罐）	方量（m³）	罐数（罐）	方量（m³）
1	120	687.8	888	8515.2	905	8670	76	617.6	1989	18490.6
2	212	1017.6	1009	9609.6	1143	10930.2	392	3744	2756	25301.4
3	642	3143.3	1165	11184	1659	15885.2	580	5522.2	4046	35734.7
4	0	0	1540	14784	1688	16162.2	1699	16275.6	4927	47221.8
5	0	0	2026	19449.6	2190	21024	2359	22564.9	6575	63038.5
6	83	796.8	2173	20860.8	2351	22569.6	2079	19804.8	6686	64032
7	468	4487.7	2229	21398.4	2264	21734.4	2190	21004.8	7151	68625.3
8	593	5692.8	2464	23654.4	2748	26380.2	2384	22886.4	8189	78614.4
9	932	8947.2	2857	27427.2	3379	32438.4	2863	27484.8	10031	96297.6
10	1659	15926.4	3424	32870.4	3985	38256	3775	36240	12843	123292.8
11	1636	15705.6	3869	37142.4	4077	39139.2	3441	33033.6	13023	125020.8
12	2908	27916.8	4123	39580.8	4347	41731.2	3661	35145.6	15039	144374.4
合计	9253	84322	27767	266476.8	30736	294921.2	25499	244324.3	93255	890044.3

表 5.2   2013 年 1#~4# 缆机每月运行吊运混凝土工程量统计

月份	1# 缆机		2# 缆机		3# 缆机		4# 缆机		合计	
	罐数（罐）	方量（m³）	罐数（罐）	方量（m³）	罐数（罐）	方量（m³）	罐数（罐）	方量（m³）	罐数（罐）	方量（m³）
1	2351	22569.6	3895	37392	4060	38967.4	3797	36451.2	14103	135380.2
2	1594	15285.6	3018	28968	3216	30873.6	2672	25651.2	10500	100778.4
3	2442	23443.2	3590	34464	3450	33120	3197	30691.2	12679	121718.4
4	2141	20553.6	3058	29356.8	3520	33787.4	2535	24336	11254	108033.8
5	1831	17577.6	2752	26419.2	3088	29627.6	2624	25190.4	10295	98814.8
6	2829	27152.8	3409	32726.4	3889	37334.4	3197	30622.8	13324	127836.4
7	2699	25910.4	3113	29884.8	3507	33667.2	3257	31145.6	12576	120608
8	2728	26188.8	3689	35414.4	2770	26592	2111	20265.6	11298	108460.8
9	3059	29366.4	3591	34473.6	2380	22841.4	1983	18811.2	11013	105492.6
10	3726	35210.6	4292	40558.6	2915	27553.2	2641	24446	13574	127768.4
11	3625	34062.2	4092	38464.8	3206	30129.4	2819	26418.2	13742	129074.6
12	3052	28688.8	3765	35391	3499	32890.6	2922	27466.8	13238	124437.2
合计	32077	306009.6	42264	403513.6	39500	377384.2	33755	321496.2	147596	1408403.6

表 5.3   2014 年 1#~4# 缆机每月运行吊运混凝土工程量统计

月份	1# 缆机		2# 缆机		3# 缆机		4# 缆机		合计	
	罐数（罐）	方量（m³）	罐数（罐）	方量（m³）	罐数（罐）	方量（m³）	罐数（罐）	方量（m³）	罐数（罐）	方量（m³）
1	2157	20275.8	2633	24750.2	2905	27307	2456	23086.4	10151	95419.4
2	1289	12116.6	2097	19711.8	2500	23500	2107	19805.8	7993	75134.2
3	2876	27034.4	3113	29262.2	3387	31831.4	2564	24061.8	11940	112189.8
4	2383	22400.2	3006	28256.4	3171	29807.4	2384	22063.6	10944	102527.6
5	3191	29995.4	3300	31020	3262	30662.8	2935	27257.1	12688	118935.3
6	2345	22196	2634	25022.8	2058	19496.6	1899	17883.4	8936	84598.8
7	2648	25417.2	2539	24374.4	2236	21465.6	2417	22913.2	9840	94170.4
8	2339	22432	2606	25017.6	2174	20840	2260	21535.8	9379	89825.4
9	1952	18739.2	2367	22723.2	1977	18979.2	1870	17862	8166	78303.6
10	1403	12140.3	985	9456	1797	17251.2	1657	15871.5	5842	54719
11	224	2150.4	168	1612.8	252	2329.4	29	159.1	673	6251.7
12	320	3072	125	1200	174	1467.8	122	1111	741	6850.8
合计	23127	217969.5	25573	242407.4	25893	244938.4	22700	213610.7	97293	918926

5.3.1.3　缆机高峰期吊杂量统计

2012—2014 年 $1^{\#}\sim4^{\#}$ 缆机每月运行吊杂工程量统计见表 5.4 至表 5.6。

表 5.4　　　　　　　　　**2012 年 $1^{\#}\sim4^{\#}$ 缆机每月运行吊杂工程量统计**

月份	$1^{\#}$ 缆机		$2^{\#}$ 缆机		$3^{\#}$ 缆机		$4^{\#}$ 缆机		合计	
	次数	工程量（t）	次数	工程量（t）	次数	工程量（t）	次数	工程量（t）	次数	工程量（t）
1	22	644	29	851	53	1581	63	1873	167	4949
2	22	634.5	33	989	67	2005	104	3092.5	226	6721
3	53	1585.5	43	1284	67	2000	97	2904	260	7773.5
4	89	2666	56	1672.5	101	3014	103	3090	349	10442.5
5	94	2800	58	1722	100	2984	67	1983	319	9489
6	84	2504	56	1663	80	2388	67	2003	287	8558
7	58	1717	60	1773	80	2370	50	1498	248	7358
8	116	3465	81	2411	81	1876	48	1423	326	9175
9	150	4494	70	2087	56	1667	55	1624	331	9872
10	344	3964	142	1525.5	139	1844	107	1415	732	8748.5
11	504	3966	130	1444	120	1400	167	1710	921	8520
12	382	2921	118	1440	120	1400	184	1961	804	7722
合计	1918	31361	876	18862	1064	24529	1112	24576.5	4970	99328.5

表 5.5　　　　　　　　　**2013 年 $1^{\#}\sim4^{\#}$ 缆机每月运行吊杂工程量统计**

月份	$1^{\#}$ 缆机		$2^{\#}$ 缆机		$3^{\#}$ 缆机		$4^{\#}$ 缆机		合计	
	次数	工程量（t）	次数	工程量（t）	次数	工程量（t）	次数	工程量（t）	次数	工程量（t）
1	407	3643	182	2068	116	1263	188	1897	893	8871
2	235	1934	99	867	120	1267	192	1922	646	5990
3	349	2762	199	1837	111	1092	210	2091	869	7782
4	331	2594	145	1240.5	144	1318	300	2504	920	7656.5
5	258	2484	98	1000	207	2325	211	2295	774	8104
6	228	2636	114	1168	137	1520	336	3260	815	8584
7	305	2840	144	1655	198	1901	208	2066	855	8462
8	285	2331	117	1299	171	1855	395	2998	968	8483
9	184	2121	165	1629	141	1202	346	3012	836	7964
10	234	2587	148	1728	244	1989	385	2692	1011	8996
11	223	2412	216	2313	292	2230	344	2611	1075	9566
12	270	2558	171	1819	256	2169	347	3098	1044	9644
合计	3309	30902	1798	18623.5	2137	20131	3462	30446	10706	100102.5

表 5.6　　　　　　　　　　2014 年 1#～4# 缆机每月运行吊杂工程量统计

月份	1# 缆机		2# 缆机		3# 缆机		4# 缆机		合计	
	次数	工程量（t）	次数	工程量（t）	次数	工程量（t）	次数	工程量（t）	次数	工程量（t）
1	251	1992	159	1516	165	1704	297	2599	872	7811
2	175	1493	127	1332	182	1576	281	2093	765	6494
3	339	3096	205	2072	309	2003	449	3264	1302	10435
4	367	2329	371	2536	228	1781	406	2542	1372	9188
5	330	2304	327	2354	322	2236	387	2572	1366	9466
6	358	2705	340	2392	468	2457	339	2112	1505	9666
7	317	2607	346	2242	468	2932	295	2240	1426	10021
8	327	1920	319	2408	398	2723	341	1931	1385	8982
9	287	1985	395	2841	474	2705	352	1650	1508	9181
10	354	2484	452	2227	311	1913	288	1345	1405	7969
11	159	501	162	711	289	776	191	916	801	2904
12	232	986	270	1046	335	911	195	781	1032	3724
合计	3496	24402	3473	23677	3949	23717	3821	24045	14739	95841

5.3.2　大岗山缆机停运时状态

（1）1# 缆机

1# 缆机整体颜色为红色，外观良好，自 2009 年 2 月投入运行以来，运行台时达 1.9 万 h，混凝土浇筑量达到 62 万 m³。运行期间，重大维修事项为更换 1 次起升钢丝绳和 2 次牵引钢丝绳，主车侧的 4 个自行式承马更换以及主副车运行机构行走轮检修 10 次。

缆机基本情况良好，机械、电气构件均正常；主索垂度为 4.55％，无断丝；起升钢丝绳磨损率为 3.06％，牵引钢丝绳磨损率为 1.67％。

（2）2# 缆机

2# 缆机整体颜色为蓝色，外观良好，自 2010 年 1 月投入运行以来，运行台时达 2.2 万 h，混凝土浇筑量达到 93 万 m³，运行期间，重大维修事项为更换 2 次起升钢丝绳和 2 次牵引钢丝绳，主副车运行机构行走轮检修 20 次。

缆机基本情况良好，除主车牵引机构顶部双滑轮中的一个滑轮有偏斜外，其余机械、电气构件均正常；主索垂度为 4.53％，出现断丝 2 处；起升钢丝绳磨损率为 2.50％，牵引钢丝绳磨损率为 1.67％。

（3）3# 缆机

3# 缆机整体颜色为黄色，外观良好，自 2010 年 1 月投入运行以来，运行台时达 2.3 万 h，混凝土浇筑量达到 94 万 m³，运行期间，重大维修事项为更换 2 次起升钢丝绳和

2 次牵引钢丝绳,起升减速箱内第三级齿轮更换一套,主副车运行机构行走轮检修 7 次。

缆机基本情况良好,除起升机构排绳器滑轮有异响外其余机械、电气构件均正常;主索垂度为 4.50%,出现断丝 6 处;起升钢丝绳磨损率为 3.06%,牵引钢丝绳磨损率为1.67%。

(4)4# 缆机

4# 缆机整体颜色为绿色,外观良好,自 2010 年 2 月投入运行以来,运行台时达2.1 万 h,混凝土浇筑量达到 80 万 m³,运行期间,重大维修事项为更换 2 次起升钢丝绳和2 次牵引钢丝绳,主副车运行机构行走轮检修 14 次。

缆机基本情况良好,机械、电气构件均正常;主索垂度为 4.49%,出现断丝 6 处;起升钢丝绳磨损率为 2.50%,牵引钢丝绳磨损率为 2.33%。

(5)4 台缆机吊运量(m³)

4 台缆机吊运量统计见图 5.2。

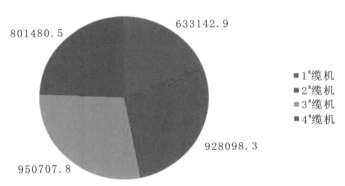

图 5.2　各台缆机吊运量统计力(单位:m³)

(6)每年吊运量(m³)

每年吊运量统计见图 5.3。

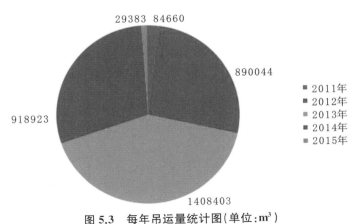

图 5.3　每年吊运量统计图(单位:m³)

223

(7)4台缆机平均吊运量

因2011年以前及2015年以后均为小方量吊运,不具备统计分析条件,故以2012年至2014年为区间的混凝土浇筑高峰期进行分析,从图5.3中可以看出,2013年为浇筑量的峰值年,浇筑量为50.23m³/h,以每罐装运混凝土9.6m³计算,约为5.23罐/h;2014年内浇筑量为38.96m³/h,约为4.06罐/h;2012年内平均每小时浇筑量为41.89m³(不计1#缆机吊运量),约为4.36罐/h。2012—2014年平均吊运量统计见图5.4。

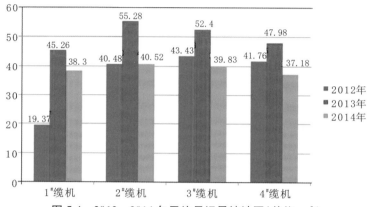

图5.4　2012—2014年平均吊运量统计图(单位:m³)

大岗山4台缆机自投入运行以来,很好地完成了大岗山大坝工程建设中的吊运和吊装任务,安全运行约12万h,吊运混凝土330多万m³,其间未发生过一起生产安全责任事故。

第6章 备品备件管理

6.1 概述

大岗山水电站工程的缆机是大坝混凝土浇筑、材料吊运、金属结构安装的唯一吊装手段。做好、管好缆机备品备件的计划、采购、储存、发放等各项管理工作，是保证缆机安全、高效和正常运行的重要条件。

6.2 管理办法

6.2.1 发包人提供的备品、配件

发包人提供的备品备件见《大渡河大岗山水电站大坝土建及金属结构设备安装施工》合同（合同编号：DGS-SG-2009-001）、《国电大渡河大岗山水电站大坝施工缆索起重机买卖》设备采购合同（合同编号：DGS-SB-2007-002）。业主提供的专用工具、维修试验设备和测试仪器见表6.1，业主提供的设备见表6.2。

表6.1　　　　　　　业主提供的专用工具、维修试验设备和测试仪器

序号	项目	规格	单位	数量	工具
1	临时承载索锚固装置	800kN	套	4	
2	临时承马		个	40	
3	主索支承托辊		个	10	
4	悬挂装置		个	1	
5	主索牵引夹具		个	2	
6	主索固定夹具		个	6	
7	主索卷筒支架		个	1	缆机厂家提供
8	工作绳卷筒支架		个	2	
9	临时承载索	Φ52	根	2	
10	往复绳	Φ22	根	1	
11	拖拉绳	Φ22	根	1	
12	临时承马固定绳	Φ14	根	2	
13	组合电工工具	48件	套	2	
14	组合机修工具	56件	套	2	
15	力矩扳手	1600N·m	套	3	

设备名称		规格	单位	数量
缆机	2#、3#、4#缆机及附属设备 — 机械设备部分	额定起重量30t	套	3
	2#、3#、4#缆机及附属设备 — 电气设备部分			
	司机室		个	3
	混凝土吊罐	9m³	个	6

表 6.2　　　　　　　　　　　业主提供的设备

6.2.2　承包人提供的备品、备件

承包人提出的备品备件不在发包人提供的备品备件范围之内的,其所需备品备件由承包人报监理工程师批准,自行采购。

（1）计划编制及采购

1）缆机运行期间,除缆机采购时有一部分随机备品备件之外,为满足工程需要另安排有 1040 万元专门用于缆机备品备件的采购备用金,由施工单位根据缆机运行期间需要进行采购。为控制好采购金额及保证备品备件的质量,制定了《缆机备品备件管理制度》,对备品备件的采购计划、询价、招标采购、签订采购合同、催交货及进场检验、领用出库、退库等一系列工作均做出了规定。

2）2011 年由承包人根据大岗山缆机自身特点及以往运行缆机的经验,编制当年度属发包人提供的备品备件需求计划,经监理工程师审核后呈报发包人机电物资处进行采购。

3）承包人提供的备品备件,年计划报经监理工程审批,由承包人进行采购。

4）根据上年度易损件的更换使用情况、运行状况,由承包人编制属发包人提供的下年度备品备件需求计划,在规定的时间报经监理工程审核,报发包人机电物资处审批后组织采购。

5）缆机运行期间,从 2011 年采购第一批备品备件开始至 2015 年 10 月,其中大金额的主要备品备件有起升电机 1 台、钢丝绳 14 根（牵引钢丝绳和起升钢丝绳各 7 根）、起升机构减速箱齿轮 1 套等;采购数量大的主要备品备件有承马摩擦轮衬垫及尼龙压轮、行走机构行走轮轴承、起升电机碳刷等。

6）备品备件采购部分及加工部分到货后请监理工程师进行到货验收,并按业主要求格式（关于印发《大岗山水电站设备到货验收和出入库管理办法（试行）的通知》）做好签证等工作。在配件到货入库后做好标志标识,并做好备件台账,做到账卡物一致。

7）在缆机运行过程中备品备件的消耗必须经过监理工程师签字确认。缆机运行过程中,主要更换的备品备件有起升钢丝绳、牵引钢丝绳、承马总成、承马摩擦轮衬垫及尼龙压轮、运行机构行走轮相关配件（如水平行走轮总成及轴承等）、电缆卷筒相关配件等。缆机运行过程中配件使用的签证见表 6.3。

表 6.3　　　　　　　　　　　　　　缆机临时购买、加工配件签证单

签证日期	
零配件名称	
零配件型号	
使用原因	
使用部位	
运行单位	
监理工程师	

　　8）经常对仓库内的备品备件进行检查，包括实物、账本等；缆机运行工作结束后要做好备品备件的核销工作。根据大岗山缆机运行及更换备品备件的情况，对使用的备品备件进行分析，对不定时损坏、必须储备的主要备品备件的更换周期、采购周期等进行统计，见表 6.4、图 6.1。

表 6.4　　　　　　　　　　　　　主要备品备件采购更换统计表

序号	备品备件名称	更换周期	采购周期	部位
1	牵引绳摩擦轮衬垫	约 2 个月	1 周	承马
2	牵引绳压轮	不定	1 周	承马
3	行走轮碟簧	不定	1 周	承马
4	摇臂碟簧	不定	1 周	承马
5	传动链条	不定	1 周	承马
6	起升钢丝绳	29 万 m³ 混凝土	50d 左右	
7	牵引钢丝绳	22 万 m³ 混凝土	50d 左右	
8	电磁阀线圈	不定	1 周	安全制动器
9	CPU/PLC 模块	不定	1 周	
10	UPS	不定	1 周	
11	旋转编码器	不定	1 周	
12	称重传感器变送器	不定	1 周	
13	电压检测变送器	不定	1 周	主车
14	大碳刷总成	不定	1 周	主车电缆卷筒
15	耦合器端盖		1 周	主车电缆卷筒
16	半联轴结		1 周	主车电缆卷筒
17	弹性块		1 周	主车电缆卷筒
18	高压滑环		1 周	主车电缆卷筒
19	绝缘胶木		1 周	主车电缆卷筒
20	绝缘子/绝缘隔板		1 周	主车电缆卷筒
21	单向轴承及缓冲垫、端盖		1 周	副车电缆卷筒
22	单向轴承卡		1 周	副车电缆卷筒
23	圆磁钢		1 周	副车电缆卷筒
24	快速熔断器	不定	1 周	直流装置
25	起升电机碳刷	不定	6 周	起升电机
26	吊绳	高峰期半年	1 月	吊罐

（a）检查缆机用齿轮

（b）检查缆机用传动链条

（c）检查库房缆机配件

（d）检查缆机碳刷

（e）检查轴套库存

（f）检查密封圈库存

图 6.1　备品备件到货及备品备件库存情况的检查

（2）交货验收

1）按照采购计划，货物到达后，承包人会同监理工程师对每批到货的备品备件品种、规格、数量逐一进行验收，核对装箱清单、产品合格证，并对备品备件产品质量是否合格作出鉴定；产品合格，品种、规格、数量无误办理入库手续，对不合格产品按退货处理。发生备品备件质量及其他验收情况不符等争议问题，及时报告发包人机电物资处。每批次验收情况报监理工程审核并呈发包人备案。

2）实物验收后，承包人开具验收单，同时建立健全明细账。

3）承包人必须把发包人提供的备品备件与承包人提供的备品备件分别建立备品备件明细账。

（3）储存管理

1）承包人设置缆机备品备件仓库，并设专职保管，定期盘点查库，做到账、卡、物相符。

2）发包人提供的备品备件与承包人提供的备品备件分别保管，分别存放。

3）各类备品备件按有关管理规程合理堆放、隔离、搬运和保存保管，防止损坏、锈蚀、霉变和丢失。

4）物资入、出库必须开具正式入、出库凭证，验收凭证必须有单位主管、验收人签章，出库凭证必须经批准人、发放人、领取人签字。

5）每月编制备品备件的收、发、结存报表，报监理工程师审核后呈发包人备案。

6）每年6月和12月，发包人组织监理人、承包人进行清仓盘点及备品备件核销。

（4）备品备件的更换程序

1）在缆机运行检修维护过程中，需要更换的备品备件由承包人提出，会同监理工程师审定后予以更换。

2）备品备件的认定、审定、更换必须及时准确，确保生产的正常有序。

3）更换总成件及提升绳、牵引绳、承马等重大部件时，由承包人提前编制施工组织措施，报监理工程师批准后实施。更换的备品备件必须填写翔实的施工记录。

4）替换下来不能再继续使用的零部件交回承包人库房，清点造册。

5）紧急情况下备品备件更换，由现场监理签证。更换手续必须在三天内补办完整。

6.3 备品备件更换登记台账制度

大岗山缆机运行从2009年第一台缆机验收到2010年第4台缆机验收运行至2017年1月15日最后一台缆机拆除完成历经8年，其间数次故障更换备品备件，尤其是大坝浇筑高峰期2012年、2013年、2014年大坝缆机长期疲劳运行，损坏和更换配件频次繁多、运行时间长等特点，建立完善了大岗山缆机备品备件台账登记制度（图6.2）。

（a）更换主车上游面前轨行走台车轴及轴承

（b）缆机提升油泵电机更换　　　　　　　　（c）缆机更换液压油

图 6.2　缆机运行期间更换备品备件

第 7 章 缆机运行过程技术创新

7.1 缆机单灌吊运 9.6m³ 混凝土获得 2016 年度工法

大岗山水电站缆机吊运混凝土量从单罐 9.0m³ 提高到单罐吊运混凝土量 9.6m³，因而减小了缆机吊运时间合计约 68d（按照混凝土系统生产规范，1 个月按 25d 计），共产生直接经济效益约 3163.81 万元。同时，缩短了混凝土浇筑时间，减小了不同仓位和坯层之间混凝土出现初凝现象或冷缝的可能性，提高了混凝土施工质量，并且有效地减少了缆机运行时间，大坝混凝土浇筑比招标使用 9m³ 吊罐理论上减少 2 万余罐，提高了施工安全系数，减小了事故发生的概率。此项技术获得 2016 年度中电建协工位一项，工法证书见图 7.1。

图 7.1 缆机单罐吊运 9.6m³ 工法证书

7.2 缆机单罐吊运由 9.0m³ 改装 9.6m³ 混凝土

7.2.1 大岗山水电站工程概况

7.2.1.1 工程概况

大岗山水电站位于四川省雅安市石棉县挖角乡境内大渡河中游上段干流上，是 2007

年西部大开发十项重点工程及国家"十一五"重点建设工程。大坝工程规模等级为一等大(1)型,建筑物级别为Ⅰ级,挡水建筑物采用混凝土双曲拱坝,坝高210m,大坝建基面高程925m,坝顶高程1135m,坝体设置28条横缝,将大坝分为29个坝段,大岗山高拱坝浇筑规模大,大坝主体混凝土约314.3万m³。

7.2.1.2 缆机吊运混凝土情况

大岗山工程采用单层共轨布置4台国产型号为QPL30t/675.82m平移式无塔架缆索起重机,在缆机操作过程中,缆机司机一次性获取小车减挡时的水平向坐标,每当小车行驶到相应坐标点时,通过挡位调整来控制卸料定位,实现了小车横向移动过程中的快速平稳的定位。

通过对缆机的吊重组合进行优化,减轻了油缸的重量和附属的防护配重,用混凝土替换缆机吊运时做无用功的部分吊重,将混凝土单罐吊运量由9.0m³提高到9.6m³,打破了缆机混凝土单罐吊运量不超过9.0m³的几十年的传统,满足了大岗山工程吊运混凝土和吊杂的需求。

7.2.2 改装概况

缆机系统在混凝土浇筑过程中发挥着重要作用,如何确保工程的施工进度,保证缆机浇筑强度及质量是水电站施工的重点、难点。

长江勘测规划设计研究有限责任公司在缆机等机电设备和混凝土系统相关的设计、施工、监理等方面拥有丰富的工程经验,在多个大型水利、水电工程中混凝土的生产及运输的经验总结中,对缆机运输混凝土的吊运量、缆机的操作方法、自落式搅拌机的混凝土生产量等进行了优化,逐步形成了"缆机单罐吊运9.6m³混凝土工法",运用该工法施工既可加大混凝土的浇筑强度、提高施工效率、加快施工进度、产生巨大的经济效益和发电效益、又能减少混凝土浇筑时间、避免产生施工冷缝、确保混凝土施工质量,同时还有效降低了施工安全隐患,对混凝土生产运输有着良好的指导意义。

目前运用本工法已完成大岗山水电站大坝主体工程314.3万m³混凝土浇筑,施工质量、安全、进度目标均达到要求,社会效益显著,直接经济效益约为3163.81万元,该工法在大岗山水电站的成功运用得到了行业内专家和业主的高度认可和一致好评。

7.2.3 工法特点

7.2.3.1 优化吊重组合

通过分析缆机吊运混凝土时的吊重组合,减轻缆机油缸与防护配件的重量,用混凝土替换缆机吊运时做无用功的这部分吊重,对缆机的吊重组合进行优化,从而减轻吊罐重量。最终,增加单罐混凝土吊运量至9.6m³,减少了缆机吊运混凝土的时间,提高了缆机浇筑混凝土的效率、质量与安全运行系数。

7.2.3.2　采用数字限位

采用数字限位技术,突破了不良视野条件下的缆机运行限制,减少取料和下料的定位时间,实现了缆机装卸料的快速平稳定位,同时降低了缆机卸料时主索上下弹跳的幅度,避免缆机主索因疲劳过早出现断丝的现象,延长主索的使用寿命,提升缆机运行的安全性,保证缆机运行的效率。

7.2.3.3　采用新型搅拌机

与生产厂家进行沟通,提出新型自落式混凝土搅拌机设计要求,在确保拌合楼结构布置的基础上,确定新型搅拌机的功率、转速等参数,并对搅拌机的技术性能和混凝土的生产质量进行试验,最终成功研制单罐拌制混凝土方量为 $4.8m^3$ 的自落式搅拌机。同时同步提升自卸汽车运输混凝土的能力,提高了混凝土生产运输的整体效率。相对缩短了混凝土生产及水平运输时间,提高混凝土生产运输效率。

7.2.4　适用范围

本工法适用于任何利用缆机进行混凝土垂直运输的施工,特别适用于施工场地狭窄、工期紧张、混凝土施工强度高、低能见度和视野遮挡等工况。

7.2.5　工艺原理

采用新型混凝土搅拌机,提高混凝土单罐拌制量;缆机选用重量较轻的油缸与防护配件,提升单罐混凝土吊运量;配合数字限位技术安全、快速、精准下料,实现全面提高混凝土生产运输的能力。

7.2.6　工艺流程及操作要点

7.2.6.1　缆机吊运 $9.6m^3$ 混凝土的工艺流程

(1)缆机吊运混凝土前的准备

1)升级自落式搅拌机,论证新型搅拌罐的几何容量、搅拌机转速、搅拌功率及其结构设置,完成新型搅拌机生产复核试验,使其拌制的混凝土方量及质量满足新工艺要求。

2)检查水平运输设备配备,确保其运输量满足缆机浇筑强度需求。

3)对缆机吊罐材质和吊重组合进行优化,合理优选新型吊罐材料、新型油缸与防护配件,并对吊运量进行验算,确保吊重满足缆机负荷要求。

4)对缆机供料平台进行安全复核,确保吊罐运量增加后,平台能够满足使用要求。

5)获取小车减挡时的水平向坐标,试验缆机数字限位技术的效果,确定小车横向移动过程中能够快速平稳定位。对缆机司机的操作水平进行现场考核,确保缆机安全、平稳运行。

6)完成施工照明、施工通信的布置。

（2）缆机吊运混凝土流程图（图7.2）

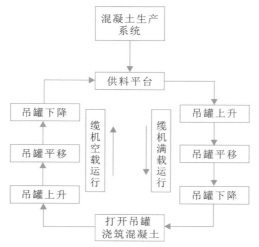

图 7.2　缆机吊运混凝土流程

7.2.7　混凝土吊罐的改装

7.2.7.1　混凝土吊罐的改装

（1）吊罐新型油缸的选择

统计分析国内外常用缆机油缸的型号、性能及重量，在保证足够布置空间及动力性能的前提下，选择合适型号并且重量较轻的油缸进行更换以减轻吊罐重量。

（2）减少吊罐防护轮胎

改进前后吊罐防护见图7.3。

（a）初期运行吊罐防护图　　　　　　（b）改进后吊罐防护图

图 7.3　改进前后吊罐防护图

缆机吊罐的主要配重是指附属在吊罐上的防护轮胎，但是附属轮胎的型号、重量等没有相应的规范进行规定,选择时都有较大的随意性。在保证防护作用全面的前提下,为减轻吊罐附属重量,制定统一型号轮胎选用标准用于吊罐的防护。

由于数字限位技术实现了小车横向移动过程中的快速平稳的定位,吊罐在受料平台就具备了相对固定的落点,从而可以减少轮胎的数量和重量以减小吊罐的附属重量。

7.2.7.2　缆机控制——数字限位技术

在目前的大多数工程应用中,缆机司机在操作小车水平移动时,在遇到低能见度和视野遮挡的时候,对地面信号工的依赖较大,受工作疲劳和视觉误差等因素的影响,缆机小车的运行速率较低。

数字限位技术,指在缆机操作过程中,缆机司机通过一次性获取小车减挡时的水平向坐标,每当小车行驶到相应坐标点时,通过挡位调整来控制卸料定位,可以用于小车横向移动过程中的快速平稳的定位。

7.2.7.3　施工照明

在缆机供料平台和缆机平台附近边坡布置大功率投射灯作为混凝土浇筑主要施工照明,在浇筑仓位辅以若干投射灯进行局部照明。

7.2.7.4　施工通信

采用大功率对讲机进行施工通信。要求每个工作面配备的对讲机数量不少于 2 台,且必须配备对讲机专用充电器一套。

7.2.8　具体施工方法

7.2.8.1　自卸汽车向吊罐卸料

在混凝土供料平台,自卸汽车将混凝土卸入吊罐内。吊罐的高度一般为 8m,为保证自卸汽车料斗能与吊罐口基本位于同一高度便于卸料,通常缆机平台的高程低于混凝土水平运输通道。同时,在吊罐附近位置停车标志,便于自卸汽车与吊罐顺利对接,混凝土由自卸汽车转运至缆机吊罐见图 7.4。

图 7.4　混凝土由自卸汽车转运至缆机吊罐

7.2.8.2 缆机运输混凝土

缆机具有垂直运输和水平运输的功能,能够在较大的空间范围内,对货物进行起重、运输和装卸作业。缆机吊运混凝土的作业是一个循环往复的过程,缆机通过垂直和水平方向的复合运动,将混凝土从供料平台吊运至浇筑仓面。

7.2.8.3 混凝土入仓

吊罐底部设有液压蓄能式手动阀门,吊罐到达混凝土仓面后人工打开阀门,使混凝土卸入浇筑仓位。为保证混凝土浇筑质量,防止骨料分离,吊罐底部与仓面的距离应不大于1.5m,混凝土料手动入仓见图7.5,缆机待料入仓见图7.6。

图7.5 混凝土料手动入仓　　　　　图7.6 缆机待料入仓

7.2.8.4 缆机及吊罐的检查

在缆机运行时进行合理的施工搭配,做好缆机设备、牵引绳、吊罐等的检修计划,根据设备日常的检查情况,定期执行检修工作,确保设备运行安全。

7.2.9 材料与设备

混凝土生产运输设备配置见表7.1。

表7.1　　　　　　　　　　　　混凝土生产运输设备配置

设备名称	规格及型号	数量	性能	备注
混凝土拌合楼	$4 \times 4.8m^3$	2台	混凝土生产	
缆式起重机	30t	4台	垂直运输	
混凝土立罐	$10m^3$	若干	混凝土装卸	专项制作
自卸汽车	20t	若干	水平运输	

7.2.10　质量控制

1）缆机吊运 9.6m³ 混凝土的重点是控制自落式搅拌机混凝土生产量、小车横向移动过程中的定位、混凝土吊罐容量等。

2）缆机吊运 9.6m³ 混凝土应符合设计文件及《水工混凝土施工规范》（DL/T 5144—2001）、《水利水电工程金属结构与机电设备安装安全技术规程》（SL 400—2007）的要求。

3）升级自落式搅拌机后，完成新型搅拌机生产复核试验，使其拌制的混凝土方量及质量满足新工艺要求。

4）采用新型材质和结构的吊罐后，对吊罐运行进行复核，防止吊罐阀门启闭出现问题。

5）定时检查缆机数字限位技术的效果，并对缆机司机的操作水平进行考核，确定小车横向移动过程中能够快速平稳定位，防止出现下料不均匀。

6）混凝土浇筑时对缆机吊运混凝土的次数及方量进行记录、统计。

7.2.11　安全措施

1）依照国家颁布的安全生产法规、政策，结合现场实际情况编制项目施工安全生产技术措施。

2）要求承担缆机指挥及施工作业人员，应具有特种作业资质证，并取得监理机构的认可后挂牌上岗。加强对施工机械、设备、设施的管理、运行、保养和维护人员的培训，考核并持证上岗。

3）施工期间，要求定期对施工安全防护设备、设施用品、指示等信号和标识进行检查，及时补充、修复或更换不符合要求的设备、设施、物品和信号标识，以保持施工安全保护措施始终处于良好、可靠的运行和使用状况。

4）高空施工作业期间，要求定期对施工作业安全和劳动保护设备、设施用品进行检查，及时补充、修复或更换不符合安全作业要求和安全、劳动防护质量检验标准的设备、设施与用品。

5）按施工机械保养规程规定配备安全警示灯、灭火装置以及其他必须的安全装置并保持其始终处于正常运行装置。

6）严禁指挥人员、施工管理人员和作业工人喝酒后进行机械设备操作和高空作业。严禁未配备合格安全防护设备、器具和用品的人员进行高空、高压电作业。严禁未配备合格劳动保护设备、器具和用品的人员在有毒、有害气体和不良施工环境条件作业。严格制止其他违反施工安全作业与不符合劳动防护事项的行为。

7）对施工人员可能发生高空坠落的施工部位，要求必须设置安全通道、安全作业平台、安全护栏等安全设施,并张挂安全保护网。

8)在夜间进行施工时,要求必须按合同技术规范和用电安全规定设置照明系统,并保证道路交通区域、施工作业区域、堆存区域和其他室内、外工作区具备为交通运行、施工作业和工作能安全进行所必须的照明设备容量和照度。

9)凡能漏电伤人、易受雷击的电器设备及建筑物等均应设置接地或避雷装置。要求对这些装置的供应、安装、管理和维修,并应定期派专业人员检查这些装置效果。

10)工程施工期间,要求必须在属于其使用或管理区域明显部位设立告警、指示等必要的信号和标志。

11)在工程开工前组织有关人员学习安全手册,并进行安全作业的考核,考试合格的职工才可批准进入工作面工作。

7.2.12　环保措施

1)严格遵守《中华人民共和国环境保护法》《中华人民共和国水污染防治法》《中华人民共和国大气污染防治法》《中华人民共和国噪声污染防治法》《中华人民共和国水土保持法》《中华人民共和国森林法》等一系列国家及地方颁布的环境保护法律、法规、条例和制度,坚持"以防为主、防治结合、综合治理、化害为利"的原则,制定环境保护和水土保持的实施方案和具体措施,确保生态环境不受破坏。

2)施工前建立环境保护与水土保持领导小组,由各级领导、负责人及环保与水保专职监督员组成,严格按照环境保护、水土保持措施落实各项工作,确保生态环境不受破坏。

3)施工弃渣和固体废弃物以国家《固体废弃物污染环境防治法》为依据,按要求送至指定弃渣场。如遇含有害成分的废渣,经报请当地环保部门批准,在环保人员指导下进行处理。

4)施工现场所有施工机械、材料、机电设备等全部实行定置化管理,定置地一律划线挂牌,明确停放物的名称、所属单位(部门)、数量等;所有材料、设备按规格、型号、专业分类存放,标识用标牌、字形、色标均按规定统一设置。

5)为了达到经济和环保的目的,施工现场设置指定的垃圾收集箱和废弃物堆放场,设置废水处理系统,废水处理后循环使用。

6)施工过程中加强通风、除尘,注重水土保持工作,使施工现场各项环保指标达到国标和地方标准、满足合同要求。

7)对于噪音、有害气体,加强运行设备管理,避免设备同时运行形成噪音叠加,加强设备维护,调整施工时间或采取降噪等措施,选用低噪声设备,加强机械设备的维护和保养,将噪声对环境的影响减少到最低限度。

8)定期对水泥、粉煤灰输送设备、吸尘装置等设施进行保养、维护、检修,使废气排放达到环保标准。

7.2.13　效益分析

运用本工法施工,在保证混凝土浇筑质量的同时,减少了缆机吊运混凝土的时间,提高了缆机浇筑混凝土的效率,降低了安全事故发生的概率,具有良好的社会效益和经济效益,可供类似工程借鉴和参考。

第 8 章　大岗山缆机运行管理办法

国电大岗山公司针对大岗山大坝浇筑期间缆机运行、维护保养、设备备品备件管理情况、安全运行等情况制定了相应的规章制度和管理办法。

8.1　缆机运行管理办法

8.1.1　总则

第一条　大岗山水电站工程布置的 4 台 30t 平移式缆机作为大坝施工的主要设备。缆机的使用具有扬程大、运行速度高、吊运强度高、自动化程序高、工期长等特点。为规范缆机运行维护、调度、使用工作程序，确保缆机安全、高效、有序地进行，特制定本办法。

第二条　本办法依据《大渡河大岗山水电站大坝土建及金属结构设备安装施工》合同（合同编号：DGS-SG-2009-001）、《国电大渡河大岗山水电站大坝施工缆索起重机买卖》设备采购合同（合同编号：DGS-SB-2007-002）、《大渡河大岗山水电站大坝施工缆机安装及运行维护》监理合同（合同编号：DGS-JL-2008-006）、大岗山水电站工程缆机使用说明书及图纸资料、大岗山水电站开发有限公司工程建设处相关文件、国家相关政策法规及规程规范等制定。

第三条　本办法适用于与大岗山水电站工程全部缆机的运行、使用、管理相关的参建单位。

8.1.2　缆机运行管理职责

缆机运行管理体系见图 8.1。

各单位职责：

1）大岗山水电站开发有限公司工程建设处、机电物资处负责对 4 台缆机设备运行、调度、维护保养行使总的产权管理。

2）大岗山水电站工程缆机运行管理领导小组（以下简称"领导小组"）。

①审批大岗山水电站工程缆机运行管理办法，行使缆机运行管理监督职能。

②研究决策缆机运行维护管理过程中的重大技术经济问题。

③协调处理缆机运行维护管理过程中出现的重大质量安全事故。

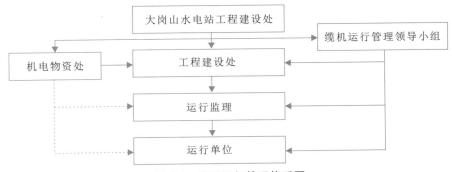

图 8.1　缆机运行管理体系图

3）大岗山水电站工程建设处、机电物资处。

①代表大岗山水电站开发有限公司对 4 台缆机的生产使用行使具体的管理职能。

②制定大岗山水电站工程缆机运行管理办法。

③审批缆机运行管理监理实施细则，并监督检查缆机运行监理的工作。

4）大岗山水电站工程机电物资处。

①组织协调缆机厂家做好技术服务。

②组织重要零部件供应。

5）长江勘测规划设计研究有限责任公司大岗山水电站缆机工程监理部（以下简称"运行监理"）。

①全面负责 4 台缆机运行维护的监理工作。

②制定缆机运行管理监理实施细则。

③审批运行单位制定的各项缆机运行维护管理制度并监督实施，且对运行单位的执行情况进行检查考核。

6）葛洲坝集团大岗山水电站工程项目部（以下简称"运行单位"）。

①全面负责 4 台缆机的运行维护管理工作。

②负责制定缆机运行维护管理实施细则等各项规章制度，并贯彻落实。

③按照国家行业规范、大岗山水电站工程建设处规定及厂家技术要求等对缆机进行运行、维护保养和检修，确保缆机安全、高效、有序运行。

④负责 4 台缆机设备的年审。

⑤负责重大技术方案的编制报批及具体实施、备品备件计划的编制和报批，按时上报各种运行管理报表及资料。

8.1.3　缆机使用协调管理

第一条　运行单位内部使用缆机，应根据其制定并经运行监理批准的相关缆机运行管理制度,制定生产计划,统一协调安排。运行单位必须将缆机日、周、月使用计划报运行监理审核确认后方可执行。运行单位临时调整使用计划,必须得到运行监理的批准。运行监理有权以书面形式调整缆机使用计划,运行单位必须服从。由运行监理牵头组织成立缆机现场管理小组,召开日碰头会,协调现场管理问题。

第二条 其他施工承包人使用缆机,须由申请使用单位指定的申请代表填写《大岗山水电站工程缆机使用申请签证单》(见表8.1),经运行监理签认同意后,在使用日前一天15:00以前将申请表送达运行单位签收。运行单位必须在申请使用日前一天18:00前将该生产任务的安排情况通知申请单位及运行监理。申请单位在安排吊运时间开始至少30min前到运行单位施工部门取得联系,在吊运结束后签署实际工作时间。申请使用单位拒绝签认时,以运行监理签认的为准。运行单位不得无故拖延申请单位的缆机使用计划。

第三条 缆机正常周、月、年停机检修保障按规定时间进行。若停机保养时间超过或可能超过规定时间,运行单位必须及时通知运行监理。

第四条 缆机设备技术改造,可结合计划检修进行,也可单独安排时间实施。其程序为:由运行监理向运行单位下达(或转达厂家计划)项目指令,运行单位做好施工技术准备并经业主审签后运行监理批准实施。

第五条 在发现影响设备人员安全的重特大事故隐患时,运行单位应立即停止缆机使用。若未停运,运行监理可直接下令停止运行,及时进行检修或整改。运行监理对缆机的使用停运拥有决定权。

8.1.4 缆机运行操作管理

第一条 缆机运行单位必须按合同要求成立缆机运行管理专门机构、配备高素质的熟练运行操作人员,并严格按照《大岗山水电站工程无塔式缆索起重机安全操作维护与保养规程》进行缆机的运行操作。缆机运行操作人员必须与运行单位有正式劳动合同关系。

第二条 缆机运行操作人员必须经过培训并考核合格后持证上岗,运行监理应对持证上岗情况进行不定期检查,严禁无证上岗。

第三条 缆机运行操作人员必须严守操作规程,在没有值班班长的指令时不得进行缆机作业。缆机吊运作业时,司机须时刻与信号员保持联系。

第四条 缆机司机室、主车、副车操作人员及运行人员必须认真执行交接班制度,在处理事故或缆机吊运状态时禁止交接班,交接班双方认真做到"六交""三查",履行交接班手续,如实填写大岗山水电站工程缆机运行交接班记录表(表8.2)。

第五条 运行当班人员必须详实地记录缆机在每班每个工作时段所进行的工作,包括吊运、维护保养、故障处理和缆机闲置等,如实填写大岗山水电站工程缆机运行记录表(表8.3)。

第六条　运行监理应每天对缆机各种运行值班记录进行检查签认,并对缆机设备状况进行评价。

第七条　运行单位应制定缆机操作人员行为规范、零活吊运规定、吊钩以下吊物管理规定、大件吊装管理办法、缆机吊运避让管理规定、混凝土吊运管理办法等运行管理制度,并根据工程进展不断修改完善,以提高缆机使用效率。

第八条　运行单位应重视对缆机运行维护人员的培训工作。对新、老员工应分别按季制定培训考核计划,报运行监理备案,运行监理对培训计划的实施过程进行监督检查。运行监理和运行单位应定期对运行维护人员进行考核,对考核不合格或经实际作业证明工作责任心、技术素质达不到要求的人员采取换岗,甚至退场处理。

第九条　缆机设备发生故障时,通常运行单位应立即口头通知运行监理,运行监理及时到场对故障情况进行确认并处理。情况危急影响人身设备安全时,运行单位可先按应急预案进行处理,并立即通知运行监理到场。运行监理在接到口头报告后应在 1h 内将故障情况向业主工程建设处报告,工程建设处及时将故障情况通告业主相关部门。重大故障处理完成后应以书面形式报业主工程建设处及机电物资处备案。运行监理应对故障处理过程进行旁站。对处理过程进行书面签认并做出评价。

8.1.5　缆机维修保养规定

第一条　运行单位须按合同要求成立缆机维修保养专门机构、配备高素质的维修人员,负责缆机日常维修保养及故障抢修。运行单位必须严格按照《大岗山水电站工程无塔式缆索起重机安全操作维护与保养规程》做好缆机的维修保养。

第二条　运行单位应严格按照《大岗山水电站工程无塔式缆索起重机安全操作维护与保养规程》进行例行检查及日、周、月、年维护保养。运行单位需翔实记录维护内容及换件名称、型号规格、数量及部位,日维护填写大岗山水电站工程缆机日维护记录(表 8.4),周维护填写大岗山水电站工程缆机周维护记录(表 8.5、表 8.6),月维护填写大岗山水电站工程缆机月维护记录(表 8.7、表 8.8)。

第三条　运行单位应定期检查并按各部位润滑周期使用规定的润滑油脂进行润滑工作,并做好记录。填写大岗山水电站工程缆机润滑记录表(表 8.9)。

第四条　运行单位每周对滑轮、钢丝绳等易磨损部位进行测量,若发现有磨损、断丝现象时,应缩短测量周期,以预防故障发生。

第五条　缆机发生故障时运行单位应及时组织抢修,并及时向运行监理反馈处理信息,填写大岗山水电站工程缆机维修记录(表 8.10)。

第六条　为控制缆机停机维修保养时间,便于生产计划的安排,规定停机保养时间为:日架空保养时间 1h;周检查保养时间 2h;月检查保养时间 72h。

第七条　维修保养按月维护、周保养、日检查时间顺序进行安排,原则每月 26 日进行月维护保养工作；每周一进行周保养工作。

第八条　运行单位必须服从运行监理的指令，对运行监理口头指令存有异议并沟通无效后，运行监理应以书面形式下达。运行单位必须及时执行运行监理的书面指令，对书面指令有异议可向业主工程建设处反映。

第九条　运行单位是现场技术问题的责任主体，对技术问题全过程负责。现场一般技术问题由运行单位及运行监理共同研究解决，报业主工程建设处备案。对重大技术问题由运行单位编报技术方案，运行监理组织各方共同商讨后，由领导小组决策、运行监理批准且督促运行单位实施，并对实施过程旁站，做好记录。一般技术问题与重大技术问题的性质由运行监理界定。

第十条　缆机设备的技术改造项目，可由运行单位、运行监理或业主提出，由运行监理组织、运行单位（或缆机厂家）编报技改方案，所有技改方案均由业主审签后运行监理批准实施，技改实施一般由运行单位负责。

第十一条　涉及厂家或供货商的技术质量问题，一般由运行监理提交书面报告，业主机电物资处负责联系协调解决。在不涉及缆机运行安全和经济问题时，运行单位可直接与厂家或供货商联系，在解决方案得到运行监理书面同意后实施。

第十二条　运行监理应对日检查、周保养、月维护、润滑及各种检修记录等进行签认，对完成情况及效果进行评价。

第十三条　运行单位应按月向运行监理报送缆机运行情况月报，包括运行情况统计（表8.11）、运行效率分析、故障与干扰情况及处理、维修换件情况、备品备件的使用库存及计划等。

第十四条　运行监理应每日巡查缆机设备运行状况，检查运行单位运行维护管理执行情况，对缆机日使用计划进行审核，对周、日维修保养及故障事故处理等进行旁站，并详细填写运行监理日志。

8.1.6　缆机运行安全管理

第一条　缆机运行安全管理按照《大岗山水电站工程安全生产处罚实施细则》（试行）、《大岗山水电站工程重大危险源管理办法》《大岗山水电站工程无塔式缆索起重机安全操作维护与保养规程》《大岗山水电站工程施工合同项目考核评比及奖罚实施细则》《大岗山水电站工程监理工作考核评比及奖罚实施细则》等执行。

第二条　业主单位缆机运行安全职责

①监督缆机安全运行管理体系运行。

②对运行监理及运行单位安全体系运行情况进行监督、检查、考核。

③组织重大安全事故的调查处理。

第三条　缆机运行监理安全职责：

①建立缆机安全运行管理体系。

②检查运行单位安全体系建立运行情况，并进行考核。

③对运行单位日常安全管理进行检查记录。

④组织对一般安全事故的调查分析，审批事故处理方案，提交事故报告。

⑤组织安全事故的处理。

第四条　缆机运行单位安全职责：

①建立完善的安全管理体系，配置合格的安全人员，开展全员安全教育。制定具体的安全管理规定和奖惩措施，包括安全操作规定、"十不吊"规定等。

②制定重要检修和大件吊装（包括抬吊）技术安全措施。

③制定大风、大雾、大雷雨等恶劣气候条件下缆机安全运行的保障措施。

④进行危险源辨识，制定危险源防范措施和事故处理预案。

⑤对安全事故进行调查分析，提交事故处理方案和事故报告，负责安全事故处理的现场实施。

第五条　运行单位、运行监理应每日巡查缆机运行安全状况，发现问题及时整改。运行监理每月组织一次缆机运行安全大检查，对检查中发现的问题以文件形式下发限期整改。同时，运行监理须根据检查整改情况对缆机设备运行作出月安全分析评价，上报业主工程建设处。未经运行监理书面允许，严禁在缆机计算机系统上运行光盘等外部存储介质；运行单位必须采取有效措施确保计算机系统的安全，需制定严格的缆机运行数据管理办法。

第六条　超出正常范围使用缆机须由运行单位申请运行监理批准，并报业主工程建设处备案。

第七条　缆机运行维护过程中发生事故，运行单位先以口头方式在 1h 内进行通报，2d 内以书面形式报告。事故口头报告流程为：运行单位报告运行监理及保险公司，运行监理报告业主工程建设处，业主工程建设处及时将事故情况汇报领导并通告相关部门。

第八条　缆机安全事故的分类与处理规定：

凡因管理不到位、操作不当、维护不及时等造成缆机设备的个别部件轻微损伤，经简单检查与处理即可，没有直接影响缆机工作能力的违章行为，属于缆机安全事件。

缆机安全事件按后果严重程度分为一般安全事件、重大安全事件、重大恶性安全事件三类。

一般安全事件：指发生一般违章行为受到及时制止或未对设备人员造成伤害，如误操作、安全装置检查不到位及未按规程规定时间进行保养注油出现故障征兆，高空作业未系安全带等。

重大安全事件：指发生违章行为造成人员或设备出现轻微伤（损）害，经简单处理即可消除隐患，恢复正常工作，例如：因停机不及时与建筑物或其他小型设备撞碰、因调试

(调整)不正确造成缆机运行出现事故险情或故障等。

重大恶性安全事件:指发生违章行为造成人员或设备出现轻微伤(损)害,经简单处理即可,没有直接影响缆机工作能力,但事件中隐含重大恶性安全事故发生的可能性。如:误操作造成重大险情、重要连接和安全保护部位的维护调整不当或检修不及时造成异常运行的状况导致可能出现严重故障、高空坠物等。

安全事件性质由运行监理组织调查后确认。发生安全事件,运行单位应立即报告运行监理,不得隐瞒。一般安全事件由运行单位内部整改处理;重大安全事件由运行单位整改处理,其结果上报运行监理;重大恶性安全事件由运行单位整改、运行监理处罚,其结果上报业主工程建设处备案。

第九条 除安全事件以外的、造成了重大经济损失及严重后果的缆机运行不安全行为,均属缆机安全事故。缆机安全事故由运行领导小组按相关规定进行调查处理。

第十条 对安全事件及事故应遵循"四不放过"的原则,查找事故原因,制定防范措施。

8.1.7 缆机备品备件管理

第一条 由业主专项垫资采购的缆机备品备件的管理按《大岗山水电站工程施工缆机垫资配件管理办法》执行。

第二条 随缆机采购备有的部分配件及专用工具,业主免费提供给运行单位使用。工程完工后,运行单位应及时将未使用的由业主负责提供的备品备件及专用工具返还。业主免费提供的备品备件质量由业主负责。

第三条 为提高缆机的使用效率,业主应备有部分非消耗性重要零部件,供缆机发生故障时运行单位替换检修使用。

8.1.8 缆机报表及运行维护资料管理

第一条 运行单位负责缆机设备的运行维护资料管理,并按台编制缆机设备履历书,包括设备技术性能、附属设备、随机工具、运行汇总、设备维修、技术改造等方面的记录,收集各类运行维修记录归档保存。运行监理每季对设备履历书填写情况检查一次。工程完工后,运行单位将设备履历书整理成册提交运行监理审核后报业主存档。

第二条 运行单位每月 28 日前向运行监理提交上月 26 日至本月 25 日(1 月 1 日至 25 日、12 月 1 日至 30 日)缆机运行情况月报复印件及综合分析报告等、下月设备检修计划、缆机运行维护人员培训计划等,运行监理每月 30 日前向业主代表提交缆机运行月报及相关表格,并附运行监理的每月监理情况总结及下月计划。季、年报参照月报编制上报。运行监理每月对运行单位原始记录存档情况进行检查。

第三条 缆机设备完好率和利用率的计算规定:

$$完好率＝\frac{实际作业总台时数＋规定保养台时数＋闲置台时数}{期内总台时数}\times100\%$$

$$利用率＝\frac{实际总台时数}{期内总台时数}\times100\%$$

其中,除正常的维修保养和正常磨合达到更换时间而进行的检修作业外,没有充分证明属设计、制造质量缺陷造成全面检修和检查排除故障的,均属故障检修。故障检修性质由运行监理确认。期内总时数按日历时间计算。

第四条 运行单位应在运行监理要求的时间内提供其他需要的数据资料,若无正当理由不得拒绝。

第五条 对于运行单位提交的技术方案、报告,运行监理原则上应在 3d 内回复,最晚不得超 7d。

第六条 凡与备品备件的供应及厂家技术服务有关的报告、报表和月、季、年报等文件,运行单位应提交给运行监理一式 8 份,其他按要求份数提交。运行监理将各种文件报送业主工程建设处。

8.1.9 其他

第一条 《大渡河大岗山水电站大坝土建及金属结构设备安装施工》合同以外的缆机运行维护管理工作,在依据充分的条件下,可根据《大岗山水电站工程合同变更(索赔)程序暂行规定》等相关文件办理合同变更。

第二条 凡涉及缆机供货厂家(包括外方)设备部件质量原因引起的经济问题,必须由业主机电物资处与运行监理共同签认,方可作为变更依据。由运行单位自行联系使用的部件质量或由此引起的损失由运行单位承担。

第三条 缆机为运行单位以外的施工承包人使用,按台时计量,以 0.5h 为计量单位,不足 0.5h 按 0.5h 计。使用台时指使用单位申请上钩时间至最后一批吊运物脱钩为止的时间。缆机的准备、复位时间不计入使用台时。使用单位应提前充分做好吊运准备,不得拖延上钩前的时间。运行单位按季汇总签证量上报,按年办理合同变更。

第四条 为确保缆机安全、有序、高效地使用,对大岗山水电站工程缆机运行管理进行考核评比,实施奖惩。具体按《大岗山水电站工程缆机运行管理考核办法》执行。

第五条 运行单位遵照本办法编制缆机运行管理实施细则,提交运行监理审批,并报业主备案。

第六条 本办法与有关合同内容不符时,以合同文件为准。

第七条 本办法自 2009 年 7 月 1 日起执行。

第八条 本办法由大岗山水电站开发有限公司工程建设处负责解释。

表 8.1 　　　　　　　　　　大岗山水电站工程缆机使用申请签证单

承包人				
工程部位			用途	
工作量			最大起吊重量	
开始时间	年　月　日　时		联系人及电话	

尊敬的监理工程师:

　　我方需要从上述说明的时间开始在上述部位使用缆机进行吊运作业,请协调缆机运行管理的承包人安排。对贵方的支持与合作我们在此表示诚挚的感谢!

　　申请单位代表:　　　　　　　　　　　　　　　　　　　　　　　年　　　月　　　日

葛洲坝集团大岗山水电站工程项目部:

　　由于施工作业的需要及条件的限制,(承包人)需要在上述说明的时间在上述部位使用缆机进行吊运作业,请给予协调安排。

　　运行监理代表:　　　　　　　　　　　　　　　　　　　　　　　年　　　月　　　日

(承包人):

　　根据贵方的请求和缆机工作的安排,我们将使用　　#缆机从　年　月　日　时开始为你们提供吊运服务,请指派专人届时到缆机控制室联系调运,并在起落点安排挂钩及摘钩人员配合吊运工作。

　　运行单位代表:　　　　　　　　　　　　　　　　　　　　　　　年　　　月　　　日

实际工作时间	#缆机从　　年　月　日　时到　　年　月　日　时结束,计　台时
运行单位代表	
申请单位代表	
运行监理代表	

　　注:本表一式三份,承包人、运行单位和运行监理各执一份。在申请使用时间开始前一天 15:00 以前将申请表送达运行单位施工部签收,申请人在安排的吊运时间开始至少 30min 前到生产部联系,在调运结束后签署实际工作时间。

表 8.2　　　　　　　　大岗山水电站工程　　　＃缆机运行交接班记录表

清扫润滑情况	设备部位	周围场地是否清洁	是否漏油	其他
使用情况	运行机构是否正常	零部件有无缺件	附件工具是否完备	电气设备是否正常
生产上需要交付事宜				
其他需要交付事宜				
交接班人签名	班次： 交班人：		班次： 接班人：	

年　　月　　日

表 8.3　　　　　　　　大岗山水电站工程　　　＃缆机运行记录表

年　　月　　日　　　星期　　　班次　　　天气

序号	起止时间	实际工作内容及时间		正常维护保养	故障及处理	闲置	完成产值/量		操作人员	备注
		设备材料吊运	混凝土吊运				混凝土	其他		
1										
2										
3										
4										
5										

填制：　　　　　　　　班长：　　　　　　　　监理：

表 8.4　　　　　　　　大岗山水电站工程　　　＃缆机日常维护记录

年　　月　　日

检查维护项目（说明：检查维护正常打"√"，检查有问题打"×"并填写处理情况。）

1	各承马跑轮、托轮	11	副车端各滑轮、托轮	21	牵引摩擦滑轮组
2	小车上跑轮、托轮、滑轮	12	副车轨道及行走轮	22	牵引联轴器
3	吊钩部分情况	13	副车端各保护装置	23	牵引制动装置
4	各钢丝绳磨损、断丝	14	副车端各机构地脚螺栓	24	各安全保护、软硬限位装置
5	各钢丝绳固结处	15	副车端电缆及绞盘装置	25	各部位润滑及油箱油面
6	主车端各滑轮、托轮	16	提升排绳机构	26	各检测开关及摩擦片补偿装置
7	主车轨道及行走轮是否有啃轨现象及车轮表面磨损情况	17	提升机构地脚螺栓、卷筒轴承螺栓	27	各电器仪表指针的动作情况
8	通信系统	18	提升联轴器	28	主、副车拉板
9	主车端电缆及绞盘装置	19	提升制动装置	29	主索索头
10	电机、变压器和减速箱等机构的运行情况及机体温度	20	牵上机构地脚螺栓、卷筒轴承螺栓	30	电源电压、设备运行电流

检查处理情况：

换件类型：　　　　名称　　　　型号规格　　　　数量　　　　部位

检查维护人员：　　　　　　机长：　　　　　　监理：

表 8.5　　　　　　　大岗山水电站工程　　♯缆机(机械)周维护记录

年　　　月　　　日

检查维护项目(说明:检查维护正常打"√",检查有问题打"×"并填写处理情况。)

1	提升机构联轴器的连接情况	10	副车轨道及行走轮	19	各承马跑轮、托轮	
2	牵引机构联轴器的连接情况	11	副车端各滑轮、托轮	20	对行走起重小车进行全面的检查、小车有无变形和裂纹	
3	主车夹轨器钳口间隙,钳口应平整并与轨道边缘正确吻合	12	副车端各机构地脚螺栓	21	小车上跑轮、托轮、滑轮	
4	主车行走台车平衡梁铰接点及其他连接部位的连接情况	13	副塔架行走台车外露齿轮啮合情况	22	承载索断丝情况及钢丝绳直径的变化,及损害情况并做好记录	
5	主塔架行走台车外露齿轮啮合情况	14	副车行走台车平衡梁铰接点及其他连接部位的连接情况	23	提升索断丝情况及钢丝绳直径的变化,及损害情况并做好记录	
6	主车端台车行走轮、轨道的磨损情况	15	副车端台车行走轮轨道的磨损情况	24	牵引索断丝跳丝情况及钢丝绳直径的变化,及损害情况并做好记录	
7	卷筒连接处螺栓的坚固情况	16	副车夹轨器钳口间隙,钳口应平整并与轨道边缘正确吻合	25	主索及各索头固结情况	
8	主车端各滑轮、托轮	17	提升机构地脚螺栓、卷筒轴承螺栓	26		
9	主车轨道及行走轮	18	牵引机构地脚螺栓、卷筒轴承螺栓	27		

检查处理情况:

换件类型:　　　　　名称　　　　　型号规格　　　　　数量　　　　　部位

检查维护人员:　　　　　　机长:　　　　　　　　监理:

表 8.6 　　　　　大岗山水电站工程　　　♯缆机(电气)周维护记录

年　　月　　日

检查维护项目(说明:检查维护正常打"√",检查有问题打"×"并填写处理情况。)

起升机构		牵引机构		行走机构及电气室	
1	碳刷连接铜辫是否松脱	1	碳刷连接铜辫是否松脱	1	各电气柜内接线及插件检查、紧固
2	碳刷接触面(边缘损坏或开裂等)及磨损长度,必要时更换	2	碳刷接触面(边缘损坏或开裂等)及磨损长度,必要时更换	2	各电气柜除尘
3	碳刷架各接线连接处	3	碳刷架各接线连接处	3	各电机接线及插件检查、紧固
4	各碳刷弹簧压力测试	4	各碳刷弹簧压力测试	4	接地检查
5	碳刷架整体检查	5	碳刷架整体检查	5	夹轨器液压电机检查
6	电机各接线端子检查	6	电机各接线端子检查	6	大车限位开关检查
7	冷却风机滤芯除尘及检查,必要时更换	7	冷却风机滤芯除尘及检查,必要时更换	7	
8	冷却风机检查和固定螺栓紧固	8	冷却风机检查和固定螺栓紧固	8	
9	各限位开关装置检查、校核	9	各限位开关装置检查、校核	9	

检查处理情况:

换件类型:　　名称　　　型号规格　　　数量　　　部位

　检查维护人员:　　　　　　　机长:　　　　　　　　监理:

表 8.7 　　　　　大岗山水电站工程　　♯缆机(机械)月维护记录

年　　月　　日

	检查维护项目	检查情况	维护记录	换件情况	备注
1	对承载索进行全面检查				
2	对提升钢丝绳进行全面检查				
3	对牵引钢丝绳进行全面检查				
4	对承马索进行全面检查				
5	对吊钩进行全面检查、防绳脱钩是否灵活可靠,清除滑轮槽及罩上的油泥,检查缓冲木、吊钩注油				
6	检查负荷限制器、行程开关是否灵活可靠				
7	对各连接部位螺栓进行全面检查				
8	按润滑周期对各部位进行润滑				见润滑油周期表

检查处理其他记录:

　检查维护人员:　　　　　　　机长:　　　　　　　　监理:

表8.8　　　　　　　　　　大岗山水电站工程　　#缆机(电气)月维护记录

年　　　月　　　日

	检查维护项目	检查情况	维护记录	换件情况	备注
1	起升机构整流子检查				
2	牵引机构整流子检查				
3	主副车行走电机接线端子及电线检查				
4	大车行走机构行走电机固定螺栓检查				
5	大车行走机构各限位开关检查				
6	主副车夹轨器检查				
7	主、辅变压器检查，接线端子紧固、除尘				
8	副车电气柜内接线及插件检查、紧固、除尘				
9	司机室工控机维护				
10	司机室控制柜内接线及插件检查、紧固、除尘				
11	司机室动力、控制电缆检查				
12	风速仪检查				
13	负荷仪检查及校核				
14	天线检查				
15	电动葫芦检查				

检查处理其他

检查维护人员：　　　　　　　　机长：　　　　　　　　监理：

表8.9　　　　　　　　　　大岗山水电站工程　　#缆机润滑记录表

序号	润滑部位	润滑周期	润滑时间	润滑量	保养人员	机长
	一、电动机、制动器及减速器					
1	各电动机轴承	每月补充/6个月更换				
2	各制动器活动铰	每周				
3	各减速器	每月补充/6个月更换(首次3个月)				
4	各制动器液压推杆油缸	每月补充/3个月更换				
	二、起升机构					
5	减速器输入轴齿形联轴器	每15d补充/6个月更换				
6	减速器输出轴端卷筒联轴器	每15d补充/6个月更换				
7	排绳机构链条	每周				
8	卷筒滚动轴承座	每周				
9	起升钢丝绳	每2周				
10	滚珠丝杠	每天				

续表

序号	润滑部位	润滑周期	润滑时间	润滑量	保养人员	机长
三、小车牵引机构						
11	减速器输入轴齿形联轴器	每 6 个月更换/15d 补充				
12	减速器输出轴齿形联轴器	每 6 个月更换/15d 补充				
13	驱动摩擦轮及滑轮滚动轴承座	每周				
14	牵引钢丝绳	每 2 周				
四、大车运行机构						
15	水平台车主动台车的开式齿轮	每周				
16	水平台车主动台车齿形联轴器	每周				
17	水平台车滚动轴承	每周				
18	垂直台车主动台车的开式齿轮	每周				
19	垂直台车滚动轴承	每周				
五、主、副车						
20	立柱端部滑轮组	每月				
21	主车拉板滑轮	每月				
22	副车拉板滑轮	每月				
23	主车下部牵引提升导向滑轮组	每月				
六、承马						
24	承马所有轴承	每月				
25	承马滚轮及托辊轴承	每月				
七、小车、吊钩						
26	小车行走轮轴承	每月				
27	小车托辊轴承	每月				
28	小车反轮轴承	每月				
29	小车起升导向滑轮轴承	每月				
30	吊钩滑轮轴承	每月				
31	吊钩推力轴承	每月				
八、缆机维修平台						
32	悬挂承载滑轮	每月				
33	承马承托滑轮组	每月				
九、限位发送装置						
34	起升机构限位发送装置开式齿轮	每周				
35	牵引机构限位发送装置开式齿轮	每周				
36	大车限位发送装置油杯	每周				
十、其他						
37	夹轨器各油杯	每月				
38	终端限位开关销轴	每周				
39	主索	每月				

表8.10　　　　　　　　　　　　　大岗山水电站工程　　　#缆机维修记录

　　　　　　　　　　　　　　　　　　　　　　　　　　　　　　　　年　　月　　日

序号	故障时间	故障经过及原因分析	修理内容	处理结果
1				
2				
其他				

序号	名称	型号规格	单位	数量	备注
1					
2					
3					

表8.11　　　　　　　　大岗山水电站工程缆机运行　　　　月统计报　　　填报单位：

序号	编号	制度台时	完好台时	完好率(%)	实作台时	利用率(%)	混凝土台时	零作台时	故障台时	检修台时	保养时间	闲置台时	实际完成产值/量	
													混凝土	其他

编制：　　　　　　审核：　　　　　　填报日期：　　　年　　月　　日

8.2　缆机安全操作维修与保养规程

（1）编制依据国家颁发的工程建设的法律和法规

国家有关部门颁发的设备安装、使用规范及质量检验标准。

德国 KRUPP 公司提供无塔式缆机的有关技术资料文件。

大岗山水电站缆机安全运行管理合同文件。

（2）适用范围

本规程适用于大岗山水电工程无塔式缆机的安全运行与保养；凡从事缆机安装、运行、检修、维护、保养、电气作业、起重吊装等工作均应执行本规程有关章节的规定。

8.2.1　基本规定

（1）运行和维修人员

1）运行和维修人员，必须加强法制观念，认真执行国家有关安全生产和劳动保护的政策、法令、条例及规定。

2)缆机运行实行机(班)长负责制,每班由当班班长负责。每班配备固定的司机、信号和维护人员,分别负责操作和对设备的运转情况进行巡检;根据大岗山水电工程具体条件,4台缆机统一配备相应的机电维修人员。认真填写运行、维护保养记录。

3)每台缆机的运行,实行定人、定机、定岗操作。每台每班定员:司机室操作员2人,主机房机械1人,副机房1人,信号2人。未经项目部和运行监理同意,不得随意变更。

4)操作和维修人员必须是年满18周岁,身体健康,经过体检证明无不适宜高空起重作业的疾病或生理缺陷者。

5)操作和维修人员必须具有高中(含中技)及以上文化程度、受过专门技术培训,熟悉起重机性能、构造和机械、电气、液压的基本原理。

6)操作司机必须获得国家劳动部门办法的起重机操作合格证,并具有同类起重机的操作技能。

7)操作司机须经本机型专业培训,经考试或考核取得本机型操作证书后方能独立上岗操作,并能满足以下要求:

①熟悉缆机的性能、构造和用途。

②熟悉缆机起重作业信号规则。

③熟悉本机操作规程和有关保养规程。

④具有操作和维护缆机全部机构的技能。

⑤掌握缆机各调试部分的调整方法。

⑥设备运行承包单位负责提供设备操作和维修人员在受训和资质方面的证书。运行监理单位予以审查,符合要求的予以确认。

(2)作业人员应遵守的规定

1)当班操作和运行人员在工作时必须精神饱满,精力集中。当出现身体不适、情绪不稳、班前喝酒等情况时,一律不准当班作业。

2)运行人员必须遵守劳动纪律,坚守工作岗位,不得擅离职守或从事与工作无关的事情。

3)保持机房、操作室和其他工作场地的整洁及通道畅通。工具、器材必须配备齐全,放置整齐有序。

4)在小车上或其他高空危险部位作业时,必须系好安全带。安全带必须经过定期安全鉴定,合格的才可投入使用。作业时必须安排监护人员。

5)高空作业时禁止抛掷工具及其他用品,所用工具等须系牢,以防意外坠落。

6)禁止倾斜起吊重物。禁止起吊被埋或水下物品。禁止起吊被其他物件挤压和重量不明的重物。

7)起吊重物时,必须在具有司索资质的人员指导下将被吊物件绑扎牢固,合理选取吊点位置;对可能发生旋转、摆动的物件要加设拉绳。

8)需要缆机与其他起重机抬吊时,应制定专项安全技术措施,最大荷重不得超过2台起重机最大起重量之和的75%,单机最大荷重不得超过其最大起重量的80%;两台缆机抬吊时,总重不得超过58t(含吊具);在重大金属结构和其他大件吊运(总重不超过60t)时,应制定相应的安全技术措施,并经业主有关部门和监理批准后,在确保安全的条件下,方可进行抬吊作业。

9)正常情况下,小车在距主、副车的非正常工作区域内(距悬挂装置120m、110m),不得吊运重物。特殊情况需吊运重物进入该区域时,应按厂家规定按吊重曲线比例的允许范围,制订相应的作业程序书,将吊钩升至高处,用低速缓缓靠近。

10)非本机相关人员不得登机。参观人员、访问者,必须经运行监理单位批准,在机上人员陪同下方可登机。

11)除进行检修和维护保养等工作外,小车严禁搭乘人员。搭乘检修和维护保养工作人员时,小车不得使用高速(7.5m/s及以上)运行。

12)没有专门的技术安全措施和有关部门的批准,禁止吊运人员及危险、易爆物品。

13)主车机房,电气室、操作室、休息室、副车电气室等部位都应设置绝缘灭火器,运行人员要熟悉其使用方法;灭火器应在有效期内。

14)机上禁止使用明火取暖,禁止吸烟,禁止使用电炉。

15)禁止在缆机上用油料清洗机件,在修理车间用油料清洗机件时,严禁吸烟,严禁电焊操作等明火作业。工作完毕后,要及时处理油迹油污。废棉纱及污油要集中安全处理。

16)发生电器火警时,应首先切断电源,然后用绝缘灭火器扑救。

(3)安全性能的检测和保障

1)新安装或大修后的缆机必须按《起重机试验规范和程序》(GB 5905—86)及厂家提供的《测试程序》的规定进行缆机负荷运行试验。

2)在设备长时间停机(在6个月以上)、重要技术改造和发生其他重大事故等情况后,都必须对架空部分和各钢丝绳等关键部位进行详细检查,确保无隐患存在后,应进行负荷试运。

3)随机测试仪器及其配套零部件均应保持性能完好和配套完整,以保证测试结果的精度和可靠性。

4)各运动机构的限位开关、位置编码器、超速、过载保护等及夹轨器、风速仪、灯光音响报警信号等安全保护装置不得随意拆除,并应定期进行检查和调整,以确保其处于完好状态。

5)保持各种电器设施、光纤维电缆、主电缆和其他控制线路处于完好状态,绝缘必须良好,非电气人员不准拆装电气设备和检修线路。

6)在更换牵引、提升索后必须恢复小车、吊钩原有的设定位置参数,确保定位准确。

7)禁止在小车、大车等部位悬挂标语牌、广告牌等增加附加风载荷的障碍物。

(4)作业环境安全条件

1)缆机之间或缆机门机等其他机械的作业区域若重合,现场应设置专职协调人员,统一指挥并确定各机械的作业范围或时间段。正常情况下,同轨两台缆机承载索之间的安全距离应不小于 11m。缆机与门机任一部位之间的安全距离应不小于 6m。器材吊运时安全距离不小于 12m。

2)夜间作业时,电气房、机房、操作室、值班室和作业运行沿线均应有充足的照明。

3)当风速达到 34m/s 以上或遇大雷雨天气时,缆机停止作业,应把吊钩升至安全高位,并将小车开回塔头避风。将主、副车移至适当地点,锁上夹轨器,并用铁楔将主车、副车行走轮塞紧。

(5)电气安全规定

1)保持各种电气设备、通信光缆、控制线路、电力电缆的完好,保持电气设备的干燥及绝缘性能良好。保持各种标牌、标记清晰完好。

2)缆机运行时应配备专职电气运行人员,电气设备发生故障时必须由电气人员进行检修。

3)电气维修人员根据故障信息提示,开始检查和处理电气设备故障前,必须通知机长(或当班班长)和操作司机。工作完毕后,应将处理情况向有关人员及时通报,并做好记录。

4)检修电气设备时,必须采取安全措施。按照操作规程有序进行。需要操作司机或其他人员配合时,要保证通信联络畅通,防止误动操作。

5)在需要带电检查电气控制开关等装置时,应将空钩升至安全高位,同时保证通信联络畅通。严禁在司机操作运行时,检查、调整和触动电气控制元件或装置。

6)高压开关柜前应设置警示牌,地面应铺设绝缘橡胶板;操作高压开关和整理带电高压电缆时必须戴绝缘手套。带电作业时,必须有专人监护。

7)新更换或经运行两年后的高压电缆,必须经绝缘测试合格后方可继续运行。

8)长期停用或经重大检修后的电机,必须经绝缘测试合格后方可投入运行。

9)无线遥控装置的检修必须由经过专门培训的专业人员实施,一般电工不得进行拆卸检查。

10)定期检查缆机各部位接地连接情况,检查接地网地表导体完好情况。地网接地电阻应不大于 4Ω;电气盘柜、电机壳体等接地电阻应不大于 10Ω。

11)对电气安全保护装置动作、熔断器烧断等现象,应查明原因、妥善处理。不得强行合闸或随意加大保险丝(管)容量。

12)"急停"按钮上方(或旁边),应标有警示牌。只有在起重机运行中有重大事故险情时,方可使用"急停"按钮,平时严禁按动。

13)在装拆各 PLC 及各交、直流驱动电路板(模块)之前应断开相应的电源开关,并戴上防静电手套。

14)不得随意更改原机设定的控制参数及原有接线回路。检查故障临时装接的辅助连线,故障排除后必须当即拆除,使之复原;严禁随意更改 PLC 口令。

15)在装拆可控硅等特殊电气部件时,必须使用专用工具。

16)发生触电事故时,应立即切断电源,并进行急救。

17)电气设备起火,应立即切断电源,用绝缘灭火器进行扑灭。

18)严禁用接地线作载流零线。维修时所使用的携带式照明灯,电压必须在 36V 以下。

8.2.2 安全操作

(1)送电

1)合上进线高压跌落保险开关,高压开关柜上高压指示灯亮。

2)合上高压开关柜中的高压隔离开关。

3)合上主变高压开关柜的主开关。

4)合上辅助变压器高压开关柜主开关。

(2)操作说明

1)本机操作分为操作室联动台操作(手动、手动防摇摆控制和在位置设定状态下还可实现 ADS 自动送达功能)、便携式无线电遥控操作、机旁本地站操作等三种方式。在操作室联动台操作状态下,其他操作不能同时进行。

2)在光缆通信信号传输系统发生故障时,应切换到无线电通信信号传输系统进行操作。

3)只有在进行检查和保养时,才允许使用过行程旁路操作按钮,操作小车缓慢通过工作区域,但应同时发出警告信号。

4)正常作业时,应采用操作室操作。

①机房各机旁本地控制站控制开、关,选择置"关"位。

②操作室按规定步骤启动监视器,观察显示屏上图像和数据显示正常后,进行初步设置:"遥控"选择"关"位。

"台吊操作"选择"关"或"本机"位。

"维修"选择"关"位。

大车行走"主车—双—副车"选择"双"位。

③扭动"开机"钥匙,指示灯持续亮。扳动主令控制器的相应手柄,可实现吊钩升降、小车进退、大车上、下游行走;可无级变速。按下其他按钮,可实现其他功能的动作(如慢速:速度将降至对应值的 10%)。

④按"关机"按钮,起重机停,所有制动器制动。

5)安装重要部件,需精确控制就位时,可采用便携式无线电遥控操作:

①操作室"遥控"选择"开"位。"慢行、正常速度"的选择根据需要而定。"单、双"选择置"单机"位。

②"起重机开、关"选择置"开"位,指示灯亮。

③主令控制器的操作:扭动"开机"钥匙,指示灯持续亮。扳动主令控制器的相应手柄,可实现吊钩升降、小车进退、大车上、下游行走;可无级变速。按下其他按钮,可实现其他功能的动作。(如慢速:速度将降至对应值的 10%)。

④按"操作室接管"按钮,操作室蜂鸣器响,操作权移交给操作室。

6)维修和试车时,可采用机旁本地控制站操作。

①起升和小车牵引的机旁本地控制站操作。

a."本地控制开、关"选择置"开"位。

b."控制开启、复位"按钮按下,灯亮。

c.按住"上升"或"下降","前进"或"后退"按钮,即可控制主钩升降和小车进退,其运行速度可按慢、快按钮得到名义上 10%～30% 的速度。

d."控制开启、复位"按钮复位,灯熄。

e."本地控制开、关"选择置"关"位,停机。

②大车行走的机旁本地控制站操作:

a."本地控制开、关"选择置"开"位。

b."夹轨器液压控制开启、复位"按钮按下,灯亮。

c.按住"上游"或"下游"按钮,大车行走。

d."夹轨器液压控制开启、复位"按钮复位,灯熄。

e.本地控制开、关选择置"关"位,停机。

③双机抬吊操作:

a.抬吊前,各机先校正好主、副车同步,使两台机间的防碰撞开关接触且确认触电已断开,进入抬吊部位;检查两台机小车同步位置必须小于 3m。抬吊时防摇摆控制和自动送达操作不可用,提升和小车牵引速度为名义速度的 50%。

b.操作选用共同置于遥控工作模式。

c.1♯机与 2♯机抬吊时,1♯机为主机,2♯机抬吊操作旋钮旋向 1♯机,1♯机抬吊操作旋钮旋向 2♯机。

d.3♯机与 4♯机抬吊时,3♯机为主机,4♯机抬吊操作旋钮旋向 3♯机,3♯机抬吊操作旋钮旋向 4♯机。

7)本缆机具有的自动送达操作功能(操作室操作方式),特别应注意只有在正确掌握这些方法,并经反复试验,确实证明安全可靠的前提下,才能采用自动送达操作。

①ADS系统只控制提升和小车牵引,不包含大车行走。

②编制程序:

a.首先将吊罐放在混凝土起吊平台上,操作选择开关至ADS系统操作模式,此时的吊罐位置通过点击显示屏上的"F2－新原地"图框被储存在电气控制系统中。

b.操作吊罐至大坝卸料点,此时的吊罐位置通过点击显示屏上的"新目标"图框被储存在电气控制系统中(可选择10个不同目标位置)。

③操作者踩住左踏板,吊罐自动运行到"原地目标"。踩住右踏板时回到"目标位置"(控制离仓面目标设定10m)。

④ADS系统小的调节可以将小车位置以1m的步距进行增量和减量。为此,应同时启动选择开关"ADS目标－1m/＋1m"和脚踏开关以设定、再设定相应的原地和目标位置。

⑤可转动选择开关用其他的操作模式来接触ADS操作。

(3)作业前准备

1)机(班长)用对讲机询问各部位人员到岗情况。要求各部位助手进行检查。

操作室:检视操作台各仪表指针位置、信号灯显示是否正常;主令控制器应置于零位;各控制开关按钮应处于正常位置。

遥控器:主令控制器应置于零位;各控制开关按钮应处于正常位置。

主、副车机房:检查各部位连接紧固情况;观察各润滑部位油量和润滑情况;检查卷扬机钢丝绳固定及磨损情况;检查各机构及其制动装置、索道系统有否异常情况。

主车电气房:高压柜指示灯亮;各低压柜电压、电流表指示正常;各低压柜电压、电流表指示正常;各控制柜、机旁本地操作站开关和按钮在正常位置。

副车电气房:低压开关柜电压、电流表指示正常;控制开关按钮处于正常位置。

2)检查各部位信号人员到位和通信联络是否畅通。

3)机长必须在接到各部位检查完毕、情况正常的报告和机上所有人员离开带电及机械转动部位的报告后方可通知启动。

(4)启动

1)在机长得到各部位助手"可以启动"的回答信号后,发出启动命令。

2)操作者得到启动命令后,按下列程序进行启动操作:

①确认风度低于34m/s后才能设为运行状态。

②主车供电输入端的主开关应置于"开(ON)"的位置。同时要启动所有电机、控制电压、通风、照明和主、副车的其他设备的控制电源。

③所有在就地控制面板上的"就地、遥控(local/remote)"选择开关必须置于"遥控(remote)"位置。

④按下"灯测试(lamp test)"按钮进行指示灯测试。装在控制面板上的钥匙开关置

于"缆机开(crane on)"的位置,缆机进入操作状态。

⑤启动主开关后,高压供电系统、风机、电动机空载运转 10min,检查并确认各指示仪表、信号灯、电脑数据正常,提升、牵引机组无异常震动,声音和气味正常后方可启动运行。

3)空载运行小车行走和起升各一、两次。

4)观察监视器显示屏上运行位置,数据显示是否准确。

(5)作业时的安全规定

1)司机室操作。

①作业时司机室必须保持相对安静,不准抽烟,不得做与操作无关的事情,不得与他人闲谈。

②应经常观察两侧操作控制台上仪器、仪表及指示灯的显示是否正常。

③应与信号人员密切配合,严格按指挥信号操作,同时应密切注视吊物运行位置、显示屏显示状况。一旦发现异常情况,应停止动作,并迅速与有关人员联系,查明原因。禁止擅自进行与指挥信号不相符(或无信号指挥)的操作。

④操作时,应逐渐加减速,注意吊物在空中摆动的方向,力求平稳运行,尽量避免突然加减速;非紧急情况,不得使用急停按钮。

⑤吊物悬在空中时,司机严禁离开操作台;换人操作时,应在吊物卸钩后进行。

⑥运行中途突然停电时,司机应立即将各主令控制器置于零位。

⑦工作时,不可将各运行结构开至极限位置。严禁使用限位开关来达到停车的目的。

⑧经常注意主、副车位差指示,轨道全程有 6 组平移同步器,当位差超过厂家规定数值时要及时调整,进行偏移量校正操作。若位差指示出现故障,当位差超过 5m 时要用轨道上标记对位。

⑨当操作大车行走接近轨道端头时,应通知机房助手密切注视限位开关是否动作,当限位开关动作,而移行电机仍不停止工作时,要立即按下"紧急按钮"使大车停止移动。事后应查明原因,恢复正常。

2)机房值班。

①在缆机运行时,机房机电值班人员应坚守岗位,注意监察各机电设备的运转和仪表的指示情况,发现有异常现象,应及时通知司机停机。待查明原因并做相应处理,确认正常后,方可恢复运行。

②按规程规定的每日检查和保养项目对各部位进行检查和润滑并确认到位,不漏项。

③吊钩下落到最低位置时,缠绕在卷筒上的钢丝绳最少不得小于三圈,提升负荷时,钢丝绳在卷筒上要排列整齐,不得重叠。

④密切注视和检查大车移行前轨道及基础平台上有无行人和障碍物。

3)信号人员。

①缆机起吊点和卸料点要分别安排信号员和配备通信设备。信号员必须由缆机运行专职人员担任。

②信号员必须具有一定的起吊作业经验。报话时必须密切注意吊钩与障碍物最高点的位置,正确判断吊钩的速度,发令要沉着果断,口齿清晰,所发指令简练、明确、规范。

③信号员工作位置要选择得当,必须在起吊点和卸料点附近相对视线良好、安全无干扰、噪音小且靠近起重指挥人员的地方。

④每次起升前,必须得到起重指挥人员明确信号后才能发出可以起升的口令;在吊运物件低速提升到离地面30cm左右时,由起重指挥人员检查吊挂(绑扎)是否可靠,并无超载警示信号发生,方可继续指挥提升。

⑤当小车行驶至司机、信号人员的视线范围时,必须注意观察承马、小车及吊钩滑轮组和吊钩的运行情况,一旦发现异常情况,应立即停机(或通知司机)检查。

⑥吊物必须超过障碍物3m以上才可指挥进行牵引或大车行走运行。

⑦吊运混凝土进入仓面时,吊罐必须距离仓面0.5m以上;吊罐侧面应距离模板1.5m以上,若须靠近时,吊罐底部必须高于模板,或以极低速度点动移位。

⑧起吊点与卸料点信号员要互相联系交接,不允许出现指挥脱节甚至中断的情况发生。

⑨不得将通信话筒交给他人,尽量避免非报话信号传入话筒,以免发生误操作。

⑩通信工具发生故障时,必须立即报告现场指挥人员并用明显信号标志通知司机。

⑪下列情况之一,信号员有权拒绝传达指挥令:

a.夜间照明不足或大雾、大雨、大雪天气,看不清吊物和旗语指挥信号。

b.指挥含义不明确或多头指挥。

c.没有经过批准或没有可靠安全措施的情况下,要求进行超载作业或要求吊运实际重量不明的大件。

d.其他有可能导致起重机发生重大安全事故的错误指令。

(6)停机

1)在下列情形之一下停机:

①风速大于34m/s或有大雾、暴雨能见度过低,夜间施工场地照明严重不足时。

②起升、小车及大车行走装置制动器或电气故障时。

③关键结构件有严重变形、脱焊或有损伤时。

④机构和运转部位运行时出现异常状况时。

⑤其他必须处理的重大问题。

2)停机操作。

①作业中停机:

a.间隙停机:操作手柄置于零位。

b.紧急停机:按下紧急停机按钮(红色)。

②交接班停机:按关机按钮,断开操作控制电源主开关。

③较长时间停机:断开除照明以外的所有低压开关。

④电网突然停电:拉下各高低压电源总开关。

⑤正常停机前必须将吊运物件落地并脱钩,升起吊钩并将小车牵引至主车侧停靠,将大车停在适当位置,然后将各主令控制器置于零位。

⑥停机时间较长时应断开主开关,使电动机停止运转。

⑦停机后司机与助手共同做好台班保养和机器设备的清洁工作,助手应清理好工具及擦拭材料。

⑧下班前机长组织全机人员交换转运情况,对故障原因、处理结果、存在问题、记录等在当班报表上要仔细填写,做好准备交换工作。

⑨当遇暴风雨等异常情形,机上人员全部离开时,确认断开高压隔离开关,机房、操作室、副车开关房及配电室的门全部上锁。

8.2.3 交接班

1)必须按时交接班,接班人员应至少提前30min到达作业现场,交接必须在机上和信号点进行。

2)交接双方应认真作到"六交""三查":

①"六交":

a.交生产任务完成情况和作业要求。

b.交设备运行及保养情况。

c.交随机工具及油料和配件消耗情况。

d.交检查及故障的处理情况。

e.交安全措施及注意事项。

f.交设备运行及检修保养记录。

②"三查":

a.查设备运行及保养情况。

b.查设备运行、保养记录是否准确完整。

c.查随机工具是否齐全。

3)交接检查过程中所发现的问题应查明原因,妥善处理,重大问题应及时向有关部门报告。

4)当班发生的机械电气故障,应由当班人员处理完毕。若未及时处理好,应当面向接班人员详细转交故障情况、处理办法和处理过程。

5)交班人员不得隐瞒事故和故障隐患,由于交代不清而发生的问题由交班人员负责;由于接班人员检查不认真而造成的事故由接班人员负责。

6)交接班时应认真填写交接记录,交接完毕双方共同签字备案。

8.2.4 保养

(1)保养的分类

保养分为例行(日常)保养、定期保养和磨合保养。

①例行保养:指机械在每班作业前、后及运行中,为及时发现隐患,保持良好的运行状态所进行的以清洁、检查、紧固、调整、润滑为主的预防性保养措施。

②定期保养:指机械在运行一定的间隔期后,为消除不正常状态,恢复良好的工作状态所进行的一种预防性的维护保养措施。定期保养分为日保养、周保养、月保养、半年保养和年保养。

③磨合保养:指新安装的或大修后的机械,在投入使用初期所进行的一种保养措施。

(2)磨合保养项目(运行至100h)

①润滑承载索,并对索端浇铸接头的位移量进行测量和记录。

②对承载索悬挂装置进行检查和轴承润滑。

③检查提升、牵引索的润滑情况,并对全长进行加注。

④检查导向滑轮及支架连接螺栓的紧固情况,有松动时予以补紧;轴承内加注润滑脂。

⑤对所有承马揭盖润滑各点,托辊必须能轻松转动。

⑥检查提升机构各减速箱油位;齿轮连接器、变速齿轮、传动链轮、轴承座等润滑,制动器调整,安全制动器液压控制装置液压油加注和压力调整。

⑦检查小车牵引机构减速箱油位;齿轮连接器、主从动滑轮轴承座、变速齿轮等润滑,制动器调整。

⑧检查大车行走机构各减速箱油位;制动器、夹轨器功能可靠、水平、垂直轮的润滑。

⑨小车上行走轮、吊钩、导向滑轮内轴承主轴;开闭轨间距调整和轨内侧抹油。

(3)每班检查保养项目

①保持机械、电气各部的清洁,地面干净,通道畅通。

②检查各机构的运行情况,转动是否正常,制动是否可靠,有无异常响声。

③检查各电机壳体温升不应超过60℃,减速箱油温应低于90℃,提升机构安全制动器液压控制压力205MPa范围,电磁阀外壳温度不超过150℃。

④经常检查各电气仪表指示装置及指示是否正常。

⑤检查机上各部位的润滑情况,必要时进行添注。

⑥检查电源电缆和线路的连接情况,如有破损和连接松动则应及时处理。

(4)每日保养项目

1)完成班保养全部内容。

2)检查小车行走轮,起升、牵引各滑轮的转动、润滑和磨损情况。

3)承马检查:

①检查承马上、下托轮和半球轮的转动是否灵活,下托轮缘是否有破损并及时更换。

②检查承马各部件是否有破裂、变形、磨损超标等情况,并对承马各转动部位各润滑点进行加油。

③检查发现有变形、磨损、间隙超限的承马应当更换。

④其他检查及保养按厂家技术要求进行。

4)检查承载索表面断丝及损伤情况、检查承载索端部与悬挂连接及索端固定标记的变化情况。

5)检查提升、牵引索表面断丝及索端固定情况。如发现有断丝情况则应每班检查并做记录。

6)检查上牵引索的垂度是否在规定范围(小车在主车端),其跨中最低点应高于承载索6～8m,过低时必须在副车点紧张和固定。

(5)每周保养项目

①完成日常保养全部内容。

②检查各电机、减速箱、卷扬机机卷筒轴承座、导向滑轮支架等基础螺栓的连接情况,发现松动应及时紧固,有扭矩要求的螺栓连接应采用扭力板手扭至规定值。

③检查各制动装置是否可靠,必要时进行调整。制动器上衬板与制动盘间隙为1～2mm,液压推杆有规定的储备行程,制动片厚度减少1/2时,应更换新件。

④检查提升导向装置链条的垂度是否在180～240。检查提升卷筒上压板螺栓紧固情况(紧固力矩255N·m)。

⑤对提升和牵引索进行一次详细检查,当断丝或索径缩小达到表8.12所列断丝根数或索径时应及时更换。

表8.12　　　　　　　　　　　提升索、牵引索规格及报废标准

名称	规格及型号	报废标准
提升索	6WS(31)-32-1770-光-交右 2670、2360m	①在192m长度内断丝16根或在960m长度内断丝32根;②索径≤29mm
牵引索	6WS(31)-32-1770-右 2420、2200m	①在192m长度内断丝8根或在960m长度内断丝16根;②索径≤29mm

注:此表所列位 KRUPP 公司规定报废标准;国产代用件应根据国内相应报废标准执行。

⑥按润滑周期表加注润滑油(脂)。

(6)每月保养项目

①完成周保养全部内容。

②电气部分应由专职电工按电气设备检修规程进行全面检查、维护和清洁。

③检查和清洁各电动机,特别应注意清洁整流器表面和检查调整碳刷,若发现碳刷损坏应更换,同时清洁风机过滤网。

④检查各电气柜、接线箱等接线有无松动。各接触器、继电器、整流器等工作是否正常。

⑤检查各限位装置、限荷装置、指示仪器、保护开关等动作是否可靠,必需时进行调整。

⑥停电检查维护:变压器、主流装置、驱动及供电主回路预防性紧固并清除灰尘;检查主回路开关、继电器、接触器工作情况,PLC控制单位、通信模块、光端机等的常规维护,各部编码器、传感器有无损伤和松动,外部电缆、光缆有无损伤。

⑦对提升、牵引机构进行全面检查,各部间隙必要时进行调整。牵引机构驱动摩擦轮两绳槽深度差大于2mm时应进行调整。摩擦块槽深磨损至40mm(槽底厚度仅剩20mm)或有裂纹时,应予更换。

⑧检查大车行走机构驱动装置和水平轮、垂直轮一级夹轨器的运行情况,测量水平轮、垂直轮的轮径差磨损分别达到0.7mm和2.0mm时须换新。

⑨外观检查滑轮绳槽。合成材料滑轮的绳槽磨损后,其磨损深度大于70mm时应更换。钢制滑轮磨损槽深大于5mm时应更换。

⑩对吊钩、卷筒、制动器、联轴器等进行重点检查,特别应注意是否产生裂纹和变形。

⑪按润滑周期表加注润滑油(脂)。

(7)每年保养项目(由主管技术部门组织进行)

①完成月保养全部内容。

②对车架钢结构进行全面检查:各连接点螺栓有无松动(可用锤击判定),结构件有无变形、裂纹和锈蚀,必要时予以矫正、补焊和补漆。对重要连接部位高强度螺栓应按规定扭矩抽查。

③每年年初对避雷装置及接地保护设施进行检查,测量接地电阻是否符合要求。

④检查承载索垂度是否超过最大允许值(20℃和吊重30t时,跨中为缆55±1m),必要时应重新调整。

⑤检查小车行走轮,必要时拆下清洗、更换新轴承或更换行走。

⑥检查提升、牵引机构齿轮联轴器轮齿磨损量是否达到报废规定值。

⑦按润滑周期表规定检查和更换各减速箱齿轮油。

(8)润滑要求

①润滑说明：润滑用油应按润滑周期表规定。用油要清洁无污染；不同牌号的油禁止混用。

②稀油润滑所有齿轮箱的油量应每周检查一次，润滑油型号：C-LPF220，油位高度是上盖接缝处以下 60mm。油量不足时，若发现齿轮箱漏油应立即修理。如果暂时不能修理则须更经常地检查油位。换油时要用除垢油彻底清洗齿轮箱，清除磨屑和污物。清理之后将油管接头彻底清理干净，用清洁无破损的套管套上。

③油脂润滑：润滑前要将油嘴清理干净。压注时要先看见旧油出来，然后出来一点新油脂。否则应将有关零件拆下，清理干净后，重新装上，或采取其他适当方法处理后，再加新的油脂。较长的润滑管要做周期性检查，以保证油脂确实进入润滑点。润滑管破损漏气会引起油脂流中断。

④耐磨轴承的润滑运行阶段无法润滑的耐磨轴承在安装时已加好润滑油脂。但至少每 5 年需要将轴承拆下后清理干净，按要求添加新油脂后再重新安装使用。达到磨损极限的轴承要进行更换。

(9)润滑油周期表见表 8.13。

表 8.13　　　　　　　　　　　　　　　润滑油周期表

润滑部件	润滑点	润滑点数	润滑方法	润滑剂	润滑用量(L)	润滑周期	备注
承载索	沿承载索	1	用小车上的加油器加油	C-LP220DIN50510	30/5	每月	取决于气候
承载索悬挂装置	轴承	2	油枪压注	K2KDIN51502	2/0.2	每月	
承马	承马内所有铰接点	所有承马	用自备的加油器加油	C-LP150DIN51502	2/2	每月	
卷扬机	轴承座	4	油枪压注	K2KDIN51502	2/0.5	每月	
	齿形联轴节	1	油枪压注	KPIG-20DIN51502	2.5/0.5		每 3000h 检查一次、每 8000h 更换
	ELHY 制动推杆	2	免加	变压器油 SHEⅡDIALA	4.3	每半年检查	供货时已上好油每 5 年拆检
	减速器	1	换油	C-LP220DIN50510	230/230	见备注	第一次换油 500h（或三个月），第二次换油 1000h（或六个月），第三次及以后换油 5000h（或 12 个月）
牵引索	整条牵引索	2	通过主、副车铰车架上的油罐加油	ELASKON30	15/5	每月	取决于气候
	张紧装置	1	加换油	HLP32DIN51502	12	每月检查	
小车	行走轮和平衡架	44	油枪压注	K2KDIN51502	20/2	每月	

续表

润滑部件	润滑点	润滑点数	润滑方法	润滑剂	润滑用量(L)	润滑周期	备注
小车	滑轮组	8	油枪压注	K2KDIN51502	10/1.0	每月	
	开合轨	4	油漆刷子	K2KDIN51502	5/2	每月	
卷扬机	轴承座	1	油枪压注	K2KDIN51502	0.5/0.1	每周	
	安全制动器	1	加换油	HLP46DIN51502	见备注	每月检查	首次加油30L以后按需要
	卷扬机联轴器	1	油枪压注	KP2K-20DIN51502	1.0/1.0	见备注	1000h至少一年一次
	减速箱	1	换油	C-LP220DI50510	340	见备注	第一次换油500h(或三个月),第二次换油1000h(或六个月),第三次及以后换油5000h(或12个月)
	ELHY制动推杆	2	免加	变压器油SHEHDLALA	4.3	每半年检查	供货时已上好油,每5年拆检
提升索导绳装置	伞齿轮箱	1	换油	C-LP320DLN50510	22		第一次换油500h(或三个月),第二次换油1000h(或六个月),第三次及以后换油5000h(或12个月)
	轴承座	2	油枪压注	K2KDIN51502	0.2/0.1	每周	
	链条和铰链	3	刷油	C-LP150DIN51502	1/0.1	每周	
提升索	整条提升索	2	小车上及卷扬机上手工上油	ELASKON30	15/5	每月	
滑轮组	轴承	9	油枪压注	K2KDIN51502	9/0.9	每月	
吊钩	轴及轴承	5	油枪压注	K2KDIN51502	0.6/0.2	每月	
水平行走轮	轴承	16	油枪压注	K2KDIN51502	10/0.5	每月	
	轮缘	4×2	石墨棒FF10	YHB1080	新棒	每月	
	大齿轮	6	刷油	NLGIDIN51818	1/0.1	每月	
	减速器	6	换油	C-LP220DIN50510	30.5L/个	见备注	第一次换油100h或三个月以后换油5000h
垂直行走轮	轴承	10	油枪压注	K2KDIN51502	6/0.3	每月	
夹轨器	油箱	1	加换油	HLP46DIN51502	2×5	每月检查	第一次换油100h或三个月以后换油2000h或一年
电机	轴承		油枪压注	锂基润滑脂3	适量	每月检查	按需要
限位开关	传动齿轮		抹油	锂基润滑脂3	适量	每月检查	按需要

注:表中润滑油剂为进口油牌号。

8.2.5　调整与维修

（1）提升索更换

1）更换提升索，需要下列工具：

①特殊的索夹。

②连接工具。

2）更换提升索的过程如下：

①要拆出提升卷扬机上的限位开关以避免在提升索的更换过程中被损坏。将小车运行至在副车主索悬挂前约 6m 的距离。

②将提升索用特殊的索夹固定在小车的承马导向装置上。底部吊钩滑轮组由一根辅助索固定在小车上。

③将小车向副车方向进一步运行到主索悬挂处，这时会导致提升索下垂，然后将提升索从主索悬挂上分开，将 6m 长的自由末端固定在小车平台上。

④在此之后，将带着索末端的小车向主车方向运行，同时将整个长度的旧提升索缠绕在提升卷筒上 2～3 层。这种操作方法，首先要将防重绕的接触梁从卷扬机上拆下来，链条式提升索缠绕系统要用手动进行转动，才能进行多层缠绕。

⑤在小车到达主车时，旧提升索的自由端被绕过在主索上的辅助滑轮并与新的提升索连接。

⑥打开在小车承马导向装置上的特殊索夹来施放旧提升索。新的提升索通过小车和底部吊钩滑轮组被拉进提升卷筒，将其卡住并与旧的提升索分开。

⑦将旧的提升索从提升卷筒上退下来并与其分开，然后将新索放到卷筒上。压板螺栓紧固力矩为 255N·m，在这之后将新的提升索在卷筒上缠绕几层。链条式提升索缠绕系统不得不再次用手动转动。

⑧将新的提升索另一端用特殊的索夹固定在小车上的承马导向装置上。将辅助滑轮从主索上拆下来。注意在索端的索夹不应被立刻拆出。因为新的提升索比需要的长度要长出 15～20m，必须留出约 20m 的自由长度以便提升索被再次固定在副车的主索悬挂上。

⑨在小车向副车方向慢慢运行的同时，提升索应从卷筒上同步的被施放。

⑩小车到达副车时，应检查提升索的长度。提升索应在提升卷筒留出两个空圈时被截断，然后将提升索再次固定在主索悬挂装置上。在小车返回时，解除特殊夹具，将其拆下来。也要将底部吊钩滑轮组固定于小车的辅助索拆出。

⑪防多重缠绕的接触梁要被重新装回卷扬机，最后应调整限位开关，将其再次连接。

（2）牵引索更换（供参考）

1）为更换牵引索，需要下列工具：

①2 台 16t 拉力的安装卷扬机。

②1 个用于放置索盘的支架。

③1 根辅助索，负荷 12t，直径 24mm，长约 100m。

④2 个适合 12t 索负荷的安装滑轮。

⑤2 个每台能力 12t 短辅助索。

2）更换牵引索的步骤如下：

①将新的牵引索从运输索盘上倒到第一个安装卷扬机上，把 100m 长的辅助索卷到另一个卷扬机上。

②将无负荷小车运行到距离主车悬挂 10m 处，用滑轮组拉住。

③用索夹和一个短的辅助索将上层的牵引索固定在主车的塔架上。

④在小车上的副车一侧，下层的牵引索用索夹和用一个滑轮组固定，用卷扬机向小车方向拉。旧索末端被放松，从小车上卸下来。

⑤旧的下层牵引索的自由端与新索接在一起。新索经安装卷扬机通过一个滑轮组放出。滑轮组固定在主车提升吊耳上。现在，在小车副车侧的滑轮组被拖放，拆出旧牵引索，由在安装卷扬机上的新的索替代。为减少牵引索的受力，新索可以一直被从安装卷扬机上施放直到旧的上层的牵引索悬挂高于主索 1m 之上为止，即增大牵引索的垂度。

⑥小车被第一个滑轮组拉向主车方向，使小车主车侧的上层牵引索的末端松弛。将上层牵引索与小车分开，固定在 100m 长的辅助索上。该辅助索是从第二个安装卷扬机绕过一个安装滑轮（固定在小车和主索悬挂之间的主索上）进行施放。

⑦打开磁性联轴器，将杆轴限位开关与小车牵引卷扬机分开。之后，上层牵引索被第二个安装卷扬机拉起一点。这样固定在主车塔架上的牵引索得以施放，这时候可以将其固定拆出。

⑧将旧的牵引索由 100m 长的辅助索拉出来，卷向第二个安装卷扬机。新的牵引索被同步地从第一个卷扬机上施放（注意上层的牵引索的垂度）。

⑨一旦 100m 长的辅助索和旧的牵引索的结合处到达第二个安装卷扬机，将旧的牵引索固定在这个卷扬机上，与辅助索分开。

⑩将 100m 长的辅助索从第二个安装卷扬机上转到运输索盘上，第二个安装卷扬机被放空，就将旧的牵引索的末端固定在卷筒上，并将固定松开。

⑪当新的牵引索快要完全从第一个安装卷扬机上施放时，将其固定。拆出其在卷筒的固定端，将其与 100m 长的辅助索卡在一起（将在卷扬机上的固定放开，用带制动辅助

索的运输索盘）。

⑫新的上层和下层牵引索根据第3项和第4项相同的方法被固定。

⑬在副车处，牵引索的张紧滑轮应被置于最高的位置。

⑭当将新的牵引索的末端固定在小车上时，注意上层牵引索的正确垂度并据此将其切断。

⑮在更换牵引索后，在主车主索悬挂处由滑轮组拉住的小车被施放之前，小车牵引卷扬机制动器必须被再次关闭。

⑯在重新连接磁性联轴器之前，应对螺杆限位开关和位置显示器进行调整。

（3）承马的检查与维修要点

1）每周在架空检查保养中，按顺序及厂家技术要求进行检查。

2）用手挪动承马，观察下托辊端面与挡绳扳间隙是否在允许值（正常3～4mm）范围内，超过规定值5mm应拆修，同时更换承马内的铰点铜套。

3）检查上部盒盖内连杆轴套有无破裂，衬套是否有窜动、磨损；回位弹簧有无变形，端部是否有间隙。

4）观察承马上吊耳轴销及衬套磨损情况。

5）检查承马上部盒盖外两端导向的固定和动压轮转动是否灵活。

6）检查上部内侧半球状导绳轮的转动是否灵活；有无损坏及磨损。

7）检查导向轮被钢丝绳磨损情况，槽深达4mm时拆下检修。

8）承马的拆装要按步骤进行并配有适用承马的拆装工具。

9）在更换或修复部分部件重新装配后，承马必须再次放在手动检测台上进行检测，达到规定的装配尺寸和公差要求才能使用。

10）对每个承马上需要润滑点进行加油润滑，并对下托辊固定侧可能积存的油垢进行清理，保证良好的工作状态。

11）每个承马应有一个检查记录卡，上标有其编号，在这个记录卡中应记载下列详细的信息：

①承马被拆下的日期。

②车间检查的日期。

③检测部位和结果。

④更换部件的标注。

⑤负责检查的人员的检查报告。

⑥部件离开车间的日期。

⑦承马新的安装位置。

⑧重新安装在缆机上的日期。

12)检查记录卡应定期递交监理备查。

(4)主索垂度的调整

对主索进行调整时的工序,应用相应的张紧工具,将主索调整装置固定在主车主索悬挂处。在张紧主索之前,吊钩应卸下负荷,将小车停在副车的末端。用起吊设备将张紧装置的所有机械部件放置在平台上。

重新调整主索垂度时,必须将悬挂上固定横梁的两个柱栓拆下,启动张紧装置;使悬挂上横梁移位,直到横梁上的孔与悬挂板的下一对孔相配。在这个位置,横梁被重新用柱栓固定。

这个过程的结果是:主索索头与横梁一起被移位一个孔距。

(5)牵引索重新张紧与截断

1)牵引索的重新张紧初期状况:缩回的液压缸是无负荷的,在导轨的两端由螺栓锁定。无负荷的小车在跨度的中间。张紧程序:

①移开下部的柱栓。

②将液压缸拉出 1~2 孔的距离。

③锁定下面的横杆。

④拉回液压缸直到上面的柱栓没有负荷(柱栓间隙:5mm)。

⑤移开上面的柱栓。

⑥将牵引索的张紧轮拉下 1~2 个孔距,直到控制牵引索垂度的目的。

⑦锁定上面的横杆。

⑧拉出液压缸直到下面的柱栓无负荷为止。

2)牵引索的截断。

①将无负荷小车运行至距离主车主索悬挂 9m 处,副车侧,将张紧滑轮调整到最上端;主车侧,用一滑轮组拉住小车。最大的拉力为 150kN。

②将小车下层的牵引索用锁夹卡住,并由一个在小车方向的主索悬挂处的滑轮组拉住,最大的拉力为 110kN。

③用滑轮组,将小车拉向主车主索悬挂方向,直到急停限位开关位置。在张拉的过程中,如果小车移动太快,会导致上层牵引索和主索上的承马的碰撞或缠绕。

④牵引索收到一定程度,将下层牵引索截断最多 7m,并将索头用铅丝扎牢重新固定在小车上。

⑤在释放滑轮组后,可以拆除所有的安装工具。

⑥螺杆型限位开关和位置显示器也应调整为 7m。缆机可以投入使用。在运行前几天应仔细观察牵引索的固定情况。

（6）导向滑轮的检查要求

1）观察导向滑轮在转动时应灵活、平稳，无摇摆和跳动。

2）导向滑轮在转动时轴承处应听不到任何异常杂音。

3）定期检查滑轮槽深度和轮缘是否有破损，达到报废标准及时更换。

（7）备品备件管理

大岗山水电站工程的缆机是大坝混凝土浇筑、材料吊运、金属结构安装的唯一吊装手段。做好、管好缆机备品备件的计划、采购、储存、发放等各项管理工作，是保证缆机安全、高效正常运行的重要条件。为此特制定本管理办法。

1）发包人及承包人提供的备品、备件。

①发包人提供的备品备件见本书1.6、2.2节交验的设备及交验时间。

②承包人提出的备品备件不在①项规定的由发包人提供的备品备件范围之内，其所需备品备件由承包人报监理工程师批准，自行采购，费用自理。

2）计划编制及采购。

①运行第一年，由承包人根据大岗山缆机自身特点及以往运行缆机的经验，编制当年度属发包人提供的备品备件需求计划，经监理工程师审核后呈报发包人机电物资处进行采购。

②承包人提供的备品备件，年计划报经监理工程审批，由承包人进行采购。

③根据上年度易损件的更换使用情况、运行状况，由称承包人编制属发包人提供的下年度备品备件需求计划，每年11月15日前报经监理工程审核，11月25日前呈报发包人机电物资处进行采购。

3）交货验收。

①按照采购计划，货物到达后，承包人会同监理工程师对每批到货的备品备件品种、规格、数量逐一进行验收，核对装箱清单、产品合格证，并对备品备件产品质量是否合格作出鉴定；产品合格、品种、规格、数量无误办理入库手续，对不合格产品按退货处理。发生备品备件质量及其他验收情况不符等争议问题，及时报告大岗山水电工程机电物资处。每批次验收情况报监理工程审核并呈发包人备案。

②实物验收后，承包人开具验收单，同时建立健全明细账。

③承包人必须把发包人提供的备品备件与承包人提供的备品备件分别建立备品备件明细账。

4）储存管理。

①承包人设置缆机备品备件仓库，并设专职保管，定期盘点查库，做到账、卡、物相符。

②发包人提供的备品备件与承包人提供的备品备件分别保管,分别存放。

③各类备品备件按有关管理规程合理堆放、隔离、搬运和保存保管,防止损坏、锈蚀、霉变和丢失。

④物资入、出库必须开具正式入、出库凭证,验收凭证必须有单位主管、验收人签章,出库凭证必须经批准人、发放人、领取人签字。

⑤每月编制备品备件的收、发、结存报表,报监理工程师审核后呈发包人备案。

⑥每年6月和12月,发包人组织监理人、承包人进行清仓盘点及备品备件核销。

5)备品备件的更换程序。

①在缆机运行检修维护过程中,需要更换的备品备件由承包人提出,会同监理工程师审定后予以更换。

②备品备件的认定、审定、更换必须及时准确,确保生产的正常有序。

③更换总成件及提升绳、牵引绳、承马等重大部件时,由承包人提前编制施工组织措施,报监理工程师批准后实施。更换的备品备件必须填写翔实的施工记录。

④替换下来不能再继续使用的零部件交回承包人库房,清点造册,每次核销完后移交到发包人指定的仓库由发包人处置。

⑤紧急情况下备品备件更换,由现场监理签证。更换手续必须在三天内补办完整。

第 9 章 缆机拆除

大岗山缆机拆除于 2016 年 4 月 16 日开始,于 2017 年 1 月 15 日拆除完成,用时 275d,拆除过程质量、安全、进度受控。主要大件见表 9.1。

1# 缆机拆除开始于 2016 年 10 月 19 日,拆除时间结束于 2017 年 1 月 15 日,用时 88d,其中主索拆除用时 4d。

2# 缆机拆除开始于 2016 年 8 月 29 日,拆除时间结束于 2016 年 9 月 27 日,用时 30d,其中主索拆除用时 4d。

3# 缆机拆除开始于 2016 年 6 月 27 日,拆除时间结束于 2016 年 8 月 23 日,用时 58d,其中主索拆除用时 7d。

4# 缆机拆除开始于 2016 年 4 月 16 日,拆除时间结束于 2016 年 6 月 27 日,用时 73d,其中主索拆除用时 9d。

主要大件重量与尺寸见表 9.1。

表 9.1 主要大件重量与尺寸

名称	长×宽×高(mm×mm×mm)	重量(t)	每台件数
主索	4100×3300×3500	38	1
主车主梁	10800×2050×2850	10	2
起升卷筒装置	5800×2900×3000	13.5	1
副车架主梁	6000×2500×2400	7.5	1
电气集装箱	6000×2400×3000	4.5	1

9.1 缆机拆除适用规范、规程及技术标准

1)《起重设备安装工程施工及验收规范》(GB 50278);

2)《电气装置安装工程起重机电气装置施工及验收规范》(GB 50256);

3)《钢焊缝手工超声波探伤方法和探伤结果分析》(GB 11345);

4)《涂装前钢材表面锈蚀等级和除锈等级》(GB 8923);

5)《钢熔化焊接接头射线照相和质量分级》(GB 3323);

6)《钢结构高强度螺栓连接的设计、施工及验收规程》(JGJ 82);

7)《水工金属结构防腐蚀规范》(SL 105);

8)《水利水电工程启闭机制造、安装及验收规范》(DL/T 5019);

9)《电气装置安装工程电气设备交接试验标准》(GB 50150);

10)《电气装置安装工程旋转电机施工及验收规范》(GB 50170);

11)《电气装置安装工程盘、柜及二次回路结线施工及验收规范》(GB 50171);

12)《电气装置安装工程电缆线路施工及验收规范》(GB 50168);

13)《电气装置安装工程接地装置施工及验收规范》(GB 50169);

14)《水电水利工程施工作业人员安全技术操作规程》(DL/T 5373—2007);

15)相关合同文件及设备制造厂家技术资料等;

16)执行项目业主及项目监理相关规定。

9.2 缆机拆除开工许可申请程序

1)设备拆除施工承包人应在设备拆除前 28d,将设备拆除施工组织设计和施工技术方案报送监理部审批。施工组织设计至少应包括以下内容:

①工程概况。

②施工组织机构。

③设备的总装图、基础图、技术说明。

④设备拆除的施工程序、结构顺序图、吊装设备布置图、拆除技术要求。

⑤设备的运输和大件吊装方案。

⑥设备拆除施工布置、进度计划与质量保证措施。

⑦主索过江方案布置及辅助设施布置图。

⑧劳动力、材料和施工设备的配备与计划。

⑨焊接工、起重工等特殊工种资质证明、起重设备年检资料。

⑩焊接工艺及焊接变形的控制和矫正措施。

⑪安全技术措施及各种应急预案。

⑫设备拆除程序与拆除后验收程序。

⑬拆除设备及工具清单。

2)缆机拆除使用的机械设备、主要材料必须符合设计规定和产品标准,并要求具有出厂合格证。没有出厂合格证或对质量有疑虑时,承包人应进行检验,符合要求的方可使用,必要时应在设备拆除前 4d,将出厂合格证或检验报告报监理工程师审核。若承包人将旧施工设备用于拆除的施工,应向监理报送利用旧施工设备进场许可证,承包人在拆除过程中不得使用不合格的设备和材料,否则应承担由此造成的损失。

3）在缆机拆除前 7d，承包人应将设备基础建筑物坐标、轴线、边缘线、标高和水平度复测结果报送设备监理审查。

上述报送文件连同审签意见文件一式四份，经承包人项目经理签署并递交监理工程师审阅后返回签审意见单一份，原文不退回，审签意见包括"同意""修改后再报""不同意"三种。

4）承包人收到签审单的签审意见为"同意"时，承包人即可向监理工程师申请设备拆除许可证。监理工程师将于接到申请后 48h 内签发设备拆除许可证即"开工令"。

5）如果承包人未能按期向监理工程师申请报送上述文件，由此而造成施工工期延误和其他损失，均由承包人承担全部责任。若承包人在限期内未收到监理工程师应退回的签审意见单，可视为"同意"。

9.3　缆机拆除方法

9.3.1　概述

大岗山大坝 4 台缆机，主索跨度为 677m。缆机设备单件最重件为 15t，主索（带卷筒）重 38t，净重 33.7t，缆机设备拆除主要工程量统计见表 9.2。

表 9.2　　　　　　　　　　　　　缆机设备拆除主要工程量统计表

序号	设备名称		规格	单位	数量	备注
1	钢轨		QU100 型	m	1296	
2	缆机		QLP30t/675.82	台	4	
2.1	缆机及附属设备	机械设备部分	额定起重量 30t	套	4	
		电气设备部分				
2.2	过江光缆			套	1	
2.3	司机室			个	4	

9.3.2　缆机拆除施工场地布置

因大岗山缆机工程设计时确定的安装轴线位置在距轨道基础上游端约 40m 的位置，在此轴线上设有主索过江的临时架空索道，并设有临时索道基础设施（索道地锚、卷扬机导向地锚等埋件）及主索导向装置（主索曲轨），而这些都不可移动，重新布置、重新施工的难度和工程量很大，需要分别将左右岸缆机平台混凝土铺设一根 $\Phi 60cm$ 的涵管及设置相关埋件，因此缆机拆除位置也确定在原安装位置。

为保证缆机缠绕系统及主索的拆除，左岸缆机平台布置两台 16t 卷扬机，右岸布置两台 16t 卷扬机和一台 5t 卷扬机。在右岸缆机平台后面，布置有回收主索用的展开架及主索导向装置。卷扬机基础见图9.1。

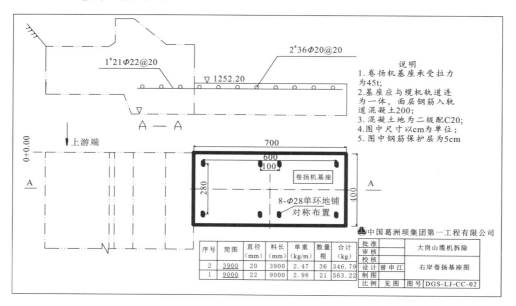

图 9.1　卷扬机基础图

9.3.3　缆机拆除前现场设施检查

1)缆机拆除用地锚检查。

①缆机拆除前要对缆机施工平台地锚进行检查,检查实行"三检制",监理旁站签字。需检查项目有地锚表面锈蚀情况、地锚环的直径、所处环境、拉拔力检测、地锚周围地面是否有裂缝等项目,地锚检查表见表9.3。

表 9.3　　　　　　　　　　　地锚检查表

序号	检查项目	检查结果	备注
1	表面锈蚀情况		
2	锚环直径		
3	所处环境是否正常		
4	拉拔力检测情况		
5	周围混凝土是否有裂缝等异常现象		
6			
7			
8			
	初检		
	复检		
	终检		
	监理工程师		

②卷扬机用地锚强度复核。

a.地锚设计:

根据原缆机安装方案中《卷扬机基础稳定性复核计算》,按照原设计进行地锚的制作、埋设。

b.地锚强度复核:

卷扬机基础承受水平力 800kN,考虑荷载分项系数及动荷载系数 2.0,卷扬机基础承受水平力设计值:

$$800 \times 2.0 = 1600\text{kN}$$

共 8 组地锚,每组地锚承担水平力设计值:

$$1600/8 = 200\text{kN}$$

地锚钢筋Ⅰ级钢 $\Phi28$,每组地锚承担水平力允许值:

$$2 \times 3.14 \times 14 \times 14 \times 210/1000 \approx 258\text{kN} > 200\text{kN}$$

故地锚强度满足要求。

2)缆机拆除前要对缆机拆除施工平台布置的卷扬机安全性能进行检查,检查项目由施工单位实行"三检",由监理旁站签字。检查的项目有:卷扬机安装位置布置是否视野开阔、地面是否平整、面积是否满足现场施工需要;配电箱指示灯、仪表、开关、漏电保护装置是否齐全有效;电机有无异响;是否有接地或接地保护满足规范要求;传动轴及联轴器传动是否正常;传动齿轮是否有异响、震动等现象;减速箱是否有漏油、异响;减速箱油质是否符合设备运转要求;制动器是否灵敏有效、棘轮有无损坏等。卷扬机检查见表9.4。

表 9.4　　　　　　　　　　　　　　　　卷扬机检查表

序号	检查项目	检查结果	备注
1	安装位置是否视野开阔,地面是否平整,面积是否满足		
2	顶棚是否防雨、防砸		
3	配电箱指示灯、仪表、开关、漏电保护器齐全有效		
4	电机有无异响等情况		
5	是否有接零或接地保护		
6	传动轴与联轴器传动是否正常		
7	传动齿轮是否有异响、振动等现象		
8	减速箱是否有漏油、异响		
9	减速箱油质是否符合要求		
10	制动器是否灵敏有效,棘轮有无损坏等		
11	钢丝绳规格是否满足要求		
12	机架是否有开裂、变形等异常情况		
13	各部螺栓是否紧固、拧紧是否符合要求		
初检			
复检			
终检			
监理工程师			

3)缆机拆除前要对缆机施工用卷扬机钢丝绳安全性能进行检查,检查项目由施工单位实行"三检",由监理旁站签字。检查的项目包括钢丝绳断丝、钢丝绳长度、钢丝绳变形、扭结、弯折等指标。钢丝绳检查见表9.5。

表9.5 钢丝绳检查表

序号	检查项目	检查结果	备注
1	长度在6d,断丝为18根或长度在30d,断丝为35根		
2	固定端是否存在有断丝和腐蚀及松动		
3	绳箍材料是否有裂纹或松动		
4	楔形接头、绳夹、压板等与绳端的紧固性		
5	钢丝绳在卷筒缠绕的最少圈数		
6	绳芯损坏导致钢丝绳是否减少10%		
7	钢丝绳内部是否存在腐蚀		
8	是否存在笼状畸变		
9	绳股是否挤出,变形情况		
10	绳径局部严重增大的钢丝绳		
11	钢丝绳部分是否被压扁		
12	钢丝绳是否存在扭结		
13	钢丝绳是否存在弯折		
初检			
复检			
终检			
监理工程师			

9.3.4 临时索道系统架设

1)在所有基础埋件检查确认无误,各类钢丝绳到位后,才能进行过江临时绳索系统的安装。

2)架设临时索道系统前施工单位要发出交叉作业通知单告知各相关单位,确保缆机临时承载索架设范围内的施工安全。交叉作业通知单见表9.6。

表9.6 交叉作业通知单

××公司大岗山项目部:

中国葛洲坝集团股份有限公司
大岗山大坝工程施工项目部

作业时间			
作业部位			
签收人:		签收时间	

3)安全注意事项:由于临时工作绳是沿山体放至接近河面,带下山体浮石的情况不可避免,因此,在释放工作绳时只能单边释放,其下方严禁人员作业和通过。同时必须设置安全哨和警戒线,指挥人员必须在远离钢丝绳正下方的安全位置进行指挥。左、右岸两绳碰头时,也应远离边坡,以防落石伤人。

4)临时工作绳架设:

绳索规格:$\Phi 22mm$、$L=1600m$。

安装方式:

①主车侧 16t 卷扬机卷入工作绳(1600m),绳头锁定在缆机小车右侧,预留 50m 绳头。

②主车侧 16t 卷扬机放绳,用小车将 $\Phi 22mm$ 钢丝绳带至副车侧缆机平台,临时固定。

③绳头卷入副车侧 16t 卷扬机,形成一道 $\Phi 22mm$ 的临时过江往复工作绳。

5)临时承载索安装:

绳索规格:$\Phi 52mm$、$L=800m$,两根。

安装方式:

①将临时承载索卷筒置于副车侧基础后部上游端的释放支架上,并设置刹车装置。

②将临时承载索绳头拉出,通过主索导向装置(即曲轨)至基础前部,与临时往复工作绳相连接。

③副车侧 16t 卷扬机放绳,同时临时承载索卷筒也放绳,主车侧 16t 卷扬机收绳,直至将 $\Phi 52mm$ 临时承载索从副车侧牵引至主车侧。

④在临时承载索牵引过程中始终保持临时承载索的高度低于工作绳的高度,以防止工作绳与承载索缠绕的情况发生。

⑤在临时承载索牵引至主车侧缆机平台后,将绳头固定于下游面的临时承载索锚固装置上。

⑥在副车侧缆机平台穿绕滑轮组张拉临时承载索并调整到设计挠度,形成主索过江的第一根承载索道。

⑦重复以上步骤安装第二根临时承载索,并调整至与第一根临时承载索同样挠度,至此形成一道主索过江的通道。

根据厂家设计,临时承载索挠度为 7%,且(挠度)宜大不宜小,根据安装时的经验,将挠度设定为 8%。

9.3.5 缆机工作绳拆除

1)按顺序拆除移动式承马。

2)起重绳拆除。

绳索规格:$\Phi 36mm$、$L=1345m$。

拆除步骤：

①将大钩起至限位高点，小车尽量走近副车侧，拆除起重绳固定端，锁定在小车右侧。

②起动牵引、起升机构，小车向主车侧行走，注意保持大钩高度，提升卷扬机同时收绳。

③小车到达主车侧，将大钩下放至地面合适位置，解开锁定端，抽掉起重绳。

3）牵引绳拆除。

绳索规格：$\Phi 30mm$、$L=1450m$。

拆除步骤：

①退出起升卷筒上的钢丝绳；将小车行至主车侧，采用绳头将小车锁定。

②松弛牵引绳张紧机构，在主车侧天轮侧锁住牵引绳。

③将左侧牵引绳头从小车拆下，导入提升卷筒。

松开主车天轮处锁定，将牵引绳略微放松。

采用一根辅助绳头，与小车上牵引绳副车侧绳头连接锁定，绳头另一端与往复绳连接锁定；利用往复绳回拉牵引绳，拆除牵引绳与小车左岸侧连接。

④起升机构收绳，副车平台16t卷扬机收绳，主车平台16t卷扬机放绳，将牵引绳头牵引至副车平台；在副车天轮处采用绳头锁定牵引绳，再脱开牵引绳头与往复绳连接。

将牵引绳从副塔中抽出后，再将绳头与往复绳连接后，脱开天轮处锁定。

⑤用往复绳牵引牵引绳绳头往主车侧行走，同时启动起升卷筒收绳，直至小车到达主车平台，拆除牵引绳。

9.3.6　主索拆除

主索规格：$\Phi 93mm$、$L=677m$。

根据《大岗山缆索起重机设计文件》《大岗山缆索起重机安装手册》等文件，确定用16t的卷扬机即可满足主索拆除要求。

1）主索过江条件：

本机主索重约33.8t，临时承载索采用2根$\Phi 52mm$（$\Phi 52(6\times 36SW+FC-1770)$）的钢丝绳。

2）临时承载索选用。

架空缆索计算理论主要有悬链线理论和抛物线理论，抛物线线型计算理论是相对简单的一种近似方法，当相对垂度$f/L\leqslant 1/10$时，采用抛物线理论公式计算的结果与悬链线理论计算结果其误差在5％以内。缆机主索的相对垂度为46.55/665＝7/100，根据以往施工经验，主索过江采用的临时承载索相对垂度拟定为7/100，因此采用抛物线理论计算公式完全能够满足要求。

主索过江时，考虑采用2根$\Phi 52mm$的临时承载索，在承载索上载荷除了自重外，还主要包括：主索、临时承马、承马保距绳、拖拉绳的重量。计算时把这些载荷近似作为均布载荷处理进行计算。临时承载索的两支承点位于不同的水平面上，左岸高程为1271.60m，右岸高程为1255.85m，相差高度 $h=15.75$m。受力计算见图9.2。

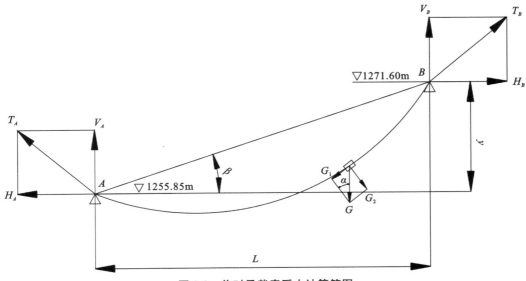

图9.2 临时承载索受力计算简图

3）临时承载索校核计算。

①临时承载索水平分力 H：

$$H_A = H_B = H = \frac{q_i L^2}{8 f_{max} \cos\beta}$$

式中：q_i——临时承载索、主索、临时承马、承马保距绳、拖拉绳的自重作用在每根临时承载索上的单位均布载荷；具体数据如下：

主索单位载荷 $q_1 = 33.8/2 = 16.9$kg/m；

临时承马均布载荷 $q_2 = 58 \times 40/2 \times 665 = 1.744$kg/m；

拖拉绳（Φ22mm）单位载荷 $q_3 = 1.78/2 = 0.89$kg/m；

承马保距绳（Φ14mm）单位载荷 $q_4 = 0.722/2 = 0.361$kg/m；

临时承载索（Φ52mm）单位载荷 $q_5 = 10.3$kg/m。

L——两支承点（A、B）跨距，$L=665$m。

f_{max}——承载索最大垂度，根据工程经验按照7%考虑，即 $f_{max} = 7L/100 = 46.55$m。

β——左右岸支承点连线水平夹角。

$$\cos\beta = \frac{L}{\sqrt{L_2 + h_2}} = \frac{665}{\sqrt{665^2 + 15.75^2}} = 0.9997$$

$$\tan\beta = \frac{h}{L} = \frac{15.75}{665} = 0.0237$$

$$H=\frac{q_iL^2}{8f_{max}\cos\beta}=16.9+1.744+0.89+0.361+10.3\times66528\times46.55\times0.9997=35867\text{kg}$$

②临时承载索垂直分力 V_B：

$$V_B=\frac{q_iL}{2\cos\beta}+H\tan\beta=16.9+1.744+0.89+0.361+10.3\times6652\times0.9997+$$

$$35867\times0.0237=10892\text{kg}$$

③临时承载索最大张力 T_{max}：

$$T_{max}=T_B=\sqrt{H^2+V_B^2}=\sqrt{35867^2+10892^2}=37484\text{kg}$$

④安全系数：

$$n=\frac{T_P}{T_{max}}=\frac{158000}{37484}=4.22$$

式中：T_P——钢丝绳的破断拉力，根据《机械设计手册》查的 $\Phi52\text{mm}(6\times36SW+FC-1770)$ 钢丝绳的最小破断拉力 $T_P=158000\text{kg}$。

⑤结论：

根据《缆索起重机承载索设计规范》，要求安全系数不宜小于3，所以选择 $\Phi52\text{mm}$ 承载索可满足设计要求。

4)牵引力计算。

根据图9.3中的受力分析，α 为爬坡角度。

主索过江时的下滑力计算如下：

说明：

①爬坡总负载 G＝主索总重量/2＋往复绳总重量/2＋承马总重量/2＋主索头、小横梁重量。

②主索总重量/2＝16.951t；往复绳总重量/2＝0.5963t；承马总重量/2＝0.925t；主索头＋小横梁重量＝1t。

$$G=16.951+0.5963+0.925+1=19.4723$$

$$G_1=G\sin\alpha$$

$$=19.4723\times\sin11.4°$$

$$=19.4723\times0.198$$

$$=3.86t\approx4t$$

另外，根据经验估值，承马与承载索的摩擦力1t，考虑主索后牵力2t。

所以需要最大牵引力＝4＋1＋2＝7t。

现场卷扬机额定拉力是16t，安全系数＝16/7＝2.29。

钢丝绳选取参考《一般用途钢丝绳》(GB/T 20118—2006)P21页，$\Phi22(6\times19W+FC-1770)$ 的破断拉力为283kN，安全系数 $n=28.3/7=4.04$，满足使用要求。

③拆除步骤：

a.安装临时承马，由人工在缆机平台的临时承载索距工作面1m高的位置进行安装，用往复绳牵引临时承马过江,每个承马间距用 Φ13mm 保距索控制在 25m 内。

将主索卷筒置于副车侧基础后部放置一台 5t 卷扬机捆绑在地锚上,以备主索防溜。

b.将副车侧缆机自备主索张拉装置连接至主索索头(经检查,安装时连接未解开,钢丝绳保养良好),启动主索张拉机构张拉主索,脱开主索锁定后释放主索至临时索道上。

c.主车侧利用张拉装置脱开主索头,100t 汽车吊在主车背后吊起索头放置于临时索道承马。

d.用主索夹具把主索固定于临时承马后,割去两端索头(采取主索端头防松保护措施)。

e.将主索卷筒置于副车侧基础后部上游端的回收支架上,设置制动装置,并将释放支架捆绑于地锚上,在支架后部放置一台 8t 卷扬机捆绑在地锚上,用以主索防溜。

f.主索穿过缆机基础预留的孔洞,用专用绳夹连接,由临时承马将主索托住,由副车侧 16t 卷扬机牵引主索过江,8t 卷扬机带动主索卷筒回收主索。每一个行程约 20m,用回收倒手换绳时要锁紧主索卷筒制动装置,防止飞车事故。主车侧 16t 卷扬机带住主索尾端,防止下溜,严禁形成对拉。

g.在主索牵引的过程中需注意主索在每两个临时承马之间的弯曲半径不得小于 6m,以防主索暴丝。

9.3.7　小车拆除

结构形式:由承重轮、平衡梁、三角架及安全平台等构件组成。

拆除步骤:

①左右岸工作面脚手架要提前搭设完成。

②在主车基础用保险绳拉住小车防止其滑出,拆除承重轮时,用 5t 手拉葫芦调整上下间隙,拆除销轴,拆除 5t 手拉葫芦,使小车由承重轮悬挂于主索上。

③小车由平衡梁、三角架及安全平台组装成整体,在主索下部用两个 5t 手拉葫芦将小车组装件脱离主索,由 70t 汽车吊吊出至主车后部平台解体。

9.3.8　电气设备拆除

主索拆除完毕后,进行电气系统的拆除。

电气系统拆除前,需对原各接线标记等认真检查、核对,对需拆除的元器件按设计图纸进行清理、编号,待清理完毕后,首先切断主电源,然后逐步拆除各线缆、器件、盘柜等。

电气系统、设备、结构拆除后,首先进行认真的清理,对需装箱的线缆、器件、盘柜等进行分类,装箱时认真做好记录,反复核对,并编制装箱单,一份放于箱内,一份移交相关单位(具体份数按照要求办理),箱上明确标记箱号等。缆机系统主要电气设备见表 9.7,缆机主要电气线路器材见表 9.8。

表 9.7 缆机系统主要电气设备表

名称		型号及规格	单位	数量	备注
10kV 系统	电力变压器	干式,312kVA/10-0.4kV	台	1	左岸箱式变,交业主
	柱上真空断路器	ZW1A-12/400	台	2	左岸缆机,交业主
	柱上真空断路器	ZW1A-12/50	台	1	左岸箱式变,交业主
	避雷器	HYC5W-16.5/45	只	15	左岸,交业主
	箱式变压器室		座	1	左岸箱式变,交业主
低压系统	低压受电柜	非标—户外型	面	2	左右岸各1,交业主
	低压补偿装置柜	非标—户外型	面	2	左右岸各1,交业主
	低压出线柜	非标—户外型	面	4	左右岸各2,交业主
	配电箱	30kW	只	2	右岸配电室
	配电箱	50kW	只	3	左岸低压配电室2,右岸1
	配电箱	80kW	只	1	左岸低压配电室
	动力箱	20kW	台	2	左右岸各1

表 9.8 缆机主要电气线路器材

名称		型号规格	单位	数量	备注
高压线路	等径混凝土杆	6m/Φ300	根	3	左岸箱式变,交业主
	高压电缆	YJVV22-3×120/10kV	m	580	左岸
	高压电缆	YJVV22-3×25/10kV	m	30	左岸箱式变
	中间接线盒	RSYJ-2/10kV	套	1	左岸
	电缆终端头	RSYW-2/10kV	套	6	左岸
低压线路	电力电缆	VV22-3×120+1×70	m	500	右岸暂定
	电力电缆	YC22-3×185+1×95	m	100	左岸施工电缆
	电力电缆	YC22-3×150+1×70	m	100	右岸施工电缆
	电力电缆	YC22-3×95+1×35	m		
	电力电缆	YC22-3×70+1×35	m		
	电力电缆	YC22-3×50+1×25	m		
	电力电缆	YC22-3×35+1×16	m		
	电力电缆	YC22-3×16+1×10	m		
	电力电缆	YC-3×6+1×4	m		
	电力电缆	YC-3×4+1×2.5	m		
	控制光缆		m		
	控制电缆		m		
	通信电缆		m		

9.3.9 缆机主、副车结构拆除

（1）主车拆除

主车主要包括主车主梁、行走台车、主车机架、牵引机构、起升机构、电气设备、机房等,其中最大拆除单元为主车主梁,重 15t,结构最大拆除高度约 16m,最远拆除距离约 15m,采用 70t 汽车吊进行拆除,主车拆除部位在左岸基础上游侧,其拆除顺序为:

机房→检修行车→变压器→电气设备→提升机构→辅助吊→天轮平台(含天轮)→主车塔架→牵引机构→电缆绞盘→机架平台→前后板梁及连接撑→两根主车主梁(含行走台车)

主车拆除注意事项:

行走台车组、主车梁的构件处于十分不稳定状态,拆除前必须采取可靠的临时支撑或稳定措施;每件构件在拆除之前必须经检查,确认安全无误后方可起吊。

①机房结构拆除。

构件重量:最重件 1t。

构件形式:机房结构包括立柱、顶部结构和侧面联系,最长件约 12m。

拆除方式:由汽车吊进行拆除,首先拆除顶部结构,依次拆除侧面联系,然后拆除机房立柱。

②电气设备拆除。

构件重量:电气集装箱重量 4.5t。

构件形式:电器设备包括电器集装箱、变压器各一个,电缆若干。

拆除方式:电器集装箱、变压器由 70t 汽车吊在 12m 幅度内进行拆除,电缆则由人工进行拆除。

③主车天轮平台拆除。

构件重量:主车天轮平台(含辅助吊)重约 2.5t。

构件形式:主车天轮平台为不均匀组合结构。

拆除方式:由 70t 汽车吊在 12m 幅度内将主车天轮平台、牵引绳导向轮及辅助吊整体拆除。

④主车塔架拆除。

构件重量:主车塔架最重件约 1.5t,总重约 8t。

构件形式:主车塔架多种构件组合体,构件长度约 8m。

拆除方式:由 70t 汽车吊在 12m 幅度内进行主车塔架整体拆除。

⑤牵引机构拆除。

构件重量:最重件约 8t。

构件形式:牵引机构为摩擦轮、舵轮及传动部分组装件。

拆除步骤:由 70t 汽车吊在 12m 幅度内进行拆除,首先拆除舵轮及传动部分(牵引电机和减速箱),然后拆除摩擦轮。

⑥起升机构拆除。

构件重量:起升机构为起升卷筒与传动部分的组装件,最重件 13.5t。

构件形式:起升卷筒为均匀结构。

拆除步骤:由 70t 汽车吊在 9m 幅度内进行拆除,首先拆除起升电机及减速箱起升卷筒,然后拆除起升卷筒。

⑦排绳器拆除。

构件重量:约 2t。

构件形式:排绳器为滚子丝杆式结构组装件。

拆除方式:由 70t 汽车吊将排绳器整体拆除。

⑧机架平台拆除。

构件重量:机架平台为多种结构组装件,最重件约 2.5t(此重量为估计重量)。

构件形式:最长件 12m,最远幅度 16m。

拆除方式:由 70t 汽车吊进行拆除。

⑨板梁拆除。

构件重量:约 2t(此重量为估计重量)。

构件形式:长 4.5m,均匀结构。

拆除方式:由 70t 汽车吊进行拆除。

⑩主车主梁拆除。

构件重量:单根主车主梁重约 15t(包括行走台车)。

构件形式:长 10m,为不均匀结构。

拆除方式:将前后行走台车与主车主梁拼装成整体进行拆除,70t 汽车吊定位于距离吊点 9m 范围以内起吊第一根主车主梁,吊点位于距主车主梁尾部约 3.5m 处。

(2)副车拆除

副车主要包括行走台车、副车主梁、副车塔架、牵引绳张紧装置、主索张拉系统等,其中副车主梁 7.5t,最大拆除高度约 16m,采用 70t 汽车吊在 9m 幅度内进行拆除,副车拆除部位在右岸基础上游侧,与主车在同一轴线上,其拆除顺序为:

电缆绞盘→辅助吊→副车天轮平台(含天轮)→副车塔架→主索张拉系统→牵引绳张紧装置→副车主梁(含行走台车)。

①副车天轮平台拆除。

构件重量:副车天轮平台重量约 2.5t。

构件形式:副车天轮平台为不均匀组合结构,安装高度约 14m。

拆除方式:由 70t 汽车吊整体拆除。

②副车塔架拆除。

构件重量:5t。

构件形式:副车塔架为多种构件组合体,最长件 12m。

拆除方式:由 70t 汽车吊整体拆除。

③主索张拉系统拆除。

构件重量:无。

构件形式:卷扬机部分,滑轮组部分。

拆除方式:由 70t 汽车吊分段拆除。

④牵引绳张紧装置拆除。

构件重量:3t。

构件形式:张紧装置为多孔均匀构件。

拆除方式:由 70t 汽车吊整体拆除。

⑤副车主梁拆除。

构件重量:副车主梁 7.5t、水平台车组合件约 15t。

构件形式:副车分为前段(即副车主梁)、后段(即水平台车部分)。

拆除方式:原地解体后由 70t 汽车吊分段拆除。

9.3.10　资源配置

(1)主要施工机械及设备(表 9.9)

表 9.9　　　　　　　　　　缆机拆除主要施工机械设备表

序号	名称	单位	数量	备注
1	70t 汽车吊	台	1	自有
2	25t 汽车吊	台	1	自有
3	100t 汽车吊	台班	4	每台缆机拆除各租赁使用一个台班
4	40t 拖车	台班	4	每台缆机拆除各租赁使用一个台班
5	备用发电机	台	1	自有
6	5t 东风平板	台	1	自有
7	16t 卷扬机	台	4	自有
8	8t 卷扬机	台	1	自有

(2)施工人员配置(表 9.10)

表 9.10　　　　　　　　　　施工人员配置表

序号	工种	单位	数量	备注
1	管理人员	名	1	
2	机械安装工程师	名	1	
3	现场专职安全员	名	2	
4	起重安装工	名	12	
5	电工	名	2	
6	电焊工	名	2	
7	司机	名	5	各类吊车、车辆
8	辅工	名	10	
	合计		35	

（3）缆机拆除消耗性材料（表9.11）

表9.11　　　　　　　　　　　　　缆机拆除消耗性材料表

序号	名称	规格	数量	单位	备注
1	钢丝绳	Φ26mm	500	m	地锚捆绑用
2	吊索	Φ13mm～Φ32mm			若干
3	焊条	J507	50	kg	4台共用
4	氧气		100	瓶	4台共用
5	乙炔		50	瓶	4台共用

（4）业主提供的缆机拆除专用工具及材料（表9.12）

表9.12　　　　　　　　　　　　缆机拆除专用工具及材料

序号	名称	规格型号	原产国	单位	数量
1	临时承载索锚固装置		中国	套	4
2	临时承马		中国	个	40
3	主索支承托辊		中国	个	10
4	张拉梁		中国	套	1
5	张拉滑车		中国	个	4
6	悬挂装置		中国	个	1
7	主索牵引夹具		中国	个	2
8	主索固定夹具		中国	个	6
9	主索卷筒支架		中国	个	1
10	工作绳卷筒支架		中国	个	2
11	临时承载索	Φ52	中国	根	2
12	往复绳	Φ22	中国	根	1
13	拖拉绳	Φ22	中国	根	1
14	临时承马固定绳	Φ14	中国	根	2
15	组合电工工具	48件	中国	套	3
16	组合机修工具	56件	中国	套	3
17	力矩扳手	1600N·m	中国	套	3

注：需使用以上工具用于缆机拆除，尤其是临时索道的架设及主索的拆除。目前，此部分工器具需现场清理是否有缺损现象，不足的还需补足。

（5）缆机拆除专用机具（表9.13）

表9.13　　　　　　　　　　　　　缆机拆除专用机具表

序号	名称	规格	数量	单位	备注
1	卷扬机	16t	4	台	
2	卷扬机	8t	1	台	
3	望远镜	20倍	2	台	
4	绳夹	M50	40	个	
5	绳夹	M32	40	个	

续表

序号	名称	规格	数量	单位	备注
6	绳夹	M26	30	个	
7	绳夹	M22	60	个	
8	绳夹	M18	20	个	
9	绳夹	M12	160	个	
10	绳夹	M10	20	个	
11	滑车	55t	2	台	单门
12	滑车	35t	2	台	单门
13	滑车	40t	4	台	4门
14	滑车	20t	8	台	单门4 开口4
15	滑车	10t	8	台	单门4 开口4
16	滑车	5t	8	台	开口
17	滑车	3t	4	台	开口

（6）缆机拆除常用小型工器具（表9.14）

表 9.14　　　　　　　　　　　　缆机拆除常用小型工器具

序号	名称	规格	数量	单位	备注
1	钢卷尺	100m	1	把	
2	钢卷尺	50m	1	把	
3	钢卷尺	5m	2	把	
4	电焊机		2	台	
5	氧割具		2	套	
6	常用工具		2	套	各类扳手、锤子、撬杠等
7	卸扣	2～35t			若干
8	手拉葫芦	10	2		
9	手拉葫芦	5	4		
10	手拉葫芦	3	8		
11	手拉葫芦	1	8		
12	电工常用工具		2	套	
13	临时施工电源电缆	25mm²	500	m	
14	照明器具				若干
15	照明用电缆	4mm²	300	m	
16	临时配电柜		2	套	

9.3.11　临时施工设施的拆除

缆机安装完毕后，临时设施必须拆除，如过江临时承载索、临时牵引系统等。对于入库的设备、工具、钢丝绳等亦必须做好保养工作，应返还移交的机具、器材，按合同规定返还指定的仓库，并做好移交前的保养、维护工作，以及返还随设备移交的文档资料。

9.4 缆机拆除中坝顶设备保护措施

9.4.1 缆机拆除施工现场现状

缆机拆除场地条件 5$^\#$ 路从下游侧到达左岸缆机平台,高程为 1270.00m,缆机基础前沿坡比 1∶0.4~1∶1.92;8$^\#$ 路从上游侧到达右岸缆机平台,高程为 1255.00m,缆机基础前沿坡比 1∶0.5~1∶2.75。左右岸缆机平台的长度均为 216m。混凝土双曲拱坝坝高 210m,坝顶厚度 10m,坝底厚度 52m,坝顶中心线弧长 622.42m 已成型。坝顶附着物有大坝门机、公路、路灯、少量施工人员等,存在着交叉作业、空中防护、边坡滚石等问题。

9.4.2 安全目标

认真贯彻"安全第一、预防为主、综合治理"的方针,严格执行安全生产方面的规范、规程、规章制度及管理办法。落实各级安全生产责任制及第一责任人制度,坚持"安全为了生产、生产必须安全"的原则。监督制定完善的施工安全措施和管理办法,建立专门的组织机构,配备专职的安检人员。组织好职工的安全教育、培训和考核,合格者方可上岗。加强日常安全检查,注重生产人员的劳动防护,确保人员、设备安全。无重大机械设备损坏事故,无交通死亡事故,无重大火灾事故,无重大环境污染和重大垮坍事故,杜绝特大、重大安全事故,杜绝人身死亡事故和重大机械设备事故,创建安全文明施工工地。

9.4.3 总体施工程序

根据初步拟定的工期计划、相关工程进度及施工现场作业条件,总体施工程序分为六大组成部分:施工准备、临建设施建设、多台绳索系统拆除、多台缆机辅助设施拆除、多台缆机主体拆除、临建拆除。上述六大部分既有各自独立的施工特点又有着相互关联关系。具体缆机拆除施工程序见图 9.3。

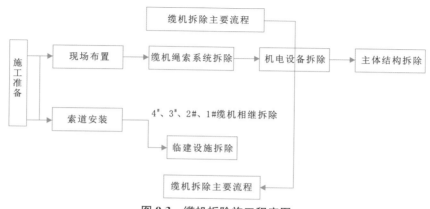

图 9.3 缆机拆除施工程序图

9.4.4　缆机拆除的特点及重点

1)缆机拆除场地狭窄、地形险峻。

左岸缆机平台布置在高程 1270.00m,基础宽度 16m,上游侧前部宽约 20m,坡比 1∶0.4～1∶1.92;右岸缆机平台布置在高程 1255.00m,基础宽度 12m,上游侧前部宽约 35m,坡比 1∶0.5～1∶2.75;缆机拆除位置的山谷成 V 形,地形陡峭,大坝及其附着物需要保护等情况,给拆除工作造成一定的困难。

2)由于拆除平台较窄,对施工时的安全形成一定的影响,因此,要在前轨外设置安全防护栏。

3)小车拆除需在主索下方的边坡外搭设工作平台的钢管排架,钢管排架除满足工作范围要求外,必须安全可靠。

4)缆机拆除的主要难点和重点是主索的拆除,必须精心组织、精心施工。

5)缆机拆除期间,大坝顶面仍有少量施工仍在进行,缆机拆除施工与相互干扰的部位做好协调、安全防护及避让工作。

6)因场地狭窄,本次拆除必须和转运同步进行,以确保缆机平台畅通,避免构件堆积影响施工进度。

9.4.5　安全生产注意事项

1)应采取切实措施,保障人身及设备的安全。

2)起重和高空作业必须遵照国家有关安全规定。

3)统一协调指挥,必须严格按照被批准的作业指导书规定的程序进行,任何的变动都必须保证安全可靠并得到有关部门的批准。

4)保证人、财、物以及安全措施的落实到位,拆除前培训工作应细致全面。

5)缆机拆除应符合设计文件、说明书和有关标准的规定和要求。

6)在起重能力许可的情况下,尽可能减少高空作业。

7)吊装时必须选择正确的方法和吊点。

8)对拆除过程进行记录并及时存档。

9)只要发生下列情况之一不得进行拆除作业:

①作业指导书未被批准。

②未获得开工令。

③气象条件不满足要求。

④准备工作未完成或安全措施不到位。

⑤合格的工作人员或设备不齐全。

⑥未完成拆除培训工作。

9.4.6　安全防护措施

1)坚持"以安全生产为基础、工程工期为重点,拆除质量作保证"的方针,督促承包人建立设备安全管理体系,落实现场安全措施。督促承包人分别建立了各系统、设备的安全管理组织机构,建立健全安全制度,坚持以主动控制为主、被动控制为辅的原则,树立"预防为主、安全第一"的思想,安全问题无小事,发现一例处理一例,并严格执行。不论因作业性违章、装置性违章或指挥性违章发生和未遂事故都要同样重视,将未遂当已遂对待,都要严格按照"三不放过"原则进行调查分析,教育有关责任人并制定相应整改措施和防范措施。

2)安全教育。

根据工程进展和设备监理不同监理阶段的特点,对全体监理人员、施工人员及相关人员有针对性地进行了安全教育,使员工掌握所必须的作业技能、安全知识及规程要求,培养严谨的工作作风。

3)安全监督执行。

①审查施工单位的施工组织设计中的安全技术措施或者专项施工方案,主要检查安全方案是否符合强制性标准,包括:设备的地基与基础工程施工是否能满足使用安全和设计要求;设备安装、检修的安全措施是否齐全完整;设备使用过程中的检查维修方案是否齐全完整;设备操作人员的安全教育计划和班前检查制度是否齐全;设备的安全使用制度是否健全。

②施工安全监督检查的内容:安全生产管理机构的设置及安全专业人员的配备;安全生产责任制及管理体系;安全生产规章制度;特种作业人员的上岗证及管理情况;各工种的安全生产操作规程;主要施工机械、设备的技术性能及安全条件;高空作业防护;安全设施配备等;每日班前安全交底执行情况等。

4)安全事故处理。

根据工程承建合同文件规定和业主授权,参加施工安全事故的调查和处理。

①施工安全事故分类。

由于施工过程中因违规违章、管理不善、意外原因造成的人身伤亡和机械设备事故,均称为施工安全事故。施工安全事故按伤亡人数或直接经济损失的大小,分为一般事故、较大事故、重大事故和特别重大事故四类。

②施工安全事故报告。

较大及以上等级安全事故发生后,监理机构将督促承包人立即向发包人单位和监理机构报告。

a.24h 内报告事故概况,7d 内报告事故详细情况(包括发生的时间、地点、经过、损失估计、事故原因初步判断等)。

b.事故调查处理完成后,报告事故发生、调查、处理情况及处理结果。

c.事故处理时间超过 2 个月的,应逐月报告事故处理的进展情况。

③施工安全事故处理。

在施工安全事故发生后,监理机构安全员应及时到达事故现场,督促承包人迅速采取必要措施抢救人员和财产,防止事故扩大,保护事故现场。对需要移动现场物品时,应当做出标记和书面记录,并妥善保管有关产物。

④事故调查、处理与结案。

a.施工安全事故发生后,监理机构将督促承包人对事故经过做好影像记录,并根据需要对事故现场采取临时或紧急措施进行保护,为事故调查、处理提供依据。

b.对发生的较大及以上等级的安全事故,监理机构将参加发包人、承包人及时成立事故调查组,协助发包人按国务院有关职工伤亡事故报告和处理规定以及合同文件规定进行调查、处理与结案。

9.5　缆机拆除过程监理

1)缆机拆除过程中,承包人严格按照设计图纸、厂家技术说明书、安全操作手册及有关规程、规范的要求精心操作、精心施工,拆除过程中防止设备损坏,并经常检查设备状况,妥善保管和维护。承包人在施工现场必须有施工技术人员、质检人员及安全专职人员。

2)承包人应按设计制造厂的技术文件、拆除设备和交验。除设备本身缺陷外,承包人应对拆除设备的质量负责。

3)承包人在设备拆除过程中对设备造成损坏的要进行缺陷处理。

4)在设备拆除过程中,承包人应进行自检,并在"三检"合格后将检查结果报送监理工程师审阅,上道工序不合格不得进行下一道工序施工,监理工程师认为有必要时,可随时进行现场抽检。

5)设备监理工程师应采用旁站、巡视、平行检验等多种方式做好设备拆除过程的监理。对重点工序、设备安装管理点应实行旁站监理,监督承包人按审批的技术文件和安装措施、计划进行施工。

6)在设备拆除过程中,单元工程完成后,应进行单元工程质量检验和签证。为保证设备拆除质量,上道工序未完成或未经质量检验合格,不得进行下道工序作业。

7)在设备拆除过程中,由于设备拆除缺陷需进行处理时,承包人应以书面形式提交设备监理,设备监理应立即与接收方人员联系,并要求接收方提出处理方案,对有缺陷的部件进行更换或现场修理。对处理后的零部件,经接收方认可后才能进行装车。

8)对设备在拆除过程中出现的质量问题,应详细记录、写明质量缺陷内容及解决办法。由业主现场代表和接收方代表共同签字确认。

9)在设备拆除过程中如出现质量问题,应及时取得接收方的确认。未取得确认前,承包人不能单方面继续拆除,更不能擅自处理、改造。

10)在设备整机(或分阶段)拆除完毕后,监理工程师应监督承包人对整机(或分阶段)的拆除质量进行检查,并将检查结果书面报送监理。

11)承包人应按照报经批准的施工组织设计,实施设备拆除。施工期间,承包人必须按周、月向监理工程师报送详细的设备拆除施工记录,其内容包括:

①设备拆除实际施工进度。

②劳动力、施工设备实际配置表和材料消耗表。

③设备拆除的原始质检记录(复印件)。

④施工过程中发生的质量、安全事故及处理措施。

12)设备拆除完成后,承包人应提交验收报告,其内容包括:

①设备拆除实际施工进度。

②劳动力、施工设备实际配置表和材料消耗表。

③设备拆除的原始质检记录(复印件)。

④施工过程中发生的质量、安全事故及处理措施。

⑤设备验收记录。

⑥安装综合评价。

9.6 缆机拆除安全控制

1)贯彻"安全第一、预防为主"的安全生产方针,强化现场安全文明施工管理。

2)严格执行《中华人民共和国安全生产法》《建筑工程安全生产管理条例》,贯彻执行国家现行的安全生产的法律、法规,建设行政主管部门的安全生产的规章制度和建设工程强制性标准。

3)督促施工单位落实安全生产的组织保证体系,建立健全安全生产责任制。

4)督促施工单位对工人进行安全生产教育及分部分项工程的安全技术交底。

5)审核施工方案及安全技术措施;审核新工艺、新技术、新材料、新结构的使用安全技术方案及安全技术措施及新工艺、新技术、新材料、新结构的使用安全技术方案及安全措施。

6)检查并督促施工单位,按照建筑施工安全技术标准和规范要求,落实分部、分项工程安全检查报告。

7)监督检查施工现场的消防工作、冬季防寒、夏季防暑、文明施工、卫生防疫等各项工作。

8)进行质量安全综合检查。发现违章冒险作业的要责令其停止作业,发现安全隐患的应要求施工单位整改,情况严重的,应责令停工整改并及时报告建设单位。

9)审核并签署现场有关安全技术文件。

10)执行持证上岗制。

11)拆除阶段安全监理程序。

①审查施工单位的有关安全生产的文件:

a.《营业执照》;

b.《施工许可证》;

c.《安全资质证书》;

d.《建筑施工安全监督书》;

e.安全生产管理机构的设置及安全专业人员的配备等;

f.安全生产责任制及管理体系;

g.安全生产规章制度;

h.特种作业人员的上岗证及管理情况;

i.各工种的安全生产操作规程;

j.主要施工机械、设备的技术性能及安全条件。

②审核施工单位的安全资质和证明文件(总包单位要统一管理分包单位的安全生产工作)。

③审查施工单位的施工组织设计中的安全技术措施或者专项施工方案。

a.审核施工组织设计中安全技术措施的编写、审批:

Ⅰ.安全技术措施应由施工企业工程技术人员编写;

Ⅱ.安全技术措施应由施工企业技术、质量、安全、工会、设备等有关部门进行联合会审;

Ⅲ.安全技术措施应由具有法人资格的施工企业技术负责人批准;

Ⅳ.安全技术措施应由施工企业报建设单位审批认可;

Ⅴ.安全技术措施变更或修改时,应按原程序由原编制审批人员批准。

b.审核施工组织设计中安全技术措施或专项施工方案是否符合强制性标准:

Ⅰ.设备的地基与基础工程施工是否能满足使用安全和设计要求;

Ⅱ.设备拆装的安全措施是否齐全完整;

Ⅲ.设备使用过程中的检查维修方案是否齐全完整;

Ⅳ.设备操作人员的安全教育计划和班前检查制度是否齐全;

Ⅴ.设备的安全使用制度是否健全。

12)监督检查施工单位在缆机拆除过程中各种作业性违章、装置性违章、指挥性违章、文明施工违章等行为:

①施工场地、通道和设备上的通道平台不准堆放杂物。

②设备的防护和隔离设施必须完善。

③现场施工用电缆均要有明显标志。

④施工厂区和设备上严禁搭设临时建筑。

⑤设备检修用工器具应统一装箱摆放。

⑥不得在施工厂区和设备上随意大小便。

⑦不得在设备安装、检修、保养时,污垢油水对其他物件造成污染。

13)监督拆除现象安全控制见图9.4至图9.11。

图9.4　检查缆机拆除用钢架平台

图9.5　检查缆机拆除用钢丝绳　　　　图9.6　缆机拆除现场安全交底

图 9.7 监理参加缆机拆除开工技术交底会

图 9.8 组织主索拆除安全技术交底会

图 9.9 监理组织的月度安全大检查

图 9.10 检查测量临时承载索、临时承马水平度、垂度

图9.11 缆机拆除过程采取的安全防护措施

9.7 缆机拆除质量控制

1）缆机一般拆除程序：

过江辅助承载索检查调整、电缆线拆除→牵引索拆除、大钩拆除及提升索拆除、承马拆除→小车拆除→主索头切割→主索牵引过江、副塔结构及机构拆除→机房、电气柜拆除→副塔台车组及台车、主塔房梁、彩钢瓦拆除→机房、电气柜、提升、牵引、张紧机构拆除→主塔结构及机构拆除、主塔台车组机台车架拆除。

2）缆机设备拆除人员应充分了解设备的特点、构件形式、设备配置和机械原理，熟悉高空作业、起重、电气等一般要求。

3）拆除需要临时搭建的支架、梯子、走道等必须充分考虑周围环境，做到牢固可靠，施工完成后及时拆除，禁止用机械设备作辅助爬梯，高空作业应采取防坠落措施。

4）机械设备拆除若需使用电焊，应注意接地保护，禁止电流通过设备的传感器、设备轴承等。

5）液压系统的拆除：

①液压阀、液压管路拆除前，必须将其中的杂质、尘垢用压缩空气吹净。

②所有液压设备拆除完成后都必须保护，防止设备损坏；必须检查是否有损坏、漏油现象。

6）电气及控制设备的拆除：

电气及控制设备拆除应在确认全部断电的情况下开始进行，并有专人控制开关柜。防止意外送电。

7）钢结构件拆除：

钢结构件拆除时要进行构件连接部位编号，所有构件在拆除均需检查是否有受损或变形，或存在影响拆除工作安全的缺陷或变形。如有缺陷需经校正、修复、消缺后方可进行拆除。

8）高强螺栓拆除，高强螺栓拆除要求用专用工具进行拆除。

9)滚筒卷绕钢丝绳时,钢丝绳需预张紧,并整齐排列在滚筒上。

10)大勾钢丝绳拆除时,大勾滑轮组在地面应固定牢固后,方能进行钢丝绳的拆除。

11)电机拆除前,不得将减速箱上端部保护盖打开,必须将减速箱里的润滑油放空。

12)电气柜内端子排接线应用厂家提供的专用工具进行拆除。

13)缆机拆除质量评定。缆机拆除与缆机安装是互为逆的过程,质量评定及质量评定表格与缆机安装质量评定阶段可共用。

14)缆机拆除完成入库前应对缆机结构件进行设备部件防腐处理。

9.8　缆机拆除进度控制

9.8.1　1#缆机拆除

(1)缆机主索拆除前准备工作

①2016 年 10 月 20 日,主塔、副塔拆除操作室电缆线、1#缆机大钩。

②2016 年 10 月 21 日,左岸拆除 1#缆机承马。右岸拆除 1#缆机钢丝绳。

③2016 年 10 月 22 日,主塔、副塔左岸清理 1#缆机拆除设备出厂,右岸拆除缆机承马。

④2016 年 10 月 23 日,左岸拆除 1#缆机空中检修平台、牵引机构天轮,清理拆除承马。

⑤2016 年 10 月 24 日,左岸配合右岸进行 1#缆机牵引绳拆除准备工作,右岸拆除 1#缆机空中检修平台。

⑥2016 年 10 月 25 日,左岸配合右岸进行 1#缆机牵引绳拆除准备工作,右岸拆除 1#缆机牵引绳、1#缆机小车过江为 1#缆机空中平台拆除做准备。

⑦2016 年 10 月 26 日,左岸做小车拆除前准备工作,配合右岸进行牵引绳回收工作,右岸回收 1#缆机牵引绳、拆除 1#缆机右岸副车检修平台。

⑧2016 年 10 月 27 日,左岸拆除 1#缆机空中检修平台,右岸安装临时承马,做主索过江前的准备工作。

⑨2016 年 10 月 28 日,左岸拆除 1#缆机小车,检查工装。右岸检查维护卷扬机、回收地面钢丝绳,检查维护螺栓承马。

⑩2016 年 10 月 29 日,左岸检查 1#缆机小车安装工装,右岸检查保养工装、安装临时承载索。

⑪2016 年 10 月 30 日,左岸检查施工机具、工装,配合右岸调整临时承载索。右岸安装临时承马,检查调整临时承载索。

⑫2016 年 10 月 31 日,左岸拆除主车天轮、主机房顶彩钢瓦。右岸调整测量临时承

载索高差。

⑬2016年11月1日,左岸拆除主机房彩钢瓦、电缆线。右岸拆除主索索头拉板。

⑭2016年11月2日,左岸安装张紧滑轮组检查工装。右岸检查施工机具机工装。

⑮2016年11月3日,右岸检查工装。

(2)1#缆机主索拆除

①2016年11月3日,左岸拆除切割主索索头,拆除主索索头拉板。右岸检查工装。

②2016年11月4日,右岸切割1#缆机主索索头,拆除1#缆机索头缆机拉板。

③2016年11月5日至8日,左岸配合右岸进行主索回收。右岸拆除回收缆机主索,回收约630m。

(3)2016年11月9日至26日拆除主副车设备钢结构件

①2016年11月20日至22日,左、右岸拆除1#缆机底座平台钢结构件。

②2016年11月24日,右岸拆除1#缆机副塔天轮、电机等设备。

③2016年11月25日至26日,右岸拆除1#缆机钢结构件。1#缆机拆除全部完成。

9.8.2　2#缆机拆除

(1)准备拆除主索缆机

①2016年8月29日至31日,缆机主索拆除前准备工作。

②2016年9月2日至4日,右岸拆除2#缆机牵引绳。

③2016年9月5日至6日,拆除回收2#缆机行走小车。

④2016年9月7日,拆除切割2#缆机牵引、提升机构机械部分螺栓。

⑤2016年9月9日,拆除2#缆机检修平台。

⑥2016年9月10日,承载索上安装临时承马。

⑦2016年9月11日,拆除2#缆机拉板。

⑧2016年9月12日,拆除2#缆机主车屋架。测量螺栓承载索垂度和水平度。

⑨2016年9月13日至14日,2#缆机主索上蝴蝶夹,紧固主索为主索切割做准备。

⑩2016年9月15日,右岸安装临时过江往复工作牵引绳、主索回收滑轮组。

(2)2#缆机主索拆除

①2016年9月14日至16日,紧固切割2#缆机主索。

②2016年9月17日至20日,2#缆机主索回收,回收605m。

(3)2016年9月21日至27日,拆除2#缆机主、副车

①2016年9月21日至22日,拆除2#缆机主机房钢架、副车天轮、电器柜等。

②2016年9月23日至27日,拆除2#缆机主车屋架,副车结构件、钩梁等。

③2016年9月24日至27日,拆除2#缆机主车牵引机构设备,副车结构件,完成主、副车拆除工作。

9.8.3 3#缆机拆除

(1)缆机主索拆除前准备工作

①2016 年 6 月 27 日,拆除 3# 缆机提升钢丝绳。

②2016 年 6 月 28 日,拆除 3# 缆机大钩。

③2016 年 6 月 28 日至 7 月 1 日,拆除 3# 缆机主、副车侧承马。

④2016 年 7 月 3 日至 13 日,拆除 3# 缆机副车检修平台。

⑤2016 年 7 月 6 日至 9 日,拆除 3# 缆机牵引绳。

⑥2016 年 7 月 10 日至 12 日,拆除 3# 缆机主车彩钢瓦。

⑦2016 年 7 月 13 日至 23 日,副塔安装临时承马。

⑧2016 年 7 月 15 日至 16 日,拆除 3# 缆机小车。

⑨2016 年 7 月 18 日至 31 日,测量调整临时承载索平行高差及垂度。

⑩2016 年 8 月 1 日,主索上安装临时牵引工作绳绳夹、安全牵引导向滑轮组。

(2)3#缆机主索拆除

①2016 年 8 月 3 日至 5 日,完成 3# 缆机左、右岸索头切割。

②2016 年 8 月 6 日,回收 3# 缆机主索张紧置装置、滑轮组构件、部分拉板。

③2016 年 8 月 7 日至 13 日,3# 缆机主索开始回收,主索回收长约 630m。

(3)2016 年 8 月 14 日至 23 日,拆除 3# 缆机主、副车

①2016 年 8 月 14 日至 20 日,拆除副车。

②2016 年 8 月 20 日至 23 日,拆除主车。

9.8.4 4#缆机拆除

(1)缆机主索拆除前准备工作

①2016 年 5 月 6 日,对 2 根承载钢丝绳进行张拉,做 4# 缆机牵引钢丝绳拆除准备,见图 9.12。

图 9.12　临时承载钢丝绳张拉及固定

②2016 年 5 月 7 日,安装完成 2 根临时承载钢丝绳过江工作。

③2016 年 5 月 7 日至 9 日,完成 4# 缆机牵引钢丝绳拆除,于 2016 年 5 月 9 日 17:40 完成,见图 9.13。

图 9.13　拆除 4# 缆机牵引钢丝绳

④2016 年 5 月 10 日至 12 日,拆除主、副车检修平台,见图 9.14。

图 9.14　拆除主、副车检修平台

⑤2016 年 5 月 11 日至 15 日,拆除 4# 缆机小车,见图 9.15。

图 9.15　拆除 4# 缆机小车

⑥2016 年 5 月 16 日,完成 4# 缆机小车拆除,对拆除的设备一一编号,见图 9.16。

图 9.16　拆除设备编号(左)及小车拆除(右)

⑦2016 年 5 月 17 日,副塔加高钢平台,清理场地转运拆除设备,见图 9.17。

图 9.17　加高钢平台(左)及转运拆除设备(右)

⑧2016 年 5 月 17 日至 18 日,拆除 4# 缆机主机房彩钢瓦,主车天轮上端检修电动葫芦,见图 9.18。

图 9.18　拆除主机房彩钢瓦

⑨2016 年 5 月 18 日至 20 日,在承载索上安装临时承马,见图 9.19。

图 9.19　安装临时承马

⑩2016年5月21日,拆除主车设备电缆。

⑪2016年5月23日至25日,拆除4#缆机主车电缆及电缆桥架、拆除提升、牵引机构螺栓。

⑫2016年5月26日,缆机承载索垂度结果(5.8%)已报监理部存档。

(2)4#缆机主索拆除

①2016年5月27日至29日进行拆除4#缆机主索。27日13:00开始拆除4#缆机副塔主索端头拉板并编号,见图9.20。于15:50完成,主索端头于17:45落于临时承马上,见图9.21。28日在主索施放过程中出现了主索端头翻转情况,导致主索端头配重架变形无法继续开展工作,见图9.22。施工单位改变方案,加重主索端头配重方案,于29日16:20再次施放主索落于临时承马上,见图9.23。

②2016年5月30日至6月6日,拆除4#缆机主索,切割左右岸缆机主索索头,见图9.24至图9.26。

③6月5日下午15:40开始主索过江,见图9.27至图9.29。

图 9.20　拆除4#缆机副塔主索端头拉板

图 9.21　施放主索到临时承马上

图 9.22　主索端头配重架变形

图 9.23　再次施放主索到临时承马上

图 9.24　4# 缆机主、副塔主索切割前

图 9.25　左岸主索切割

图 9.26　右岸主索切割

图 9.27　主索通过曲轨

图 9.28　主索通过左岸预留孔

图 9.29　主索过江

2016 年 6 月 6 日至 12 日拆除 4# 缆机主索。6 月 5 日下午 15：40 开始主索过江。6 月 10 日卷筒已收回主索 29 圈（约 260m）切断，其余主索上第二个卷筒。回收主索过程中改变了蝴蝶卡换步方法，使主索回收加快了进度且安全平稳。截至 12 日约 150m 未完成，见图 9.30 至图 9.39。

④2016 年 6 月 13 日，4# 缆机主索于下午 15：40 完成拆除。共收回主索 71 圈（约 639m），见图 9.40、图 9.41。

图 9.30　施工区警戒线

图 9.31　回收主索

图 9.32　主索上卷筒

图 9.33　主索等待清运出厂

图 9.34　滑轮倒换蝴蝶卡

图 9.35　滑轮倒换牵引钢丝绳

图 9.36　工装倒换蝴蝶卡

图 9.37　工装倒换牵引钢丝绳

图 9.38　主索 29 圈(约 260m)　　　　图 9.39　70t 吊车吊运主索卷筒

图 9.40　主索回收尾端

图 9.41　主索回收完成

(3)2016 年 6 月 14 日至 27 日,拆除 4# 缆机主、副车

①拆除 4# 缆机副车天轮及塔架,见图 9.42。

②拆除 4# 缆机钢结构架,见图 9.43。

③副塔清理施工场地、转运拆除设备出场,见图 9.44。

④拆除主车天轮及钢结构架,见图 9.45、图 9.46。

⑤拆除主车设备及高强螺栓,见图 9.47、图 9.48。

图 9.42　拆除副车天轮及钢架

图 9.43　拆除副车钢结构架

图 9.44　清理场地及装车转运

图 9.45　拆除缆机左岸主车屋架　　　图 9.46　拆除缆机主车天轮

图 9.47　拆除主车高强螺栓

图 9.48　拆除缆机主车电缆线

⑥拆除主车台车机组车架,见图 9.49、图 9.50。

⑦缆机拆除设备清运出场,见图 9.51、图 9.52。

图 9.49　拆除缆机主车车架

图 9.50　拆除缆机主车平台

图 9.51　缆机拆除设备装车

图 9.52　缆机设备转运出厂

9.9　缆机设备拆除完工验收

1)缆机拆除完工后,承包人必须提供拆除工作报告并提出申请,以便监理组织验收工作。

2)缆机拆除完工验收项目内容:

①主要材料和外购件的产品质量证明书、使用说明书或试验报告;电气设备安装检

查验收记录。

②缆机拆除单元工程质量检验记录。

③重大缺陷和质量事故处理验收记录。

④承包人的拆除验收报告。

⑤其他应提交的报告。

3）设备验收合格，监理工程师签发设备验收证书，办理缆机设备资产移交手续设备转运出厂。缆机拆除完成移交场地见图 9.53、图 9.54。

图 9.53　拆除后左岸主塔缆机平台　　图 9.54　拆除后右岸副塔缆机平台

9.10　缆机安装、运行维护及拆除获奖情况

缆机安装、运行维护、拆除过程中，为更好地服务工程、服务业主，公司科研团队努力研发新技术、新工艺、新设备、新材料，成功解决了大量工程技术难题并取得了丰硕的技术创新成果。通过技术创新，实现工程的"多、快、好、省"，真正做到"以科学管理、持续改进，奉献优质产品；用先进技术、诚信服务，超越顾客期望"为业主创优质工程提供必要的条件。

2019 年止获得国家发明专利 2 项、国家实用新型专利 5 项、获得 2016 年度电力建设工法 1 项、湖北省建设工程质量安全协会青年创新 QC 小组成果二等奖一项、国家刊物发表论文 4 篇。

9.10.1　国家发明专利 2 项

（1）缆机行走小车牵引结构与方法

专利号：ZL 2016 1 0618962.2；

专利公告日期：2017 年 11 月 24 日。

如图 9.55 所示。

（2）合成钢座胶罐

专利号：ZL 2016 1 0619909.4；

专利公告日期:2018 年 7 月 3 日。

如图 9.56 所示。

图 9.55　缆机行走小车牵引结构与方法　　　　图 9.56　合成钢座胶罐

9.10.2　国家实用新型专利 5 项

(1)缆机行走小车辅助牵引承载索过江结构

专利号:ZL 2016 2 0821712.4;

授权公告日:2017 年 2 月 1 日。

如图 9.57 所示。

(2)合成钢座胶罐

专利号:ZL 2016 2 0823172.3;

授权公告日:2017 年 3 月 22 日。

如图 9.58 所示。

(3)缆机主索回收换步结构

专利号:ZL 2016 2 1146417.X;

授权公告日:2017 年 5 月 10 日。

如图 9.59 所示。

(4)防承马链条断裂的链条卡结构

专利号:ZL 2018 2 1796769.9;

授权公告日：2019 年 8 月 20 日。

如图 9.60 所示。

图 9.57　缆机行走小车辅助牵引承载索过江结构

图 9.58　合成钢座胶罐

图 9.59　缆机主索回收换步结构

图 9.60　防承马链条断裂的链条卡结构

（5）防吊罐掉落结构

专利号：ZL 2018 2 0477225.X；

授权公告日：2018 年 11 月 30 日。

如图 9.61 所示。

图 9.61　防吊罐掉落结构

9.10.3　获得工法一项——2016 年度电力建设工法

缆机单罐吊运 9.6m³混凝土工法（编号：DJGF－SD－48－2016），如图 9.62 所示。

图 9.62　2016 年度电力建设工法

9.10.4　QC 活动成果二等奖一项

获得 2016 年湖北省建设工程质量安全协会青年创新 QC 小组成果二等奖，如图 9.63 所示，提高了大岗山水电站缆机运输混凝土效率。

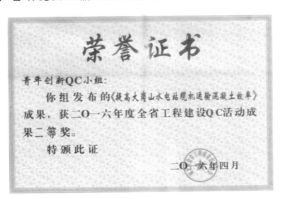

图 9.63　QC 活动成果二等奖

9.10.5　国家刊物发表论文 4 篇

1)《数字限位技术在大岗山缆机运行管理中的研究》发表于《人民长江》，见图 9.64。

2)《新混凝土生产吊运工艺在大岗山水电站施工中的应用》发表于《水力发电》，见图 9.65。

图 9.64　数字限位技术在大岗山缆机
运行管理中的研究

图 9.65　新混凝土生产吊运工艺在
大岗山水电站施工中的应用

3)《大岗山水电站影响缆机实际生产强度的因素浅析》发表于《人民长江》（增刊Ⅰ 2016年第47卷）。

4)《大岗山水电站临时承载索过江工艺改进》发表于《人民长江》。

9.11 缆机运行及拆除技术创新

9.11.1 缆机行走小车牵引绳承载索过江

缆机是水电工程中最常用的施工设备之一，其拆除过程难度大、危险性高，必须慎重实施。针对缆机拆除过程工期、效益、质量、安全问题，监理及施工单位集思广益，从缆机拆除过程中的关键环节入手，对临时承载索过江及主索过江回收环节进行不断探索、改进，从而保证了缆机拆除施工的安全、工期、质量，提高了经济效益。

临时承载索过江是缆机拆除过程中的关键环节。传统的承载索过江方法是将其卷入施放侧卷扬机内，经导向轮或曲轨施放，通过绳夹与布置好的往复绳连接牢靠，利用非施放侧往复绳卷扬机收绳牵引承载索过江。该方法主要依赖于两岸卷扬机做功完成牵引，但由于卷扬机牵引力有限并且所做的一部分功用来克服绳索重力，工效较低，承载索过江时间较长。往复绳在牵引时受力，产生自转，容易与承载索相互缠绕。同时，承载索在过江过程中垂度较大，对下方建筑物的安全形成威胁。因此，传统的利用往复绳牵引承载索过江的方法存在一定缺陷。

缆机拆除过程中临时承载索过江是缆机拆除过程中的关键环节。传统的承载索过江方法是将其卷入施放侧卷扬机内，经导向轮或曲轨施放，通过绳夹与布置好的往复绳连接牢靠，利用非施放侧往复绳卷扬机收绳牵引承载索过江。该方法主要依赖两岸卷扬机做功完成牵引，但由于卷扬机牵引力有限并且所做的一部分功用来克服绳索重力，工效较低，承载索过江时间较长。往复绳在牵引时受力，产生自转，容易与承载索相互缠绕。同时，承载索在过江过程中垂度较大，对下方建筑物的安全形成威胁。因此，传统的利用往复绳牵引承载索过江的方法存在一定缺陷。

（1）第一根承载索过江现场实际情况

在架设第一根临时承载索的过程中，由之前已经布置好的往复绳（Φ22mm钢丝绳）牵引承载索过江。

因左右岸地形差异，选择从右岸开始进行施放承载索，承载索事先卷入右岸一台16t卷扬机卷筒（卷扬机容绳量必须能将承载索全部卷入），在涵洞地锚处布置一个16t起重滑车进行导向，承载索通过该起重滑车后由已经布置好的往复绳系统牵引过江。

在施放承载索过程中，由于承载索绳径（Φ54mm）与起重滑车（型号为HQG1-16）的绳槽不匹配,在承载索放出约一半后,导向滑轮由于受力过大而破裂,同时往复绳在牵引过程中由于受力后产生自转,与承载索相互缠绕打绞,这两种状况导致这一承载索过江方案行不通,必须改变方法。

通过分析研究后,决定采用从缆机副车后方布置卷扬机通过曲轨施放承载索,用往复绳系统辅以缆机自身的牵引机构牵引过江的方案。将已经施放的承载索在涵洞地锚处锁定固定,将原缠绕在卷扬机上的承载索退出,利用 70t 吊车将卷扬机吊出布置在缆机副车后方,并将其锁定在已有地锚;之后将从原卷扬机上退出的承载索通过涵洞并经过曲轨卷入锁定好的 16t 卷扬机上,待承载索全部卷入以后,将承载索在涵洞处的锁定解除,利用往复绳系统将第一根承载索牵引过江。

曲轨安装时必须保证强度,利用已经存在的预埋钢筋进行焊接固定,并采取适当的加强措施;在曲轨摩擦面上衬垫 20mm 左右厚度的木板同时在施放过程中涂抹润滑脂以保护承载索。在承载索施放之前,必须对卷扬机自身及其锁定、曲轨安装及加固情况等进行仔细检查,确保承载索施放过程的安全(整个过程用了 10d,4 月 23 日至 5 月 2 日,见图 9.66 至图 9.72)。

图 9.66　右岸卷扬平台

图 9.67　右岸承载索导向滑轮

图 9.68　承载索过江垂度

图 9.69　承载索接触坝顶门机

图 9.70　右岸曲轨

图 9.71　承载达到左岸地锚

图 9.72　右岸承载索施放失败

①要解决的技术问题：

在国内工程目前普遍采用的临时承载索过江方法中，承载索的牵引主要靠两岸卷扬机做功提供动力，然而卷扬机牵引力有限，并且所做的一部分功用来克服往复绳、承载索的重力，工效较低，导致承载索过江时间较长。往复绳在牵引过程中受力，产生自转，容易与承载索相互缠绕、打绞，承载索过江后与往复绳分离困难。另外，承载索在过江过程中，仅两端索头受支撑且跨度较大，在自重及荷载作用下形成较大垂度，给下方建筑物带来安全威胁。上述因素对承载索的过江效率和安全保障带来诸多不利影响。为此，充分利用现有缆机系统，通过缆机行走小车辅助牵引承载索过江，借助行走小车对承载索的牵引和提升，减小卷扬机和往复绳受力，改善其运行工况并减小承载索过江垂度，达到提高承载索过江效率、降低安全风险的目的。

②技术方案：

a.承载索设置曲轨导向。承载索的绳头经曲轨（或导向轮）导向后穿过涵洞与往复绳通过绳夹连接，改善承载索卷扬机滚筒的受力情况。

b.利用缆机行走小车牵引提升承载索。在承载索前进反方向侧，距承载索与往复绳连接绳夹末端适当距离处,将承载索锁定于缆机小车非施放侧的起升滑轮上,借助缆机小车提供的水平牵引力和竖向提升力,减小卷扬机、往复绳受力以及承载索垂度。

c.缆机小车牵引机构配合卷扬机同步工作。施放侧往复绳卷扬机和承载索卷扬机放绳,非施放侧往复绳卷扬机收绳,缆机小车牵引机构配合上述卷扬机同步运行,直至承载索绳头到达非施放侧下游面地锚点,改善卷扬机及往复绳运行工况,提高卷扬机工效。

③有益效果:

a.工期。采用新方案后,卷扬机受力明显减小,牵引速度加快,承载索过江时间可减少约 3d,有利于加快施工进度,缩短施工工期。

b.质量。采用新方案后,往复绳受力减小不再产生自转,避免了与承载索相互缠绕打绞,有效保证牵引过程平稳、可靠。

c.经济。采用新方案后,缆机小车对承载索的牵引提升使卷扬机工效得到提高,节约了能耗以及人力、时间成本,间接产生经济效益。

d.安全。在缆机小车的牵引提升作用下,承载索过江垂度明显减小并且两岸卷扬机受力变小,降低了对下方建筑物的影响风险,提高了过江安全系数。

针对缆机拆除过程中临时承载索过江要解决的技术问题,提出针对问题制定了相应的技术方案,加快了临时承载索过江施工进度,缩短施工工期;保证了缆机拆除阶段临时承载索过江施工工程质量;节约了能耗以及人力、时间成本,间接产生经济效益;降低了对下方建筑物的影响风险,提高了临时承载索过江安全系数。

(2)改进后的现场实际状况(第二根承载索过江)

第二根承载索也采用从曲轨施放承载索的方法,不同之处是将承载索放出涵洞后,用千斤绳锁定在缆机小车主车侧的起升滑轮上,再用往复绳系统辅以缆机自身的牵引机构将承载索牵引过江,(整个过程用了 2d,5 月 4 日至 5 月 5 日,见图 9.73 至图 9.77)。牵引到位后将承载索锁定在设计位置,同时调整垂度至要求的 7% 垂度(47.25m),两根承载索垂度相差不得超过 30mm。

图 9.73　通过曲轨施放承载索

图 9.74　承载索过江往复绳

图 9.75　承载索到达左岸

图 9.76　承载索施放出右岸地锚

图 9.77　承载索施放垂度满足安全要求

通过这两根承载索过江,逐步找到了一种安全、简单的方案,节省了大量人力与时间,并最大程度地提高了承载索过江的安全系数。

由于此项施工技术解决和在工程中的应用,故申报国家发明专利、实用新型专利各一项。

9.11.1.1　缆机行走小车辅助牵引承载索过江结构(实用新型专利一项)

(1)技术领域

本发明属于缆机拆除领域,涉及一种缆机拆除方法,特别指利用缆机行走小车辅助牵引承载索过江技术。

(2)背景技术

缆机是水电工程中最常用的施工设备之一,其拆除过程难度大、危险性高,必须慎重实施。临时承载索过江是缆机拆除过程中的关键环节。传统的承载索过江方法是将其卷入施放侧卷扬机内,经导向轮或曲轨施放,通过绳夹与布置好的往复绳连接牢靠,利用非施放侧往复绳卷扬机收绳牵引承载索过江。该方法主要依赖于两岸卷扬机做功完成牵引,但由于卷扬机牵引力有限并且所做的一部分功用来克服绳索重力,工效较低,承载索过江时间较长。往复绳在牵引时受力,产生自转,容易与承载索相互缠绕。同时,承载索在过江过程中垂度较大,对下方建筑物的安全形成威胁。因此,传统的利用往复绳牵引承载索过江的方法存在一定的缺陷。

（3）发明内容

①要解决的技术问题：

在国内工程目前普遍采用的临时承载索过江方法中，承载索的牵引主要靠两岸卷扬机做功提供动力，然而卷扬机牵引力有限，并且所做的一部分功用来克服往复绳、承载索的重力，工效较低，导致承载索过江时间较长。见图9.78，往复绳在牵引过程中受力，产生自转，容易与承载索相互缠绕、打绞，承载索过江后与往复绳分离困难。另外，承载索在过江过程中，仅两端索头受支撑且跨度较大，在自重及荷载作用下形成较大垂度，给下方建筑物带来安全威胁。上述因素对承载索的过江效率和安全保障带来诸多不利影响。为此，充分利用现有缆机系统，通过缆机行走小车辅助牵引承载索过江，借助行走小车对承载索的牵引和提升，减小卷扬机和往复绳受力，改善其运行工况并减小承载索过江垂度，达到提高承载索过江效率、降低安全风险的目的。

②技术方案：

a.承载索设置曲轨导向。承载索的绳头经曲轨（或导向轮）导向后穿过涵洞与往复绳通过绳夹连接，改善承载索卷扬机滚筒的受力情况。

b.利用缆机行走小车牵引提升承载索。在承载索前进反方向侧，距承载索与往复绳连接绳夹末端适当距离处，将承载索锁定于缆机小车非施放侧的起升滑轮上，借助缆机小车提供的水平牵引力和竖向提升力，减小卷扬机、往复绳受力以及承载索垂度。

c.缆机小车牵引机构配合卷扬机同步工作。施放侧往复绳卷扬机和承载索卷扬机放绳，非施放侧往复绳卷扬机收绳，缆机小车牵引机构配合上述卷扬机同步运行，直至承载索绳头到达非施放侧下游面地锚点，改善卷扬机及往复绳运行工况，提高卷扬机工效。

③有益效果：

a.工期。采用新方案后，卷扬机受力明显减小，牵引速度加快，承载索过江时间可减少约3d，有利于加快施工进度，缩短施工工期。

b.质量。采用新方案后，往复绳受力减小不再产生自转，避免了与承载索相互缠绕打绞，有效保证牵引过程平稳、可靠。

c.经济。采用新方案后，缆机小车对承载索的牵引提升使卷扬机工效得到提高，节约了能耗以及人力、时间成本，间接产生经济效益。

d.安全。在缆机小车的牵引提升作用下，承载索过江垂度明显减小并且两岸卷扬机受力变小，降低了对下方建筑物的影响风险，提高了过江安全系数。

e.具体实施方式。该承载索过江系统由牵引系统和连接系统组成。牵引系统设置有缆机小车、往复绳、卷扬机、曲轨和导向轮；连接系统设置有提升牵引绳、绳夹、填充钢丝及锚固装置。以某水电站为例，承载索过江包括如下步骤：

步骤一，在施放侧缆机平台布置一台承载索卷扬机1，将其锁定于地锚上，并将承载索全部卷入。

步骤二,将承载索绳头拉出,经曲轨(或导向轮)导向,穿过涵洞至基础前部,与往复绳相连接。曲轨需焊接固定并采取适当加强措施,曲轨摩擦面衬垫 20mm 左右厚度的木板,并在承载索施放过程中涂抹润滑脂进行保护。承载索与往复绳用绳夹进行连接,连接长度不小于 1m,相邻绳夹间距为 10~15cm,绳夹内空隙以短钢丝填充密实。

步骤三,在承载索前进反方向侧,距承载索 4 与往复绳 5 连接绳卡末端约 2m(距离无严格要求)处,用提升牵引绳将承载索锁定于缆机小车非施放侧的起升滑轮上,提升牵引绳与承载索的连接也采用绳夹,连接长度不小于 1m,相邻绳夹间距为 10~15cm,绳夹内空隙以短钢丝填充密实。

步骤四,施放侧往复绳卷扬机和承载索卷扬机放绳,非施放侧往复绳卷扬机收绳,缆机小车在牵引机构的驱动下向非施放侧移动,四者相互配合、同步工作,直至承载索绳头到达非施放侧下游面地锚点。

步骤五,将承载索锁定于非施放侧下游面地锚上,同时在施放侧缆机平台张拉承载索并调整到设计垂度。本发明承载索过江立面示意见图 9.79,本发明承载索过江平面示意见图 9.80。

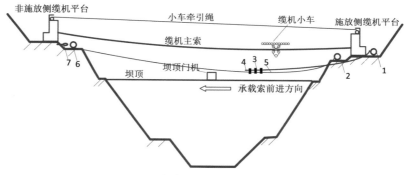

图 9.78　传统承载索过江立面示意图

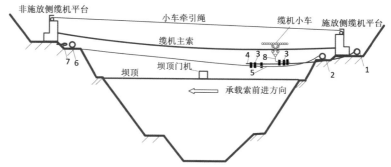

图 9.79　本发明承载索过江立面示意图

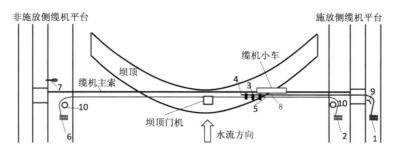

图 9.80 本发明承载索过江平面示意图

1-承载索卷扬机,2-施放侧往复绳卷扬机,3-绳夹,4-承载索,
5-往复绳,6-非施放侧往复绳卷扬机,7-地锚,8-提升牵引绳,9-曲轨,10-导向轮

9.11.1.2 缆机行走小车辅助牵引承载索过江结构及方法(发明专利一项)

本发明公开了一种缆机行走小车辅助牵引承载索过江结构。它包括牵引系统,连接系统,缆机行走小车,提升牵引绳;所述牵引系统包括缆机行走小车,往复绳,承载索卷扬机,施放侧往复绳卷扬机,非施放侧往复绳卷扬机,曲轨,导向轮;所述连接系统包括绳夹,填充钢丝,锚固装置,提升牵引绳;所述提升牵引绳连接所述承载索和所述缆机行走小车;所述施放侧往复绳卷扬机和所述承载索卷扬机放绳,所述非施放侧往复绳卷扬机收绳,缆机行走小车在牵引机构的驱动下向非施放侧移动。它克服了现有技术效率低、工期长及存在安全隐患的缺点;具有工期短、牵引过程平稳、经济效益高、过江安全系数高的优点。本发明还公开了缆机行走小车辅助牵引承载索过江方法。

(1)技术领域

本发明涉及缆机拆除领域,更具体地说它是一种缆机行走小车辅助牵引承载索过江结构。本发明还涉及缆机行走小车辅助牵引承载索过江方法。

(2)背景技术

缆机是水电工程中最常用的施工设备之一,其拆除过程难度大、危险性高,必须慎重实施,临时承载索过江是缆机拆除过程中的关键环节。传统的承载索过江方法是将其卷入施放侧卷扬机内,经导向轮或曲轨施放,通过绳夹与布置好的往复绳连接牢靠,利用非施放侧往复绳卷扬机收绳牵引承载索过江。该方法主要依赖于两岸卷扬机做功完成牵引,但由于卷扬机牵引力有限并且所做的一部分功用来克服绳索重力。因此,工效较低,承载索过江时间较长;往复绳在牵引时受力,产生自转,容易与承载索相互缠绕;同时,承载索在过江过程中垂度较大,对下方建筑物的安全形成威胁,传统的利用往复绳牵引承载索过江的方法存在一定缺陷。

在国内工程目前普遍采用的临时承载索过江方法中,承载索的牵引主要靠两岸卷扬机做功提供动力,然而卷扬机牵引力有限,并且所做的一部分功用来克服往复绳、承载索的重力,工效较低,导致承载索过江时间较长;往复绳在牵引过程中受力,产生自转,容易与承载索相互缠绕、打绞,承载索过江后与往复绳分离困难;另外,承载索在过江过程中,仅两端索头受支撑且跨度较大,在自重及荷载作用下形成较大垂度,给下方建筑物带来安全威胁。因此,现有技术中承载索过江效率低、过江安全系数低。

(3)发明内容

本发明的第一目的是为了克服上述背景技术的不足之处,而提供缆机行走小车辅助牵引承载索过江结构。通过缆机行走小车对承载索的牵引和提升,减小卷扬机和往复绳受力,改善其运行工况并减小承载索过江垂度,提高承载索过江效率,降低安全风险。

本发明的第二目的是提供缆机行走小车辅助牵引承载索过江方法。

缆机行走小车辅助牵引承载过江结构见图9.81。

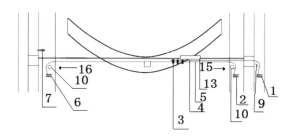

图9.81　缆机行走小车辅助牵引承载过江结构

1-承载索卷扬机,2-施放侧往复绳卷扬机,3-绳夹 4-承载索,5-往复绳,
6-非施放侧往复绳卷扬机,7-锚固装置,8-提升牵引绳,9-曲轨,10-导向轮,
11-牵引系统,12-连接系统,13-缆机行走小车,14-填充钢丝,15-施放侧缆机平台,16-非施放侧缆机平台

本发明的技术方案,参阅图9.81可知:缆机行走小车辅助牵引承载索过江结构,包括牵引系统11,连接系统12,其特征在于:还包括缆机行走小车13,提升牵引绳8;所述牵引系统11包括缆机行走小车13,往复绳5,承载索卷扬机1,施放侧往复绳卷扬机2,非施放侧往复绳卷扬机6,曲轨9,导向轮10;所述连接系统12包括绳夹3,填充钢丝14,锚固装置7,提升牵引绳8;所述承载索卷扬机1和所述曲轨9设置于施放侧缆机平台15上,所述锚固装置7设置于非释放侧缆机平台15上;所述承载索4绳头通过所述曲轨9导向后与所述往复绳5连接;所述绳夹3连接所述承载索4绳头与所述往复绳5,所述承载索4通过所述绳夹3连接所述提升牵引绳8的一端,所述提升牵引绳8另一端连接于所述缆机行走小车13非施放侧的起升滑轮上。所述曲轨9焊接固定于所述施放侧缆机平台15上;所述曲轨9的摩擦面衬垫有木板;所述承载索4经过所述曲轨9导向后在涵洞出口与所述往复绳5通过所述绳夹3连接。所述提升牵引绳8连接所述缆机行走小车13和所述承载索4。所述承载索4与所述往复绳5连接长度不小于100cm,所述承载索4与所

述提升牵引绳 8 连接长度不小于 100cm,相邻绳夹间距为 10～15cm,所述绳夹 3 内空隙密实填充有填充钢丝 14。

为了实现本发明的第二目的,本发明的技术方案为:缆机行走小车辅助牵引承载索过江方法,它包括如下步骤:

步骤一:在施放侧缆机平台上布置承载索卷扬机,将承载索卷扬机锁定于施放侧缆机平台上,并将承载索全部卷入承载索卷扬机内。

步骤二:曲轨焊接固定于施放侧缆机平台上,且采取适当加强措施;曲轨的摩擦面衬垫木板,承载索在施放过程中涂抹润滑脂。

步骤三:将承载索的绳头拉出,承载索的绳头经过曲轨导向穿过涵洞至基础前部。

步骤四:用绳夹连接承载索和往复绳,连接长度不小于 100cm,相邻绳夹间距为 10～15cm,绳夹内空隙密实填充有填充钢丝。

步骤五:在承载索前进反方向侧,距承载索与往复绳连接绳夹末端处,用绳夹连接承载索和提升牵引绳的一端,连接长度不小于 100cm,相邻绳夹间距为 10～15cm,绳夹内空隙密实填充有填充钢丝;将提升牵引绳另一端连接于缆机行走小车的非施放侧的起升滑轮上。

步骤六:施放侧往复绳卷扬机和承载索卷扬机同时放绳,非施放侧往复绳卷扬机同时收绳,缆机行走小车在牵引机构的驱动下向非施放侧缆机平台移动,四者相互配合、同步工作,直至承载索绳头到达非施放侧缆机平台。

步骤七:位于非施放侧缆机平台的锚固装置将承载索绳头固定,然后在施放侧缆机平台上张拉承载索,将承载索调整到设计垂度。

在上述技术方案中,曲轨焊接固定于施放侧缆机平台上;曲轨的摩擦面衬垫有木板;承载索经过曲轨导向后在涵洞出口与往复绳通过绳夹连接。改善承载索卷扬机滚筒的受力情况,结构运行更可靠。

提升牵引绳连接缆机行走小车和承载索。利用缆机行走小车牵引提升承载索,借助缆机小车提供的水平牵引力和竖向提升力,减小卷扬机、往复绳受力以及承载索垂度,降低安全隐患。

承载索与往复绳连接长度不小于 100cm,承载索与提升牵引绳连接长度不小于 100cm,相邻绳夹间距为 10～15cm,绳夹内空隙密实填充有填充钢丝,防止连接松动。

施放侧往复绳卷扬机和承载索卷扬机放绳,非施放侧往复绳卷扬机收绳,缆机行走小车在牵引机构的驱动下向非施放侧移动。改善卷扬机及往复绳运行工况,提高卷扬机工效。传统与本发明的承载索过江平面与立面示意图见图 9.82。

本发明具有如下优点:

①工期缩短:利用缆机行走小车牵引提升承载索,借助缆机行走小车提供的水平牵引力和竖向提升力,减小卷扬机、往复绳以及承载索受力;缆机行走小车牵引机构配合卷扬机同步工作,牵引速度加快,承载索过江时间可减少约 3d,有利于加快施工进度,缩短施工工期。

②施工质量有保证:用绳夹分别连接承载索与往复绳、承载索与提升牵引绳,往复绳受力减小不再产生自转,避免了与承载索相互缠绕打绞,有效保证牵引过程平稳、可靠。

③经济效益高:缆机行走小车对承载索的牵引提升使卷扬机工效得到提高,节约了能耗以及人力、时间成本,间接产生经济效益。

④过江安全系数高:在缆机行走小车的牵引提升作用下,承载索过江垂度明显减小并且两岸卷扬机受力变小,降低了对下方建筑物的影响风险,提高了过江安全系数。

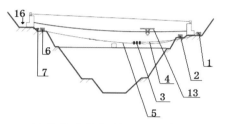

(a)传统承载索过江立面示意图

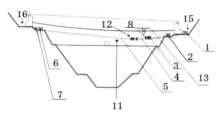

(b)本发明承载索过江平面示意图

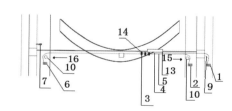

(c)本发明承载索过江立面示意图

图 9.82　传统与本发明的承载索过江平面与立面示意图

1-承载索卷扬机,2-施放侧往复绳卷扬机,3-绳夹 4-承载索,5-往复绳,

6-非施放侧往复绳卷扬机,7-锚固装置,8-提升牵引绳,9-曲轨,10-导向轮,

11-牵引系统,12-连接系统,13-缆机行走小车,14-填充钢丝,15-施放侧缆机平台,16-非施放侧缆机平台

9.11.2　缆机拆除主索回收锁卡换步

在缆机拆除过程中缆机主索回收是最为关键的环节。回收主索时,主体工程已完建,主索下方已布置多个建筑物并投入较多运行维护人员,需要不断优化主索回收方案,保证主索下方人员、设备、建筑物的安全。

在缆机拆除过程中,主索过江回收是最为关键的环节。回收主索时,主体工程已完建,主索下方已布置多个建筑物并投入较多运行维护人员,需要不断优化主索回收方案,保证主索下方人员、设备、建筑物的安全。

主索在回收过程中与临时承马同步同向行走,分段回收,每段长 20～30m,每回收一段主索则回收一个临时承马。临时承马之间的每一段主索都用主索专用索卡卡住,主索专用索卡连接钢丝牵引绳,钢丝牵引绳将每段主索从回收起点拉至回收终点后,需要将主索专用索卡从终点送回起点,即换步。换步过程中主索专用索卡的松、紧以及移动全由人工完成,工作难度和工程量大,耗时长,需研究可靠、高效的换步方法,以提高主索回收效率和安全性。

(1)要解决的技术问题

主索专用索卡换步时,需在主索专用索卡上安装临时往复绳,工人在回收起点拉动临时往复绳,主索专用索卡在临时往复绳的牵引下在主索上滑动至回收起点,完成一次换步。在此过程中,需安装换步专用的临时往复绳。同时,主索专用索卡在主索上滑动的摩擦力较大,人工牵引临时往复绳费力,耗时长。考虑在承载索上加装尼龙轮吊运主索专用索卡实施换步,但尼龙轮在单根承载索上滚动,容易倾覆,稳定性和安全性差,并且回收效率提高效果不明显。为此,充分利用待回收的临时承马,将其作为主索专用索卡换步的运输设备,达到减少主索回收工程量,降低工作难度,提高主索回收效率和安全性的目的。

(2)技术方案

主索回收换步结构包括:主索回收卷扬机,主索施放卷扬机,主索牵引卷扬机,施放侧往复绳卷扬机,回收侧往复绳卷扬机,钢丝牵引绳,承载索,往复绳,临时承马,主索专用索卡 A,主索专用索卡 B,绳卡,导向轮。

临时承马等间距挂在两根承载索上并与往复绳相连,主索切断后置于临时承马上,主索回收过程中,施放侧往复绳卷扬机放绳,回收侧往复绳卷扬机收绳,牵引临时承马移动;钢丝牵引绳缠绕于主索牵引卷扬机,并与锁定在主索上的主索专用索卡 A 相连,用于牵引主索过江,已回收的主索缠绕于主索回收卷扬机;主索施放卷扬机上缠绕钢丝绳,并通过绳卡与主索相连,防止主索施放速度过快;主索专用索卡 A 搭载在临时承马上进行换步;换步过程中回收侧往复绳卷扬机收绳、放绳,牵引临时承马在承载索上滚动;主索专用索卡 B 在主索专用索卡 A 换步过程中锁定主索,防止主索滑动。

(3)有益效果

①省时省力。

采用新型主索专用索卡换步结构和方法,不再需要安装换步专用的临时往复绳和尼龙轮,且可以借助已有的往复绳卷扬机代替人工进行临时往复绳的牵引,省时省力。换步时间由现有技术的 2h 左右缩短至新型技术的 3min 左右,缩短工期效果明显。

②安全性能提高。

新型主索专用索卡换步结构和方法中,临时承马在两根承载索上滚动,克服现有技术中尼龙轮在单根承载索上滚动易倾覆的缺点,稳定性及安全性大大提高,见表 9.15。

表9.15　　　　　　　　　　　　　　　本实用新型与传统方法比较

对比项	本实用新型所述的缆机主索回收换步结构及方法	传统临时往复绳的牵引及自身重力作用下换步结构及方法	传统临时往复绳的牵引及尼龙轮运输结构及方法
回收工程量	最小	最大	其次
摩擦力	最小	最大	其次
工作难度	最低	最大	其次
所需人数	4	6	5
工时	3min	2h	1h
安全性	最高	其次	最低

针对缆机拆除过程中主索过江回收要解决的技术问题,提出针对问题制定了相应的技术方案,提高了功效、节约了时间、增强了缆机主索拆除回收工程中的安全稳定性。

9.11.2.1　缆机主索回收换步结构(实用新型专利)

本实用新型公开了一种缆机主索回收换步结构。它有钢丝牵引绳缠绕于主索牵引卷扬机上,且与主索专用索卡相连,主索专用索卡锁定于主索的回收侧端头;有钢丝绳缠绕于主索施放卷扬机,有绳卡固定连接钢丝绳和主索;换步时,在运输主索专用索卡的过程中,主索专用索卡位于临时承马上,临时承马悬挂于两根承载索上,且与往复绳相连,主索专用索卡A通过临时承马和往复绳换步;在回收临时承马的过程中,临时承马悬挂于两根承载索上,且与往复绳相连,临时承马通过往复绳回收。具有结构简单、省时省力、稳定性及安全性高的优点。

(1)技术领域

本实用新型涉及缆机拆除领域,更具体地说它是一种缆机主索回收换步结构。

(2)背景技术

缆机拆除过程中,主索回收是最为关键的环节;回收主索时,主体工程已完建,主索下方已布置多个建筑物并投入较多运行维护人员,需要不断优化主索回收方案,保证主索下方人员、设备、建筑物的安全。

主索在回收过程中与临时承马同步同向行走,分段回收,每段长20～30m,每回收一段主索则回收一个临时承马;临时承马之间的每一段主索都用主索专用索卡卡住,主索专用索卡连接钢丝牵引绳,钢丝牵引绳将每段主索从回收起点拉至回收终点后,需要将主索专用索卡从终点送回起点,即换步;换步过程中主索专用索卡的松、紧以及移动全由人工完成,工作难度和工程量大,耗时长,需研究可靠、高效的换步方法,以提高主索回收效率和安全性。

主索专用索卡换步时,需在主索专用索卡上安装临时往复绳,工人在回收起点拉动临时往复绳,主索专用索卡在临时往复绳的牵引下在主索上滑动至回收起点,完成一次换步;在此过程中,需安装换步专用的临时往复绳;同时,主索专用索卡在主索上滑动的摩擦力较大,人工牵引临时往复绳费力,耗时长;考虑在承载索上加装尼龙轮吊运主索专用索卡实施换步,但尼龙轮在单根承载索上滚动容易倾覆,稳定性和安全性差,并且回收效率提高效果不明显。

(3)发明内容

本实用新型的目的是提供一种缆机主索回收换步结构,不再需要安装换步专用的临时往复绳和尼龙轮,且可以借助已有的往复绳卷扬机代替人工进行往复绳的牵引,省时省力,且临时承马在两根承载索上滚动,稳定性及安全性高。

为了实现上述目的,本实用新型的技术方案为:缆机主索回收换步结构,有临时承马与往复绳相连,有主索施放卷扬机、施放侧往复绳卷扬机设置于高程较高的施放侧缆机平台上;有主索牵引卷扬机、主索回收卷扬机、回收侧往复绳卷扬机设置于高程较低的回收侧缆机平台上;有钢丝牵引绳缠绕于主索牵引卷扬机上,且与主索专用索卡 A 相连,主索专用索卡 A 锁定于主索的回收侧端头;有钢丝绳缠绕于主索施放卷扬机上,有绳卡固定连接钢丝绳和主索;换步时,在运输主索专用索卡 A 的过程中,主索专用索卡 A 位于临时承马上,临时承马悬挂于两根承载索上,且与往复绳相连,主索专用索卡 A 通过临时承马和往复绳换步;在回收临时承马的过程中,临时承马悬挂于两根承载索上,且与往复绳相连,临时承马通过往复绳回收。

有工作台一和工作台二设置于回收侧缆机平台侧方,工作台二设置于工作台一上方;有主索专用索卡 B 设置于工作台二上。用于换步过程中锁定主索防止主索滑动。

在上述技术方案中,在回收主索的过程中,临时承马与主索的移动方向相同,且主索专用索卡 B 处于解除锁定状态;在换步过程中,主索专用索卡 B 处于旋紧锁定状态。用于换步过程中锁定主索防止主索滑动。

临时承马呈 H 形,包括横向轴和纵向轴;横向轴的左、右两端均设置有滚轮,纵向轴垂直连接于横向轴的中部。临时承马可在两根承载索上滚动,克服现有技术中尼龙轮在单根承载索上滚动易倾覆的缺点,稳定性及安全性大大提高。

(4)本实用新型的优点

①省时省力:采用新型主索专用索卡换步结构和方法,不再需要安装换步专用的临时往复绳和尼龙轮,且可以借助已有的往复绳卷扬机代替人工进行临时往复绳的牵引,省时省力;操作工由现有技术的 6 人、5 人减少到 4 人,换步时间由现有技术的 2h、1h 左右缩短至 3min 左右,缩短工期效果明显。

②安全性能提高:本实用新型临时承马在两根承载索上滚动,克服现有技术中尼龙

轮在单根承载索上滚动易倾覆的缺点,稳定性及安全性大大提高。

(5)具体实施方式

缆机主索回收换步结构,有临时承马与往复绳相连,有主索施放卷扬机、施放侧往复绳卷扬机设置于高程较高的施放侧缆机平台上;有主索牵引卷扬机、主索回收卷扬机、回收侧往复绳卷扬机设置于高程较低的回收侧缆机平台上;有钢丝牵引绳缠绕于主索牵引卷扬机上,且与主索专用索卡相连,主索专用索卡锁定于主索的回收侧端头;有钢丝绳缠绕于主索施放卷扬机上,有绳卡固定连接钢丝绳和主索;换步时,在运输主索专用索卡的过程中,主索专用索卡位于临时承马上,临时承马悬挂于两根承载索上、且与往复绳相连,主索专用索卡通过临时承马和往复绳换步;在回收临时承马的过程中,临时承马悬挂于两根承载索上,且与往复绳相连,临时承马通过往复绳回收。有工作台一和工作台二设置于回收侧缆机平台侧方,工作台二设置于工作台一上方;有主索专用索卡设置于工作台二上(如图 9.83、图 9.84 所示)。

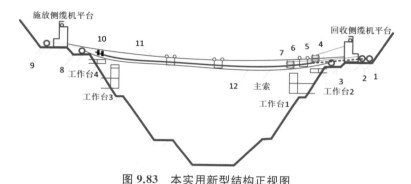

图 9.83　本实用新型结构正视图

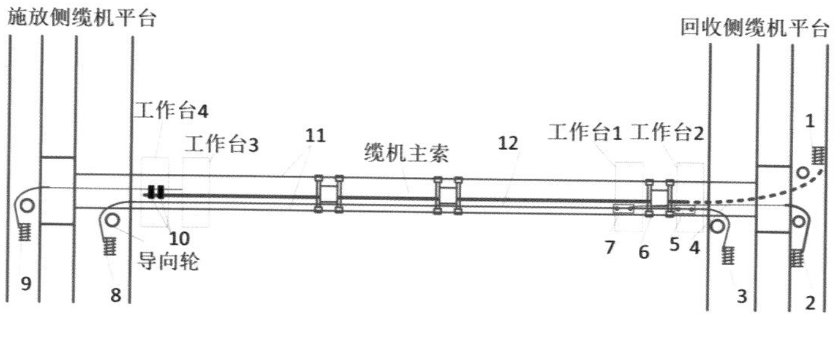

图 9.84　本实用新型结构俯视图

1-主索牵引卷扬机,2-主索回收卷扬机,3-回收侧往复绳卷扬机,4-钢丝牵引绳,5-主索专用索卡 B,
6-临时承马,7-主索专用索卡 A,8-施放侧往复绳卷扬机,9-主索施放卷扬机,10-绳卡,11-承载索,12-往复绳

在回收主索的过程中,临时承马与主索的移动方向相同,且主索专用索卡处于解除锁定状态;在换步过程中,主索专用索卡处于旋紧锁定状态。临时承马呈 H 形,包括横向

轴和纵向轴;横向轴的左、右两端均设置有滚轮,纵向轴垂直连接于横向轴的中部。

本实用新型缆机主索回收换步结构的工作过程如下:在工作台一上将主索牵引卷扬机 1 上缠绕的钢丝牵引绳 4 连接于主索专用索卡 A7 上,将主索专用索卡 A7 锁定于主索上;主索牵引卷扬机 1、主索回收卷扬机 2、回收侧往复绳卷扬机 3、施放侧往复绳卷扬机 8、主索施放卷扬机 9 同步工作,主索专用索卡 A7 和主索从工作台一移动到工作台二即完成一段主索的回收;在回收主索的过程中,位于工作台二的主索专用索卡 B5 处于解除锁定状态;旋紧主索专用索卡 B5 锁定主索,同时锁紧主索卷筒制动装置;将主索专用索卡 A7 从主索上拆下;将拆下的主索专用索卡 A7 绑定于临时承马 6 上,回收侧往复绳卷扬机 3 放绳,往复绳 12 牵引临时承马 6 和主索专用索卡 A7 从工作台二移动到工作台一;将主索专用索卡 A7 从临时承马 6 上拆下并锁定于主索上,回收侧往复绳卷扬机 3 收绳,往复绳 12 牵引空载的临时承马 6 从工作台一移动到工作台二,对空载的临时承马 6 进行回收;重复上述步骤,对主索的剩余段进行回收。

为了能够更加清楚地说明本实用新型所述的缆机主索回收换步结构与传统临时往复绳的牵引及自身重力作用下换步结构、传统临时往复绳的牵引及自身重力作用下换步结构与传统临时往复绳的牵引作用及尼龙轮运输结构相比较所具有的优点,工作人员将这三种结构进行了对比,其对比结果见表 9.16。

表 9.16   本实用新型与传统换步结构比较

对比项	本实用新型所述的缆机主索回收换步结构	传统临时往复绳的牵引及自身重力作用下换步结构	传统临时往复绳的牵引及尼龙轮运输结构
回收工程量	最小	最大	其次
摩擦力	最小	最大	其次
工作难度	最低	最大	其次
所需人数	4	6	5
工时	3min	2h	1h
安全性	最高	其次	最低

由表 9.16 可知,本实用新型所述的缆机主索回收换步结构与传统临时往复绳的牵引作用及自身重力作用下换步结构、传统临时往复绳的牵引作用及尼龙轮运输结构相比,回收工程量小、摩擦力小、工作难度小、所需人数少、工时短、安全性高。

9.11.2.2 缆机主索回收换步结构及方法(发明专利)

(1)技术领域

本发明属于缆机拆除领域,更具体地说它是一种缆机主索回收换步结构。本发明还涉及缆机主索回收换步方法。

（2）背景技术

缆机拆除过程中，主索回收是最为关键的环节。回收主索时，主体工程已完建，主索下方已布置多个建筑物并投入较多运行维护人员，需要不断优化主索回收方案，保证主索下方人员、设备、建筑物的安全。

主索在回收过程中与临时承马同步同向行走，分段回收，每段长 20～30m，每回收一段主索则回收一个临时承马。临时承马之间的每一段主索都用主索专用索卡卡住，主索专用索卡连接钢丝牵引绳，钢丝牵引绳将每段主索从回收起点拉至回收终点后，需要将主索专用索卡从终点送回起点，即换步。换步过程中主索专用索卡的松、紧以及移动全由人工完成，工作难度和工程量大，耗时长，需研究可靠、高效的换步方法，以提高主索回收效率和安全性。

（3）发明内容

①要解决的技术问题：

主索专用索卡换步时，需在主索专用索卡上安装临时往复绳，工人在回收起点拉动临时往复绳，主索专用索卡在临时往复绳的牵引下在主索上滑动至回收起点，完成一次换步。在此过程中，需安装换步专用的临时往复绳。同时，主索专用索卡在主索上滑动的摩擦力较大，人工牵引临时往复绳费力，耗时长。考虑在承载索上加装尼龙轮吊运主索专用索卡实施换步，但尼龙轮在单根承载索上滚动，容易倾覆，稳定性和安全性差，并且回收效率提高效果不明显。为此，充分利用待回收的临时承马，将其作为主索专用索卡换步的运输设备，达到减少主索回收工程量、降低工作难度、提高主索回收效率和安全性的目的。

②技术方案：

一种主索回收换步结构，包括主索回收卷扬机，主索施放卷扬机，主索牵引卷扬机，施放侧往复绳卷扬机，回收侧往复绳卷扬机，钢丝牵引绳，承载索，往复绳，临时承马，主索专用索卡 A，主索专用索卡 B，绳卡，导向轮。

临时承马等间距挂在两根承载索上并与往复绳相连，主索切断后置于临时承马上，主索回收过程中，施放侧往复绳卷扬机放绳，回收侧往复绳卷扬机收绳，牵引临时承马移动；钢丝牵引绳缠绕于主索牵引卷扬机，并与锁定在主索上的主索专用索卡 A 相连，用于牵引主索过江，已回收的主索缠绕于主索回收卷扬机；主索施放卷扬机上缠绕钢丝绳，并通过绳卡与主索相连，防止主索施放速度过快；主索专用索卡 A 搭载在临时承马上进行换步；换步过程中回收侧往复绳卷扬机收绳、放绳，牵引临时承马在承载索上滚动；主索专用索卡 B 在主索专用索卡 A 换步过程中锁定主索，防止主索滑动。

③有益效果：

a.省时省力。

采用新型主索专用索卡换步结构和方法，不再需要安装换步专用的临时往复绳和尼龙轮，且可以借助已有的往复绳卷扬机代替人工进行临时往复绳的牵引，省时省力。换步时间由现有技术的 2h 左右缩短至新型技术的 3min 左右，缩短工期效果明显。

b.安全性能提高。

新型主索专用索卡换步结构和方法中，临时承马在两根承载索上滚动，克服现有技术中尼龙轮在单根承载索上滚动易倾覆的缺点，稳定性及安全性大大提高。

本实用新型回收换步结构及方法与传统结构方法比较见表 9.17。

表 9.17　　　　本实用新型回收换步结构及方法与传统结构方法比较

对比项	本实用新型所述的缆机主索回收换步结构及方法	传统临时往复绳的牵引及自身重力作用下换步结构及方法	传统临时往复绳的牵引及尼龙轮运输结构及方法
回收工程量	最小	最大	其次
摩擦力	最小	最大	其次
工作难度	最低	最大	其次
所需人数	4	6	5
工时	3min	2h	1h
安全性	最高	其次	最低

（4）具体实施方式

本专利主要是对缆机主索回收时所用的主索专用索卡在回收起点与回收终点间换步方法（即位置变换时移动方式）的改进，新换步方法省时省力，提高了工作效率，并且具有良好的稳定性和安全性。以某水电站为例，其缆机主索回收具体实施方式如下：

步骤一：设备布置。在施放侧缆机平台（高程较高的缆机平台）布置主索施放卷扬机，回收侧缆机平台（高程较低的缆机平台）布置主索牵引卷扬机和主索回收卷扬机，其中主索施放卷扬机上缠绕钢丝绳并通过绳卡与主索相连，用于防止主索施放速度过快；主索牵引卷扬机上缠绕钢丝牵引绳，并与锁定于主索上的主索专用索卡相连，用于牵引主索过江；主索回收卷扬机用于主索回收。

步骤二：主索切断。在工作台上把主索专用索卡锁定于主索回收侧端头，将张紧机构连接于主索专用索卡上，张紧主索。在距主索端头约 6m 处用主索夹具把主索固定，保证端头与夹具间的主索不受力，在靠近主索端头处切断主索。把切断后的主索置于已安装好的临时承马上。

步骤三：主索回收。将主索牵引卷扬机上缠绕的钢丝牵引绳连接于主索专用索卡，主索施放侧索头通过绳卡与缠绕在主索施放卷扬机上的钢丝绳相连。主索牵引卷扬机、回收侧往复绳卷扬机、释放侧往复绳卷扬机以及主索施放卷扬机同步工作,主索专用索卡从工作台被拉到工作台即完成一段主索的回收,回收过程中位于工作台的主索专用索卡处于解除锁定状态。

步骤四:主索专用索卡换步。旋紧主索专用索卡锁定主索防止其滑动,同时锁紧主索卷筒制动装置,防止飞车事故。将主索专用索卡拆下来固定在临时承马上,回收侧往复绳卷扬机放绳,将临时承马和主索专用索卡带回工作台,然后将主索专用索卡取下并锁定在主索上,回收侧往复绳卷扬机收绳,把空载的临时承马带回工作台,并进行回收。

步骤五:重复主索专用索卡从工作台被拉到工作台以及换步的过程,对主索剩余段进行回收。

9.11.3 合成钢座胶罐(实用新型专利)

9.11.3.1 问题的提出

针对大岗山缆机工况,为了确保大岗山水电站工程施工工期,保证电站按期并尽可能提前发电,必须充分发挥 4 台 30t 缆机浇筑混凝土的作用。缆机单罐混凝土吊运量由 9.0m³ 提高到 9.6m³ 技术。

提高缆机浇筑混凝土效率,单纯从"硬件"上来讲其途径只有三个:一是用大起重量的缆机,但这受到国内外目前缆机设计制造水平的制约,据现有资料,在国内水电工程施工中缆机设计制造最大起重量(浇筑工况)只有 30t,大岗山水电站工程拟使用的缆机已达到此水平。二是用循环作业耗时少的缆机,亦即使用高速缆机。三是在选用的缆机已经定型的情况下,在吊重上想办法,亦即当缆机吊钩以下的总起重量(称为有效起重量)不变时,尽可能减轻混凝土吊罐的自重从而能吊起更多重量的混凝土。

大岗山水电站工程拟使用的缆机是否还可再适当提高其起升和牵引速度,如在向家坝水电站工程使用的 30t 缆机的牵引速度已达 8m/s,龙滩使用的 20t/25t 缆机的空载起升速度已达 200m/min,这均比大岗山水电站工程拟使用的缆机的相应速度略高(大岗山缆机的牵引速度为 7.5m/s、空载起升速度为 180m/min)。30t 缆机的合同已经签订,再更改其主要参数。

前期国内水电工程 30t 缆机浇筑工况所配用混凝土吊罐均为 9m³ 罐,一方面是因为受 30t 缆机浇筑工况最大起重量的制约及设备要更安全可靠的使用的考虑,另一方面一定程度上也受拌合楼的搅拌机容积制约(前期国内水电工程所选拌合楼的搅拌机容积只有 3m³ 或 4.5m³),9m³ 吊罐能与搅拌机相匹配的容积只有 3m³ 或 4.5m³ 也是原因之一。目前已能将 9m³(9m³ 为其额定容积,实际容积超过 10m³)混凝土吊罐自重设计在 4.2t(不含为吊罐特配的吊具、吊罐防护轮胎及吊罐附着凝结混凝土,小湾等许多工程使用的缆机吊罐自重约 5.5t)左右,因此 9m³ 吊罐自重加混凝土加吊具及吊罐防护轮胎等总重在 26.5t 左右(混凝土平均容重按 2.4t/m³ 计算),如果装 9.5m³ 混凝土总重在 27.7t 左右,如果装 10m³ 混凝土总重在 28.9t 左右。当然额定容积为 9m³ 吊罐装 9.5m³ 或 10m³ 混凝土需要吊罐设计方对吊罐受力增加进行校核,其自重可能有所增加,但只要将缆机总起重量控制在 30t 以内即可。

如果 30t 缆机吊罐每罐多吊混凝土 0.5~1m³(即单罐提高效率 5.5%~11%),则可以实现单台缆机每小时多浇筑 6~12m³ 混凝土(按缆机平均水平 12 罐/h 计)、单台缆机每天多浇筑 120~240m³ 混凝土(按每天 20h 计)、4 台缆机每天多浇筑 480~960m³ 混凝土、4 台缆机每台多吊混凝土 0.5m³ 每月多浇筑 12000m³ 混凝土(按每月 25d 计),同理,如果 30t 缆机吊罐每罐多浇筑混凝土 1m³,则 4 台缆机每月可多浇筑 24000m³ 混凝土,这对提高工程施工工期是很有利的。因此 30t 缆机使用 10m³ 吊罐浇筑混凝土,

分析缆机吊运混凝土时的吊重组合并通过减轻吊罐自重及其辅助配重,用混凝土替换缆机吊运时做无用功的部分吊重,对吊重组合进行优化,提高单罐吊运量 0.6m³,减少吊运 2 万多次,在缆机运输浇筑方面,由于缺乏缆机小车准确、快速定位停车手段,需在吊罐上配置多个抗冲击轮胎来减震,增加了吊罐自重,降低了缆机工效,导致缆机混凝土单罐吊运量多年以来难以突破 9m³,影响混凝土施工进度甚至质量。上述问题均严重影响了水电工程的建设效率。

9.11.3.2　解决方法

缆机单罐混凝土吊运量由 9.0m³ 提高到 9.6m³ 技术。

1)分析缆机吊运混凝土时的吊重组合,对各部分吊重按缆机运行时做有用功和无用功的情况进行分类,同时考虑其他方面(安全防护、制动等)的影响,对缆机吊运混凝土时的吊重组合进行优化,减轻吊罐的自重及其辅助的配重,用混凝土替换缆机吊运时做无用功的部分吊重。

2)按照工程已有的做法,需要在吊罐上附着轮胎减轻吊罐对供料平台的冲击力。在缆机使用数字限位技术以后,经过近 1 个月的反复验证,最终将每个吊罐原先附着的 9 个 40kg 的轮胎替换为 3 个 20kg 的轮胎,减轻吊罐辅助配重 0.3t。

3)与厂家沟通,更换新型油缸,较投标配置减轻 0.25t,吊罐合计减轻负重 0.55t,吊罐自重由初期运行时的 6.02t 减轻为 5.47t。

4)缆机吊罐由 2 根钢丝绳牵引起降,吊罐钢丝直径为 Φ36mm,单根钢丝绳 550.8kg/100m,随着坝体不断上升每 50m 减少负重 550.8kg。大坝坝体高度 210m,通过逐级减轻负重最终为提升单罐混凝土吊运量提供了约 2t(约 0.8m³ 混凝土)的载重空间。改造前后的缆机吊罐防护图 9.85、图 9.86。

图 9.85　改造前的缆机吊罐防护图

图 9.86　改造后的缆机吊罐防护图

9.11.3.3　实施效果

轻量化缆机吊罐,提高单罐吊运量 0.6m³ 减少混凝土吊运次数 2 万多次,节约浇筑工期 68d,在保证工程质量的前提下,并实现了大坝混凝土的快速施工,降低了安全风险。

9.11.3.4　合成钢座胶罐

（1）技术领域

本发明属于混凝土施工设备领域,涉及一种混凝土吊罐,具体来说是合成钢座胶罐。

（2）背景技术

大型水电工程混凝土浇筑施工通常采用缆机吊运混凝土入仓的方式。缆机吊耳以下荷载包括吊罐罐体自重、辅助配重以及所吊运的混凝土重量,其中缆机吊运混凝土所做的功为有用功,其余均为无用功。按照国内普遍采用的 30t 缆机,配置 9m³ 吊罐计算,虽然空罐注水容积可达 11.5～13m³,但单罐混凝土吊运量受缆机吊运总荷载、无用荷载以及运行条件的限制,一般不超过 9m³,吊罐内的冗余容积占空罐注水容积的 22%～31%。据调查,目前国内使用的缆机混凝土吊罐普遍采用全金属材质制作,罐体自重占吊运总荷载的比值可达 13%～18%,辅助配重占吊运总荷载的比值约为 2%。由此可见,缆机单罐混凝土吊运量的提升受吊罐罐体自重的严重制约。

（3）发明内容

①要解决的技术问题:

在国内工程目前普遍采用的临时承载索过江方法中,承载索的牵引主要靠两岸卷扬机做功提供动力,然而卷扬机牵引力有限,并且所做的一部分功用来克服往复绳、承载索的重力,工效较低,导致承载索过江时间较长。往复绳在牵引过程中受力,产生自转,容易与承载索相互缠绕、打绞,承载索过江后与往复绳分离困难。另外,承载索在过江过程中,仅两端索头受支撑且跨度较大,在自重及荷载作用下形成较大垂度,给下方建筑物带来安全威胁。上述因素对承载索的过江效率和安全保障带来诸多不利影响。为此,充分利用现有缆机系统,通过缆机行走小车辅助牵引承载索过江,借助行走小车对承载索的牵引和提升,减小卷扬机和往复绳受力,改善其运行工况并减小承载索过江垂度,达到提高承载索过江效率、降低安全风险的目的。

②技术方案:

a.改变吊罐筒体材质及其与支撑结构的连接方式。采用橡胶(比重 1.1～1.7)或其他替代材料,如合成橡胶(钢丝绳芯或帆布芯,比重 1.3)、聚氨酯(比重 0.04～0.06)、钛合金(比重 4.5)制作筒体,并用螺栓与上环梁固定连接(钛合金筒体与上环梁焊接),减轻吊罐罐体自重。

b.改变吊罐锥体结构及其与筒体的连接方式。在锥体上部预留钢板直筒段作为挡板,挡板内侧焊接若干角铁,筒体下部贴合于挡板和角铁内侧,用螺栓固定(也可不用螺栓固定),下缘落于角铁上。筒体同时受横向和竖向支撑,稳定性得到保障。

c.调整吊罐筒体与锥体长度。根据需求,增加筒体长度并缩短锥体长度,以此进一步减轻吊罐罐体自重。

d.改变支撑结构材质。根据需要,采用钛合金或其他比重小于钢的替代材质制作支撑架、环梁,减轻吊罐支撑结构重量。

e.拆卸吊罐筒体。吊罐筒体与锥体、支撑结构采用螺栓连接,拆卸、维修或更换方便。

③有益效果:

a.工期。改造后的吊罐罐体自重减轻约 1.2t,罐体自重占吊运总荷载的比值降低到 9%～14%,单罐混凝土吊运量可提升 0.5m³,吊运次数相应减少,有利于加快施工进度,缩短施工工期。

b.质量。单罐吊运量提高后入仓强度相应提升,混凝土覆盖时间缩短,降低初期温控难度并为后续温控工作奠定良好基础,有效保证混凝土浇筑施工质量。

c.经济。吊罐改造后,单罐吊运能力得到提升,有效减少缆机运行时间,缩短施工工期,间接产生巨大的经济效益。同时,罐体制作、维修、更换成本大幅降低。

d.安全。在同等条件、相同负荷的前提下减少缆机吊罐吊运及运行次数,有效降低缆机的故障率,设备安全运行保证率相应得到提高。各方法比较见表 9.18。

表 9.18　　　　　　　　　　　　各方法比较

各方法比较	吊罐自重 (t)	罐体自重占吊运 总荷载的比值(%)	单罐吊运量 (m³)	10000m³混凝土 吊运次数(次)
现有混凝土吊罐	5.32	17.7	9	1111
本发明方法	4.10	13.6	9.5	1052

(5)具体实施方式

该合成钢座胶罐式混凝土吊罐包括罐体结构系统和吊罐支撑联结系统,主要采用新型材料对罐体结构进行改进。罐体结构系统设置有筒体、挡板及锥体；吊罐支撑联结系统设置有支撑架、上环梁、中环梁、下环梁、槽钢支架、缓冲枕木，若干螺栓和角钢联结件。具体包括如下步骤：

步骤一，改变吊罐筒体材质及其与上环梁的连接方式。传统吊罐筒体由钢板制成，与上环梁焊接在一起。本发明采用橡胶或其他替代材料，如合成橡胶（钢丝绳芯或帆布芯）、聚氨酯、钛合金制作筒体。橡胶、合成橡胶及聚氨酯筒体上缘沿圆周均匀布设螺栓孔，通过个螺栓联结件（包括弹性垫片）与上环梁固定连接，钛合金筒体与上环梁焊接。

步骤二，改变锥体结构及其与筒体的连接方式。传统吊罐锥体上部不设挡板，与筒体焊接在一起。本发明在锥体上部预留100mm高的钢板直筒段作为挡板，安装时筒体下部与锥体上部的挡板有100mm高度的重叠区域。挡板内侧焊接有6～8个角钢，高100mm，沿圆周均匀分布。筒体下部贴合于挡板和角铁内侧，用螺栓对两者进行固定（也可不用螺栓固定），下缘落于角钢上。

步骤三，可根据需要，调整吊罐筒体与锥体长度。吊罐罐体结构与支撑系统的连接方式由焊接变为螺栓连接，便于对筒体和锥体的长度进行调整而不对支撑系统产生较大影响。筒体、锥体分别伸长、缩短100mm，吊罐自重减轻约70kg，可用来装运更多的混凝土。

步骤四，可根据需要，采用钛合金或其他比重小于钢的替代材质制作支撑架、环梁。支撑架内镶嵌缓冲枕木，分别与上环梁、中环梁、下环梁焊接固定并紧贴筒体，为其提供横向支撑，进一步减轻吊罐自重。

步骤五，拆换吊罐筒体。吊罐筒体上部与上环梁通过螺栓连接，下部与挡板搭接并用螺栓固定（也可不用螺栓固定）。当吊罐筒体出现问题时，可单独对其进行拆卸、维修或更换。

本发明的简略结构示意见图9.87，本发明的纵剖面结构示意见图9.88，本发明的A-A剖面结构示意见图9.89，本发明的详图示意见图9.90。

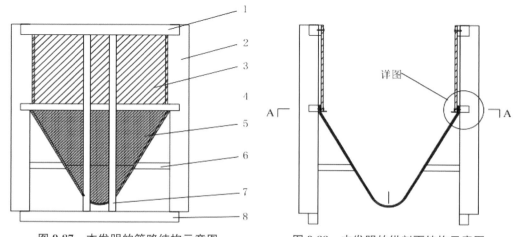

图9.87　本发明的简略结构示意图　　　　图9.88　本发明的纵剖面结构示意图

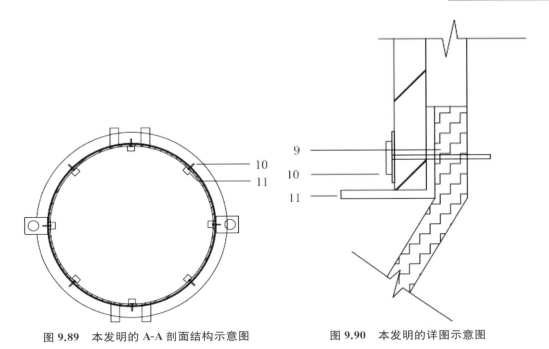

图 9.89　本发明的 A-A 剖面结构示意图　　　图 9.90　本发明的详图示意图

1-上环梁,2-支撑架,3-筒体,4-中环梁,5-锥体,6-槽钢支架,

7-缓冲枕木,8-下环梁,9-锥体上部挡板,10-螺栓,11-角铁